中国环境战略与政策研究丛书

环境与贸易投资研究

Research on Environment and Trade & Investment

生态环境部环境与经济政策研究中心　编著

中国环境出版集团·北京

图书在版编目（CIP）数据

环境与贸易投资研究/生态环境部环境与经济政策研究中心编著. —北京：中国环境出版集团，2019.11
ISBN 978-7-5111-4154-5

Ⅰ．①环… Ⅱ．①生… Ⅲ．①环境政策—中国—文集②对外贸易政策—中国—文集③对外投资—投资政策—中国—文集 Ⅳ．①X-012②F752.0-53③F832.6-53

中国版本图书馆 CIP 数据核字（2019）第 249471 号

出 版 人	武德凯
责任编辑	宾银平　刘　焱　葛　莉
责任校对	任　丽
封面设计	艺友品牌

出版发行　中国环境出版集团
　　　　　（100062　北京市东城区广渠门内大街 16 号）
　　　　　网　　　址：http://www.cesp.com.cn
　　　　　电子邮箱：bjgl@cesp.com.cn
　　　　　联系电话：010-67112765（编辑管理部）
　　　　　　　　　　010-67113412（第二分社）
　　　　　发行热线：010-67125803，010-67113405（传真）

印　　刷	北京建宏印刷有限公司
经　　销	各地新华书店
版　　次	2019 年 11 月第 1 版
印　　次	2019 年 11 月第 1 次印刷
开　　本	787×1092　1/16
印　　张	20
字　　数	380 千字
定　　价	96.00 元

前 言

环境与贸易投资密切相关，相互影响。环境与贸易投资的关系，自 20 世纪 70 年代初期即被国际社会所认识并列入相关议程。关贸总协定（GATT）于 1971 年设立"环境措施与国际贸易工作组"，1972 年，联合国人类环境会议发表《工业污染控制与国际贸易》研究报告。1992 年《21 世纪议程》提出通过贸易自由化促进可持续发展，使贸易与环境相辅相成。1995 年世界贸易组织成立贸易与环境委员会，联合国环境规划署（UNEP）也设有经济与贸易处。美国等发达国家很注重环境与贸易投资政策，不但支持关贸总协定、联合国环境规划署等国际组织的环境与贸易相关机构建设和政策制定，而且在国内环境和贸易政策中都有反映，例如，美国 1976 年颁布的《有毒物质控制法案》（TSCA）对化学品进口实施管制和征收关税、《1984 年贸易和关税法》规定美国贸易谈判需要在服务贸易和对外投资谈判中考虑环境相关利益。

中国自 20 世纪 90 年代开始，随着贸易投资量的增加及环境质量不断恶化，开始逐渐关注环境与贸易投资的关系问题。生态环境部环境与经济政策研究中心（以下简称"政研中心"）是当时中国最早系统开展环境与贸易投资问题研究的机构之一，并作为重要学科建设延续至今。

政研中心开展环境与贸易投资问题研究大致可分四个阶段：第一阶段（2001 年之前），初步涉及，较系统地开展加入世界贸易组织（WTO）对环境的影响研究；第二阶段（2001—2005 年），主要开展 WTO 环境与贸易谈判议题研究；第三阶段（2006—2012 年），开展促进节能减排的绿色贸易手段研究；

第四阶段（2013 年至今）同时开展自贸（投资）协定环境议题谈判支持以及绿色贸易政策研究。

政研中心开展环境与贸易投资问题研究有以下六个特点：第一，开展早。20 世纪 90 年代初期，政研中心研究人员就敏锐地观察到贸易、投资对中国环境的影响，撰写了《谈外商投资环境污染问题》《外企造成环境污染问题的调查与思考》等论文，参加"九五"科技攻关专题《发展对外贸易和环境策略研究》，90 年代末期开始系统全面地分析"入世"对中国环境的影响，参与出版《中国加入 WTO 环境影响评价》等专著。第二，机制化。2002 年，国家环境保护总局成立 WTO 环境与贸易工作领导小组，时任局长为组长，下设支持专家组，专家组组长和主要成员都为政研中心研究人员。2018 年，为加强环境与贸易投资学科建设，政研中心专门成立了"环境与贸易投资研究中心"。第三，人员多。环境与贸易投资是政研中心的重点学科，政研中心前后有 20 余人参加环境与贸易投资相关研究，形成老、中、青三结合的研究梯队，基础扎实，延续至今。第四，内容丰。所研究内容既包括环境与贸易投资谈判的技术支持，如"加快自贸协定环境保护议题谈判"等，也包括绿色贸易政策的研究，如"构筑我国绿色贸易体系的对策研究"；既包括行业企业产品层面的绿色贸易政策，如"APEC 环境产品清单对中国的影响及其战略选择"，也包括区域层面的绿色贸易政策，如"中瑞自贸协定强化环境内容""中日韩经济一体化的环境影响初步分析"；既包括 WTO 涉及环境的谈判议题等抽象内容，如"WTO 规则与多边环境协议的关系"，也有案例剖析等具体内容，如"中国—欧盟焦炭贸易争端及其解决途径"；既有历史性的回顾评估，如"'入世'十年我国对外贸易的宏观环境影响研究"等，也包括未来的预测研究，如"加入 WTO 对中国环境的影响"等。第五，成果硕。政研中心在环境与贸易领域出版了 20 余本专著，包括 2001 年的《环境与贸易》，2005 年的《WTO 新一轮谈判环境与贸易问题研究系列丛书》（7 册），2012 年的《自由贸易协定中的环境议题研究》《环境服务贸易发展报告》等，专著不仅包括中文专著，还包括英文专著。除专著外，在期刊、报纸上发表 100 余篇环境与贸易投资论文。第六，影响广。政研中心和联合国环境规划署环境与贸易中心联合出版 *Environmental Issues in Free Trade Agreements* 等相关书籍，这些书籍的介绍被登录在联合国环境规划署的网站，全世界都可以下载浏览。此外，政研中心通过与经济合作与发展组织（OECD）、联合国环境规划署、英国曼彻斯特大学、挪威经济政策分析中心、美国环境法研究所、欧洲环保协会、德国国际合作机构（GIZ）等国际机构交流沟通与合作，并通过他们影响这些机构所在的国家。

政研中心开展的环境与贸易投资问题研究对我国应对"入世"、参与 WTO 和双、多边贸易相关谈判发挥了积极有力的技术支持作用，为运用绿色贸易手段促进环保工作提供了决策依据，在理论方法方面也有创新，并产生了广泛的社会影响。主要表现在：一是政研中心参与了 WTO 环境与贸易、自由贸易协定、APEC 环境产品清单等谈判，专家的很多政策建议被政府采纳并被反映到国际协定文本中，起到了良好的决策支持作用，多次收到商务部、原环境保护部等的感谢信以及教育部、外交部、商务部等联合颁发的科研成果证书。另外，撰写《论环保时代的进出口包装及我国的对策》《高度关注中国对外贸易顺差背后的碳排放逆差》《TPP 环境标准有多高？》等 10 余份内部专报，受到国务院领导或部领导的肯定性批示。二是创新性地提出了"资源环境逆差"的概念。2006 年，政研中心专家组基于贸易顺差的现状，提出存在"资源环境逆差"，并从贸易总体、区域、行业和产品等不同角度开展了我国贸易的资源环境逆差研究。2007 年、2008 年分别在《WTO 经济导刊》《中国人口·资源与环境》杂志发表"贸易顺差背后的环资逆差""我国对外贸易的资源环境逆差分析"。目前，该词已经被广泛引用和使用。三是初步建立贸易投资政策环境影响评估的方法论。通过与国内外智库机构交流沟通与合作，政研中心已经初步建立 CGE 模型、投入产出模型等研究环境与贸易的定量评估模型和分析评估框架，完成"贸易政策环境影响评价方法论初探"，并以此为基础开展了中国"入世"的环境影响、中美贸易争端的环境影响、畜牧产品贸易的环境影响等评估。四是构建绿色贸易政策体系，提出用贸易手段促进节能减排。提出从环境关税、市场准入与准出环境要求、投资的资源环境导向等出发，作用于产品、企业和行业的绿色贸易手段，并将此作为实现节能减排的方式和途径。另外，将绿色贸易作为重要的环境经济政策，推动将环境服务贸易纳入"十二五"服务贸易规划，将绿色贸易纳入"十二五"环保规划。

在政研中心成立 30 周年之际，我们全面梳理了政研中心在环境与贸易投资领域的重要研究成果，并精心挑选 41 篇典型和具有代表性的文章结集成册。所选文章尽可能反映时代性、作者的广泛性、内容的多样性，充分体现学科建设的发展历程和成果。本文集收录的文章，尽量尊重原文，保持原有状态。除摘要、参考文献和关键词外，仅个别字词或格式略做调整，部分表述或观点可能不完全适用于当下。本文集分为关系篇、规则篇、方法篇、政策篇、产业篇五部分。政研中心李丽平、张彬、张莉等进行了文集的整理、编辑和修订工作，在此，向所有文章原稿作者致以崇高的敬意！不当之处，敬请批评指正。

编　者

2019 年 9 月

目　录

方 法 篇

政 策 篇

产 业 篇

关系篇

发展环境友好型的贸易模式①

夏　光

国际金融危机对我国产生了重要影响，这反衬了贸易对我国的重要作用。过去 30 多年来，我国对外贸易的快速增长消化了国内巨大的生产能力，使我们能够实现贸易顺差，快速增加经济财富。目前金融危机虽然导致外需下降，影响了出口，但随着全球经济逐步复苏，外贸将再次成为我国经济增长的重要驱动力。

贸易发展如同任何事物发展一样，都是在一定客观条件下的发展，会受到一些因素的制约。有些因素过去不突出，现在变得突出了。例如，环境问题现在就逐渐成为贸易发展中必须重视的因素。贸易对我国经济发展和综合国力的不断提高功不可没，但对我国环境的影响也不小，甚至还产生了较为严重的后果。为此，我们需要寻求一种既能产生良好的贸易利益，又能降低我国资源环境代价的贸易发展方式，即环境友好型的贸易模式。

一、对传统贸易发展模式的反思

政研中心的研究表明，长期以来，我国在国际贸易中存在着很大的资源环境逆差，具体表现为"两高一资"（高能耗、高污染、资源型）产品在出口产品中占有很高比例，以我国大宗出口产品纺织品为例，每生产 100 m 棉布大约要消耗 3.5 t 水和 55 kg 煤，同时排放 3.3 t 废水，产生 2 kg 的化学需氧量和 0.6 kg 的生化需氧量。这样，大量出口纺织品所留下的环境压力可想而知。这就是说，我国过去贸易发展方式总体上是粗放的，当我们大量出口产品而获得经济利益时，背后实际上是以大量消耗我国的资源和环境为代价的。这些研究实际上提出了一个更深入的问题，那就是在当前发展阶段如何看待我国贸易对于环境保护的意义和作用，以及如何从这种新的认识中找到贸易的

---

① 原文刊登于《中国环境报》2009 年 11 月 18 日。

新增长点。

可以说，这种粗放型的贸易模式带有"环境输出"的特征，即把我国环境的价值转移到产品之中而让别国消费者享受，而我们得到交换而来的其他经济利益。交换总是要付出代价的，为了获得经济利益而付出一些环境代价也是正常的，但有两个关键问题要明确：一是这些贸易过程中环境所受到的损失是否反映在出口商品的价格之中；二是由此获得的贸易利益是否有一部分返回来治理或补偿我们受到损害的环境。

之所以提出这些问题，是因为如果在贸易过程中环境的价值并没有得到充分反映，或环境损失没有得到应有补偿，那么，这种贸易本身存在着严重的环境外部不经济性，而环境外部不经济性将会导致贸易的虚假利润，而且会导致更加严重的环境损害。

为什么说环境损失如果没有得到应有补偿，就会产生虚假的贸易利润？根据贸易理论，只有在两个基本前提之下，贸易才能使双方都获益：一是交易是自愿而非强迫的，如果强买强卖则必然会使其中一方遭受损失；二是交易不存在外部不经济性，即交易双方交换的是自己拥有的价值，而不能把别人的财产作为自己的利益收入来源，否则就会出现过度贸易，即如果一个人可以把别人的财产卖出去而收益归自己，那么这个人会倾向于尽可能多地卖出别人财产，却不考虑会给别人造成多么大的损失，而这种损失大到一定程度后可能会超过贸易带给交易双方的利益。

从这个原理来看我国的贸易，就可以发现还存在较大问题。虽然对第一个前提是满足的，即我国的国际贸易是自愿的，未受强迫，但对第二个前提却不完全符合。国际贸易虽然拥有"国际"二字，却不是国家对国家的贸易，而是企业对企业的贸易，而我国出口产品的企业中有些是排污大户，它们所造成的环境外部性并没有全部通过治理费或排污费等形式进入企业成本，也就没有反映在贸易产品的价格之中，这就相当于一些企业是以公共的环境价值去换得自己的收益，而这些收益没有用来补偿所造成的环境损失，从而导致大量隐性的环境价值输出。

从这个意义上说，我国实际的贸易出口总量相对于考虑真实环境成本情况下应有的出口量而言，其实是过大了，这也是一些人士认为我国贸易顺差过大的理由之一。

正是因为我国的贸易发展中存在这种环境代价，所以人们今天在谈到我国贸易发展成就时也总是怀着一种复杂和矛盾的心情：既为我国贸易发展的成就感到自豪和高兴，也明白在"环境输出"型贸易发展模式下，贸易顺差越大，我们付出的环境代价也越大。犹如一个靠卖血为生的人，当他数着换来的钞票的时候，他的身体也可能正变得虚弱不堪。实际上人们很清楚，我国当前出现十分严重的环境问题，不仅生产领域负有责任，贸易过程也难辞其咎。

从历史来看，以"环境输出"为特征的贸易发展方式是有一定客观性的，因为在贸易发展的初始阶段，我们需要大量的外汇去进口更加需要的先进技术和产品，需要外汇去满足我们对国际市场的巨大消费需求。在那个时候，采取措施大力鼓励出口就成为国家的必然选择。在当时的发展阶段，我们不可能以出口资源消耗少、环境影响小的高价值产品为主，只能把具有相对出口优势的资源型产品（初级产品）作为出口主力，甚至直接出口自然资源。明知环境代价沉重，也不得已而为之，这是在我国具体国情下的一个客观过程。

二、从环境输出到以生态修复为使命

显然，以"环境输出"为特征的贸易发展方式不是一种可以长期采用的模式，必须随着我国基本国情和综合国力的变化而进行必要转变。当前，有两个情况决定了必须而且可以实现这种变革：一是我国环境问题日益突出，继续靠大量消耗环境来实现出口所遇到的阻力越来越大，严酷的国情条件要求转变贸易发展方式；二是我国外汇储备已高达2万多亿美元，成为世界最大外汇储备国，已经度过了外汇短缺的时期，有条件用贸易收益或通过贸易渠道来反哺环境，修复生态。基于这种形势变化，我国贸易发展方式可以实现从"以环境输出为特征"到"以生态修复为使命"的转变，这是一种历史性转变。

所谓"以生态修复为使命"的贸易发展方式，是指把改善环境、恢复生态作为我国贸易发展的一种新使命和新任务，建设一个与科学发展观相一致的新贸易体系。这个体系包含三个内涵：一是控制和减少资源和环境消耗型产品在出口总量中的比重，缓解我国环境压力；二是增加进口能替代我国环境消耗的产品，实现环境输入；三是通过调整进出口结构，从绿色产品贸易、环境友好型技术贸易和其他有利于环境的贸易活动中赚取经济利益。这三者是依次优先的关系，即当务之急是减少环境消耗型产品出口，其次是实行环境输入，最后是绿色贸易。

以生态修复为使命的贸易发展方式是对过去依靠输出环境资源来获取经济利益的贸易发展方式的扬弃。这里要特别指出的是，这种新型的贸易发展方式并不单纯强调环境保护的需要，反而特别强调通过贸易内涵的升级而获取更大的贸易利益，因此，它是贸易与环境双赢的贸易发展方式。

这种新型的贸易发展方式已经在我国逐步显现。近几年来，国家已经采取了一系列调整出口政策的措施。2006年，财政部等5部委下发了《关于调整部分商品出口退税率和增补加工贸易禁止类商品目录的通知》，这是继2004年年初出口退税全面下调之后，我国进一步抑制"两高一资"产品出口增长过快而采取的措施。

这一政策实施后，2006 年前三季度，我国原油、成品油、煤炭、未锻轧铝出口量分别下降了 21.8%、21.1%、11.9% 和 5.8%（政研中心报告）。在最近应对国际金融危机的特殊形势下，我国又调高了一些资源性产品的出口退税，但这是暂时的因应性调整，很多专家指出，应对金融危机是推动调整我国经济结构和提升技术水平的好时机，仍应坚持转变贸易发展方式的政策思路。国家目前也正在积极研究再次严格控制"两高一资"产品出口增长的政策。

显然，抑制"两高一资"产品出口增长过快只是实施新型贸易增长方式的第一步，紧接着是实施环境输入的政策。中国已经为国际市场贡献了太多的环境利益，现在是恢复和休整我们国土的时候，因此，不存在保存自己的资源而去消耗别人资源的情况。中国确有人多地少的特殊国情，这在客观上需要开发利用全球资源来满足发展的需要，而且这种发展是全球受益的。

例如，我国的造纸业过去主要依靠国内资源来生产，造成了两个重大的环境问题：一是大量消耗我国本已十分稀缺的林木资源，导致生态退化；二是制浆过程产生大量高浓度有机废水，严重污染水体。如果我们简单地取缔那些难以治理污染的小型造纸企业，又不利于经济发展。在这种情况下，我国开展了大量进口纸浆的贸易活动，从那些林木资源丰富、人口压力小、不宜大量办厂、拥有先进治理技术的国家（如俄罗斯、加拿大等国家）进口纸浆，由我国小企业加工，双方都获得了很好的经济效益，也没有造成严重的环境压力，这就是输入环境的贸易方式带来的成果。

在上述两步基础上，我国可以进一步从绿色产品和绿色服务的贸易中找到更大的盈利空间。例如，绿色食品产业就是因为环境标准提高后采用新型的技术和工艺生产新产品的行业，代表了一个新兴的产业。如果我们过去主要靠传统食品来赚取贸易利益的话，现在则可以通过培育绿色食品产业来赚取更大的贸易利益。

又例如我国过去靠采伐林木制成工业品（如家具等）来出口创汇，而现在可以通过养育青山来发展旅游业，把外国游客吸引到中国来消费。这是一种低环境消耗的贸易方式，既赚钱又能维护生态，正是新型贸易方式所要达到的目的。此外，还有生态工业、生态农业、循环经济等，都是可以既产生贸易利益又养护生态环境的好途径，难以胜数。这都说明，以生态修复为使命的新型贸易增长方式不但不会降低经济收益，相反还可能会赚得更多的经济效益。

从环境输出的贸易方式到生态修复的贸易方式，既是一种被迫的选择，更是一种自觉的选择。如果国家在保护和恢复我国已经相当困难的环境支撑能力方面不采取强劲措施，那么环境输出型的贸易发展方式还会延续下去。所幸的是国家已经在强力行动，从科学发展观到节能减排，已经形成了从宏观到微观的层层部署，因此新型的贸易发展方式也呼之欲出，崭露头角。

目前，国家在深入制定各种政策，以推进贸易发展方式的转变。可以看到，更多的国家政策将会酝酿出台，成为促进我国贸易发展方式实现历史性转变的推动力。

我国环境政策如何应对 WTO[①]

夏 光

环境政策是国家为了达到一定的环境保护目标而采取的措施的总和。环境政策的制定和变化受到许多因素的影响，加入 WTO 就是这些因素之一。我国环境政策如何应对加入 WTO 的新形势？这是一个重要和普遍关心的问题，在这方面，有两个问题需要研究：一是如何认识 WTO 与环境政策的关系？二是环境政策如何应对"入世"？

一、WTO 与环境政策的本质差异及其协调

认识 WTO 与环境政策之关系，要先分别搞清楚 WTO 和环境政策之不同的本质，并进行对照比较，使易理解和领会。WTO 是一套关于贸易问题的规则体系，环境政策是一套关于环境问题的规则体系，两者服务于不同目的，何以要把两者联系起来，而且两者在本质上是有区别的，这些区别导致了冲突，又促使两者寻求协调。

WTO 是各国为了获得新增的经济利益而制定和实施的贸易规则，实质是为了减少交易成本，克服人类行为的负内部性（即由于人为设置障碍而产生的、内在于交易系统的成本），把内部成本外在化。在效果上，WTO 通过简化贸易手续，促进贸易自由化，对经济行为放松管制，增强活力。WTO 的表现形式是大量贸易协议。

环境政策是国家为了实现一定的环境目标而制定和实施的规则，实质是克服人类行为（主要是生产和生活行为）所产生的环境负外部性，把外部环境成本内在化。从效果上看，环境政策对人类行为是一种约束、限制、矫正和引导。环境政策的存在形式可分为国内环境政策和国际环境政策，国内环境政策是环境法律和标准等，国际环境政策是国际环境公约等多边环境协议。

由于贸易过程对环境具有较强的影响，所以在贸易发展过程中必须把环境保护的要

[①] 原文刊登于《中国环境报》2001 年 8 月 17 日。

求纳入其中。《建立世界贸易组织协议》的序言中将可持续发展和环境保护确定为新的多边贸易体制的基本宗旨。2000年10月举行的"促进WTO与多边环境协议（MEAs）的协调和相互支持"会议提出"对贸易自由化对环境的影响以及多边环境协议对经济和贸易的影响需要引起重视。通过更好地交流和理解多边环境协议和WTO中的遵约和争端解决机制，可促进贸易和环境体制之间减少紧张，多边环境协议将贸易措施作为解决国际社会关心的环境问题的手段之一"。事实上，WTO以及其他贸易规则中已经作出一些涉及环境问题的条款，力图通过对贸易体制和贸易措施的改进，使贸易活动和经济活动减轻对环境的不利影响，这些内容，主要反映在《技术性贸易壁垒协议》《卫生与植物检疫措施应用协议》等文件中，WTO还专门设立了"贸易与环境委员会"以开展咨询和研究工作。与此同时，在环境政策中，也比较重视实现贸易利益，WTO秘书处和北美自由贸易协定环境合作委员会在《WTO关于贸易与环境的报告》指出"由贸易带来的经济增长是解决环境退化的一种方式。贸易本身不会直接产生环境质量的改善，而是通过将高收入水平转化为高环境标准来实现的"，因此在各国的环境政策和众多国际环境公约中，并没有排斥贸易发展，相反，还鼓励贸易发展，许多国际环境公约执行机制中，也设立了"贸易与环境委员会"。目前，以上两个方面的行动出现了互相融合的趋势，两个"贸易与环境委员会"拟合并起来。总之，WTO与环境政策之间的协调受到国际上很高的重视。

以上这些过程，可列在下表中，表示得更明确：

WTO 与环境政策的差异

	WTO	环境政策
目的	经济效益	环境效益
本质	外在化	内部化
效果	放松管制	增加限制
方式	简化手续	附加约束
形式	贸易协议	环境法律和环境协议

WTO 与环境政策的协调

WTO 与环境政策协调

目的	双赢
本质	平衡
效果	有松有紧
方式	在WTO中加入环境要求； 在环境政策中把贸易作为实施手段
形式	绿色壁垒

今天，当我们讨论 WTO 与环境政策的关系的时候，很像 20 世纪 90 年代初期我国开始实行社会主义市场经济时人们讨论"市场经济与环境保护的关系"的情形，当时，人们认为市场经济既可能促进改善经济效率，提高保护环境的经济支撑能力，也可能因人们的逐利行为而产生较强的环境负外部性。经过这么多年来的实践，说明这两方面影响确实是都存在的，因此我们对待市场经济的态度是发挥市场机制的积极作用，限制其负面影响。我们今天面对 WTO，是否也应该采取这样的基本态度呢？因为 WTO 也给我们提出了如何扬长避短的要求。

二、WTO 对我国环境政策提出的若干课题

在没有加入 WTO 之前，在贸易与环境问题上，我国环境政策主要处理与贸易伙伴间的具体环境问题，具有"一事一议"的特点，而在加入 WTO 后，对任何贸易伙伴实施的政策必须同样适用于其他贸易对象，因此环境政策必须成为一种系统的、确定的体系，这就提出了我国环境政策如何面对 WTO 要求的问题。

（一）贸易自由化对环境政策的压力

WTO 作为以促进贸易自由化为主旨的规则体系，从本质上是倾向于减少贸易障碍的，如果不把环境因素纳入贸易规则之中，单纯强调贸易自由化将增加对环境的压力。贸易政策会对进出口结构产生强烈的导向作用，如果贸易政策鼓励出口资源密集型产品，则会刺激破坏环境的行为，例如 1982—1993 年，我国出口发菜近 800 t，创汇 3 000 多万美元，引发了对草原的严重破坏；又例如我国曾数次发生洋垃圾进口事件，1993 年 9 月在南京发现的韩国危险性化工废物的进口事件、1994 年 7 月在厦门发现的美国废多氯联苯变压器进口事件、1996 年 4 月在北京平谷县发现的美国"一号混合废纸"的洋垃圾进口事件等，给我国生态环境带来了潜在危害。沿海地区从国外、境外进口大量旧船拆废钢，使油污、船锈以及电焊等污染物直接排入滩涂、江海中，给人工养殖带来严重危害。在我国还没有加入 WTO 的时候就出现了这种问题，可以设想，加入 WTO 后，在贸易自由化的形势下，压力会更大。为此，环境政策应对此作出必要的反应，对外资投资项目、国外进口产品等，不能降低环境要求，在我国没有相应的环境标准的地方，应要求对方采用母国标准。

（二）绿色壁垒与环境标准

WTO 允许其成员采取保护人体健康、动植物健康、环境和自然资源的措施，同时

也对这些措施的使用进行限制，以确保不被滥用为贸易保护主义措施。这就是说，在贸易中附加环境要求，有些是合理的，但有些被利用作为贸易保护主义的借口。有些国家利用这一规定，制定比较高的环境标准，对进口产品提出比较严的环境指标，特别是对农产品提出很严的农药残留量限定值，这样就可能在不违反 WTO 所要求的低关税的条件下，阻止贸易进行，这就是所谓的绿色壁垒。例如最近日本以防止有害动植物附着在进口蔬菜上传入为由，对从中国进口的蔬菜进行数量限制，这可以看作是贸易壁垒的一个事实。如果我国的贸易产品不能达到有些国家的环境标准而受到贸易限制，那么将可能造成重大的经济损失。实际上，我国只对 62 种农药在食品中的最高残留量作出了规定，而日本规定了 96 种，美国规定了 115 种，加拿大规定了 87 种，这样，我国在出口食品时，就可能存在因无法满足对方环境标准而受损的风险。根据联合国一项统计，由于不符合国外日益严格的环境标准，我国每年约有 74 亿美元的出口商品受到不利影响。

作为我国环境政策，一方面要反对有些国家设置过高的环境标准并以此为理由限制我国产品向其出口，因为设置过高环境要求的做法是违背《环境与发展里约宣言》关于"环境标准、管理目标和优先领域应当反映他们适用的环境与发展内容，并且这些对少数国家适用的标准对于一些国家可能是不恰当的，且对其他国家，特别是发展中国家，存在经济和社会成本的不合理性"的原则的。另一方面要努力提高我国自己的环境标准，在符合国情国力的前提下，使我国环境标准尽可能与国际标准靠近，这些标准包括产品的环境标准、企业环境管理标准、环境质量标准等，使我国不会因达不到对方的环境标准而受技术壁垒所阻。目前我国的出口市场主要集中在发达国家和新兴工业化国家，这些国家的环境要求较高，我们必须面对这些现实的要求。

（三）增加环境政策的普适性和透明性

加入 WTO 后，我国的环境政策法规不仅要体现已经签署的国际环境协议中规定的义务，而且还要考虑遵循世贸组织的一些基本原则和规定，例如，非歧视性原则（包括最惠国待遇和国民待遇）要求缔约国在实施某种限制或禁止措施时，不得对其他缔约国实施歧视待遇。而在我国很多地区，为了吸引外资，对外商投资企业的环境要求反而松于对同类国内企业的要求，这是不符合非歧视原则的；又如，透明度是世贸组织的重要原则之一，它要求缔约国的贸易政策制定过程必须公开和透明，所有与贸易有关的规定都必须容易可得，为此，我国必须公开可能影响国际贸易的环境法规和标准等，建立一个透明度高的政府环保政策法规的注册和出版系统。

（四）推行清洁生产，发展绿色经济

绿色产品是未来世界贸易的主流产品之一，也是实现贸易与环境双赢的主要途径之一，为此，我们应通过有效的环境政策，大力发展绿色产品，特别是发展能大规模替代资源消耗型产品的产品。与此同时，要加强引进项目的环境管理，严格控制污染项目，避免新的污染企业向我国转移；依靠科技进步，推行清洁生产，加快环境标志和ISO 14000 的认证工作，以提高企业的竞争力，为我国企业及产品进入国际市场创造更好的条件。

（五）及时清理我国环境政策方面的各种规定和文件

我国环境政策是在长期的环境保护实践中逐步制定和发展出来的，每个时期的政策规定都会带上当时时代的特征，有些环境法律法规在加入 WTO 的新形势下可能有不适应的地方，需要进行清理和调整。最近，外经贸部已对照 WTO 要求，清理涉外经济法规 1 400 多件，拟废止 570 多件，这是经济领域内所做的重要工作，这样的工作，也必须在环境政策领域内进行，主要是修改环境法规中与 WTO 规则不相符合的地方，增加环境政策法规的透明度，提高公众参与制定环境政策法规的机会。

浅谈贸易政策和环境政策的协调问题①

孙炳彦

近十多年来,国际贸易和环境保护的矛盾从潜伏状态中暴露出来,表现得非常尖锐。来自全球生态环境的严重挑战向人们展示了诸如环境污染、资源枯竭、臭氧层耗损、土地退化、森林破坏、气候变暖、酸沉降、生物多样性锐减等一系列重大问题,威胁着人类赖以生存的基本条件,引起世人关注;而同时,国际贸易随着世界经济国际化进程,冲破了重重阻力和制约,每年数万亿美元的货物和服务的流动,对世界经济的发展起了巨大的作用。人们有理由认为,在世界经济活动中占据重要地位的国际贸易在为世界经济做出巨大贡献的同时,对于全球生态环境也产生了不可低估的负面影响。

围绕贸易自由和环境保护,两种对立的观点(以及由此形成的两种政策)相持不下。有关方面的争论小到司空见惯的邻国纠纷,大到"乌拉圭回合"谈判中旷日持久、数年未决的"金枪鱼—海豚"事件。分析这两种对立的观点,环境保护主义者偏多于认为贸易自由化是导致全球环境问题的罪魁祸首,担心关贸总协定会给世界环境保护蒙上阴影,要求保留各国实行必要的环境保护的权利;而贸易团体则渴望清除环境壁垒,扩大贸易自由。发达国家基于目前比较发达的经济水平和比较富裕的消费条件,倾向于或容易倾向于环境优先的原则;而发展中国家则基于发展不足和环境恶化的双重压力,又苦于保护、整治环境的经济支持不足,强调发展优先,担心发达国家利用环境优先原则形成壁垒。

事实上,两种政策之间存在着相互补充、相互协调的一面。这种看法在"环发大会"之后从理论上开始得到解释。

---

① 原文刊登于《环境科学动态》1996 年第 2 期。

一、两种政策相互补充、相互协调的一面

（一）有利于环境保护的贸易自由化政策

1. 取消农业补贴政策

农业生产是与自然生态环境关系最为密切的经济生产过程，而且农业生产过程的生产周期比较长，因此，单从国内经济角度分析，农产品需要一种稳定的价格，以避免来自市场供求关系的价格波动对农业生产过程的影响，减缓经济危机对农业的冲击。世界上很多国家都实行农业补贴政策［以美国为例，1982 年以来，用于农业的补贴（包括支持价格和其他补助）每年都在 100 亿美元以上，1985 年和 1986 年分别高达 210 亿美元和 258 亿美元］。然而，连同环境问题一同分析时会发现，农业补贴（或称农业保护主义）政策将会驱使农民进行超越生态所能忍受的限度去集约耕作，引起土壤侵蚀、化学肥料扩散、生物活性降低等自然生态环境的恶性变化。这些补贴政策（一般是出口补贴）往往连同进口壁垒一并使用，形成扭曲的贸易措施，从而把沉重的费用负担加在国内消费者以及第三国的生产者头上。特别是发达国家扭曲的国内农业政策，通过所形成的低廉的世界价格阻碍资金流向发展中国家和那些在农业方面急需投资的其他出口国家的生产者和居民，使得那里的人民变得更加贫穷，使得已经脆弱的生态环境变得更加脆弱。总之，从环境与经济两个方面综合考虑，取消农业补贴（连同进口壁垒），最终会有利于改善农业生态环境；有利于提高农业生产力，改善消费者的福利，减轻国内财政负担，拓宽国际贸易。

2. 减少对发展中国家的劳动密集型产品的出口壁垒

大多数发展中国家在劳动密集型和资源密集型的商品生产、出口方面具有比较利益优势，因此，这种贸易壁垒的直接后果是降低了发展中国家的收入，同时也提高了发达国家的这些商品的消费价格。这种保护主义还造成了严重的间接影响，减少了发展中国家的人民在其优势产业、产品中的就业可能，迫使发展中国家增加自然资源方面的商品出口，从而对当地的生态环境施加了压力（比如 20 世纪 80 年代，印度尼西亚有意扩大热带雨林的木材出口，而置生态环境于不顾，这种事例是很多的）。总之，减少这种贸易壁垒，引导发展中国家的优势产品进入国际市场，将会使发展中国家的大量农村剩余劳动力进入劳动生产率较高的制造业中去，较快的就业增长将改变贫穷以及避免和解决与贫穷有关的环境问题。

3．运用贸易和投资措施来促进国际环境保护合作

采用单边、多边贸易制裁来促使国际环保合作会引起众多国家的担心或恐惧，采用境外裁决以达到环保目标也将引起更大争议。因为贸易制裁是以不考虑全球福利净增长为代价的。实践证明，运用贸易限制来达到环境保护目标，通常是低效的，一般情况下所起的作用也是短暂的，而运用贸易优惠促使国际环境合作并兼顾全球福利提高的政策显得更加有效，北美自由贸易协定从贸易和投资而来的收益增长的前景，引导墨西哥政府加强环保机构和环保法规的执行，足以为证。

（二）有益于国际贸易的环境政策

1．消除自然资源的过低价格

廉价的资源价格或对资源实行补贴政策将导致对环境资源的掠夺式开发和粗放式经营，将导致对资源的过度供给和过度消费，这样，既破坏了资源，又污染了环境；既损害了经济活动对资源的需求，又增加了资源破坏、环境污染带来的损失费用和控制费用。引伸到国际贸易之中，其直接影响是丧失可能得到的出口收入（这对于发展中国家来说，是一件痛心的事情），间接影响是会由于资源价格扭曲引起资源进口国的贸易争端。这方面的事例是很多的。环境资源低价政策对于经济与环境的双向负影响，已经被国内外的学术界所公认。

2．坚持全面的"污染者付费"原则，完善环境保护法规、制度

国际贸易的基本原则之一是要求产品价格反映真正的产品成本，坚持污染者支付费用原则有助于确保环境损失费用和污染控制费用进入企业成本和产品价格之中，这样有关环境补贴、"生态倾销"的贸易争端就会减少，对贸易自由的环境后果的担心也会减少。这是一项有益于国际贸易的环境政策，它会增加政府对环境保护的经济支持能力，特别是对于发展中国家来说，由于自然资源需求价格缺少弹性，这些国家的包括环境费用的出口产品价格将使进口国的消费者们支付与他们消费方式有关的环境费用的很大一部分，这无疑对具有资源型产品出口优势的发展中国家是有益的。

如果一个国家对与环境标准有关的工业成本进行补贴而其他国家由污染者支付这部分费用，那么将产生贸易扭曲，这是不公平的。因此，要求全面实施这项原则。

3．力求统一环境风险评价程序

这是实行上述原则、制度的技术性保证。诸如"如何评价环境风险，有关数据的确定以及如何收集、考核，评价程序是否可行"等问题，在不影响国家确定自己可接受风险水平的情况下，在国际水平上进行磋商，力求统一这些程序问题或者赞成这些程序问题，将减少由于考评程序不同而导致的贸易摩擦和额外的贸易投资费用，减少有关产品

标准的合法性和科学性基础的贸易争端。

二、两种不同观点的争论与统一

(一) 基本观点概述

当前，就环境与贸易的争论大致可以归纳为以下两种观点：一种是认为贸易自由化有损生态环境。这种观点基于资源低价，认为贸易自由化会刺激需求，导致对自然资源的压力；认为经济效率等于交易规模的扩大，进而是环境的进一步恶化；认为自由贸易会滋生环境上的贫困倾向，因此环境保护应当借助于出口税、费或进口关税保护机制得以实现，这一种观点基于生态危机，强调保护。另一种观点认为贸易自由化是社会发展的必要条件，市场机制是实现各种资源有效配置的一种手段，从长期效应来看，生产、贸易和自然资源存量的最优规模是由利率、技术的、生态的参数决定的，这种长期均衡与市场结构无关。尽管存在着保护贸易的各种理由，例如防止野生植物的灭绝等，但应承认贸易本身不是引起环境问题的根本原因，市场失灵和政策失误才是主要原因，这一观点重于经济增长，强调发展。

两种不同观点的衔接点是上百个国家首脑参加的"环发大会"所通过的可持续发展战略。可持续发展战略的基本含义是：人类应当以健康的方式使用发展权，而不应当凭借手中的技术和投资采取耗竭资源、破坏生态、污染环境的方式实现发展；应当是在创造和追求今世发展和消费的时候，承认并努力做到当代人与后代人的机会平等，不应当毫不留情地剥夺后代人本应享有的同等的发展和消费的机会和权利。在当前的实践中，贸易与环境还没有很好地衔接起来，保护环境的经济政策工具（诸如环境标准、法规）在保护环境的同时，由于影响商品的"竞争力"而产生国际市场上的成本差异，反过来又影响到各国的环境保护活动。因而，也难以完成协调贸易与环境的使命。实践中如何通过走可持续发展的道路协调贸易与环境的关系尚待探索，但不论怎样，可持续发展是众多国家首脑通过的一种发展模式，它使环境团体和贸易团体有了一个共同的奋斗目标，因而改变了过去以环境论环境、就贸易谈贸易，相互间面孔陌生、缺乏共同语言的状况，也改变了那种就环境谈贸易、就贸易谈环境，相互之间格格不入的局面。由于环境问题常常跨越国界，即使是本国内部的环境问题也常常通过贸易产生"涉外"影响，因此，通过国际合作解决环境和贸易的问题将是一条可行的途径。

（二）基本途径探索

从可持续发展的理论出发，环境与贸易的协调统一在于如何将传统的经济比较优势和环境比较优势相结合，即资源优化配置的全球专业化分工模式应如何达到包括环境成本在内的成本最小化，因此，实施可持续发展战略的基本途径是环境成本内在化。

环境成本目前尚没有明确的定义，根据有关文献所指的内容，环境成本一般是将产品生产到消费的过程中，所漏算的资源本身的价格、所造成的环境损失以及社会为防治环境污染破坏所支付的各种费用之和，进行折算所形成的成本。如前述，国际贸易的基本原则之一是要求产品价格反映真正的产品成本，因此，要求目前产品中尚未进入成本的"环境账"通过内部化，计入产品的成本之中，这样，通过环境问题的货币表述，就自然而然地把贸易和环境衔接起来了，这是当前世界贸易组织"绿化"观点的核心问题，几乎所有来自国际贸易对环境保护的关注，其基本点都涉及这个问题。

环境成本内在化是环境经济学的一项基础性的研究工作，是一项学科跨度很大、研究内容繁杂、有不少学科领域带有开拓性质的研究工作，它的作用不仅局限于贸易与环境问题，而是对于经济发展与环境保护的全方位的协调有着重大的意义。从目前国内外的研究情况看，大致包括以下三个大的方面。一是针对目前资源价格只计算直接生产成本，忽略自然资源本身具有价格的情况，研究环境资源的合理定价问题，以便将这部分被漏算的价格计入真正的产品成本之中。二是计算产品从生产到消费的全过程中产生的对资源及环境的破坏与污染所造成的损失（比如煤炭工业采煤过程对于煤炭资源的破坏、对于地表及植被的破坏、排放的废弃物带来的污染，煤炭产品消费过程产生的环境破坏与污染等所造成的经济损失），以及控制、防护、治理费用（目前这部分费用中属于企业消耗的一部分已经计入产品的生产成本，社会费用这个部分没有计入）。将这两部分费用作为企业应当负担的费用消耗计入产品成本。三是将资源价格、污染损失纳入国民经济核算体系、深入企业行为机制的有关政策、体制问题的研究。

对于国际贸易而言，环境成本内在化的工作还要更加困难。这不仅是由于目前缺乏环境问题成本化计算的基础工作，而且由于各国之间环境支持能力、自净能力不同，国家制度、贫富状况有别，人文习俗对于相同环境问题的敏感差异，以及各国之间缺少对于同一环境问题成本化的统一的认识基础等原因，使得此项研究更显薄弱。现实中，一个国家完全可以选择与他国不同的各种环境风险费用，跨越国际的一致的排放物标准并不能保证各国达到同样的环境质量水平，也不能保证这些国家的所有公司面临相同的成本。但这并非说此项工作是不重要的，相反，环境成本内在化可以控制污染破坏、实现公平贸易，使环境与贸易相互统一，已经开始成为人们的共识。

国际贸易和跨国投资与全球环境治理[①]

张　彬　李丽平

地理大发现使得人类的视野从区域走向了全球，而工业革命使得人类生产能力得到极大的提高，一个国家生产的产品除了能满足本地需求，还有富余的产品同另一个国家进行贸易。因此，在地理大发现和工业革命的双重影响下，人类贸易活动能力及范围从区域扩大到全球，人类的生产活动从此开始了全球化历程。在全球贸易活动的推动下，全球性的分工网络以及产业链条逐步形成——世界各国纷纷加入全球产业链条成为其中一环，劳动分工与产业布局在全球范围内开始重新分化，人类的经济活动遍布全球各地并相互关联。与此同时，全球性的经济活动带来了全球性的资源开采与利用，污染格局也随着产业的全球化布局以及污染产业在全球范围内的转移而变化。

全球贸易和跨国投资一方面加速了人类生产活动全球化的进程，另一方面提高了人类对环境影响的能力，如图1所示。世界自然基金会（WWF）在2010年的《地球生命力报告》指出，通过计算人类的生态足迹表明，自1966年以来人类对自然资源的需求增加了一倍，在2007年一年所消耗的地球资源需要地球1.5年再生，如图2所示。如果继续以超出地球资源极限的方式生活，到2030年将需要相当于两个地球来满足人类每年的需求。

尽管贸易全球化和全球工业化给全球环境带来了严峻的挑战，但是随着人类生产能力的解放以及改造自然的能力增强，人类以贸易和投资为纽带将全球经济紧密联系在一起，又为全球环境治理带来巨大的机遇，使全球环境治理成为可能。

在此背景下，中国在经历1978年的改革开放与2001年加入世界贸易组织（WTO）协定之后，不可避免地卷入到全球化的浪潮中，成为全球产业链条中重要的一环。随着资本在世界范围内的流动以及产业在世界范围内的分工与布局，一方面中国对外开放，大量外资涌入中国，在拉动中国经济增长的同时，给中国环境带来的压力与日俱增；另

---

① 原文刊登于《环境与可持续发展》2013年第1期。

一方面在经历较快的经济增长之后，随着国内部分市场的饱和以及中国产业的升级换代，中国企业开始"走出去"，部分产业也开始向世界其他地区转移，对当地的环境也带去了冲击与挑战。一言以蔽之，中国要融入世界不可避免地要参与到全球产业分工、全球贸易、海外投资以及全球环境治理中去。

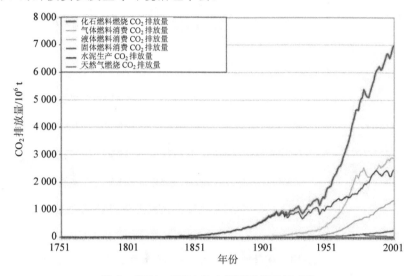

图1　1751—2001 年人类活动排放的 CO_2

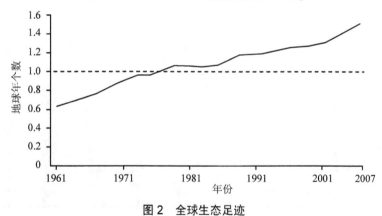

图2　全球生态足迹

一、国际贸易和投资是中国参与全球环境治理的内在动力

（一）中国经济高速增长

中国改革开放以来，在拥有产品成本及人口红利的优势下，通过吸引海外投资，拉动经济持续长达 30 多年的高速增长，1979—2007 年的近 30 年中国国内生产总值（GDP）

实现了年均9.8%的高速增长速度,国内生产总值由1978年的3 645亿元迅速跃升至2007年的249 530亿元,人均国内生产总值也有由1978年的381元增长到2007年的18 934元,如图3、图4所示。中国经济总量占世界经济的份额也由1978年的1.8%上涨到2007年的6.0%。

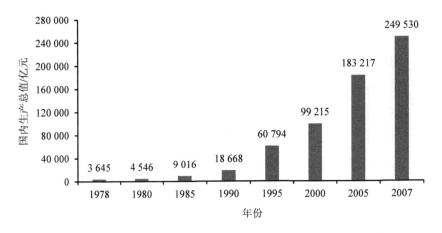

图3　1978—2007年中国国内生产总值

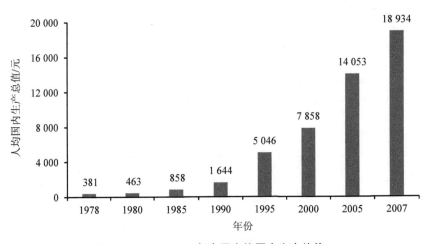

图4　1978—2007年中国人均国内生产总值

（二）外贸拉动中国经济增长

中国一方面借助货物的形式开放商品领域的对外贸易,另一方面借助外商直接投资、外债、国际市场融资等多种方式开放投资和生产领域的对外贸易。1978—2007年中

国进出口总额由 206 亿美元猛增到 21 737 亿美元，增长了 104 倍；外商直接投资截至
2007 年年底累计超过 7 700 亿美元，年均增长速度为 20.1%。如图 5、图 6 所示。

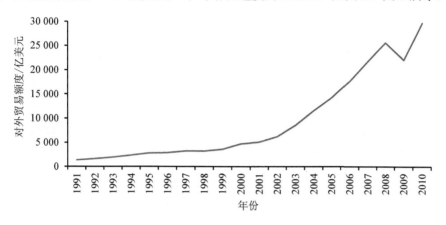

图 5　1991—2010 年中国对外贸易额度变化图

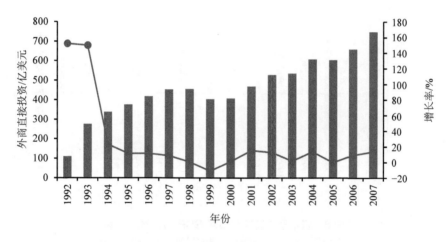

图 6　1992—2007 年中国外商直接投资金额及增长率

　　从三大需求对中国 GDP 增长的贡献率来看，1978—2010 年，资本形成总额、货物
及服务净出口两者拉动 GDP 增长平均每年的贡献率在 52%，超过了最终消费支出。根
据相关统计，改革开放后 FDI 年流入量占中国国内总固定资本投资高达 10%以上。由此
可见，对外贸易无论是通过对外货物、服务出口的形式，还是通过引进外国资本投资的
形式，都对中国经济的增长产生了巨大的影响。对外贸易已经成为中国经济增长的推动
引擎之一。如图 7、图 8 所示。

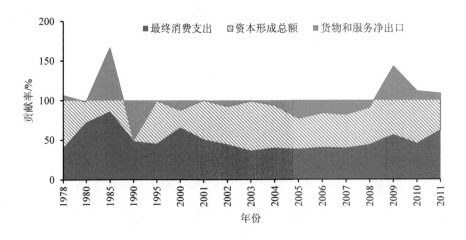

图 7　三大需求对 GDP 增长的贡献率

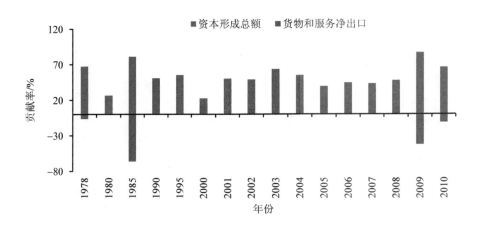

图 8　资本形成及净出口对 GDP 增长的贡献率

（三）经济增长带来环境压力

在 1978 年，中国产量占世界第一的工业产品只有棉布一种，而到了 1996 年除棉布外，钢铁、煤炭、水泥、化肥和电视机的产量也跃居到了世界第一，发电量和化纤也跃居到了世界第二。从 2010 年的工业基础数据来看，中国生产的钢达 6.27 亿 t，占世界的 43%，超过了第 2 至第 20 名的总和；中国的水泥占 60%，电解铝占 65%，精炼铜、煤、化肥、化纤、玻璃制品等基础工业品产量排名世界前列。从具体工业产品来看，中国生产的汽车占世界的 25%、船舶占 41.9%、工程机械占 43%、计算机占 68%、彩电占 50%、冰箱占 65%、手机占 70%。1979—2001 年，中国开始步入工业化阶段，到 2001 年中国加入 WTO 之后，中国第二产业被大大强化，奠定了现在的国际市场，目前在世界的产业格局中中国已经变成了"世界工厂"。

"世界工厂"在奠定中国经济增长奇迹的同时，也给中国环境带来了巨大的压力。

从生产贸易的角度来看，对外开放导致的贸易自由化使人们将眼光投向更多的贸易所得，致使中国有些自然资源和能源过度出口。掠夺性的开采，严重破坏了中国生态环境。特别是在中国实行对外开放的早期，由于缺乏资金和技术，初级产品尤其是资源性产品在外贸出口中占有较大比重，而这些资源性产品的开发利用给中国环境造成了毁灭性破坏。

从产业转移和外国投资的角度来看，由于发达国家的环境标准相对于发展中国家来讲要严格很多，因而发达国家的对外直接投资存在着转移污染产业的倾向，再加上改革开放初期，中国为了解决经济发展中资金和技术两个缺口，对于海外投资的环境影响并未有充分的认识，往往为了吸引外资而降低环境标准，导致中国成为发达国家的"污染天堂"。根据 1995 年第三次工业普查资料，外商投资于污染密集产业占三资企业总数的 30%，投资于高度污染密集产业占三资企业总数的 13%左右，占污染密集产业的40%以上。

中国在加入全球化贸易的过程中享受着全球化带来经济繁荣的同时，也忍受着全球化带来的国内环境破坏、资源耗竭的剧痛。随着经济的发展和人民生活水平的提高，中国政府也日益重视中国的环境问题，从"十一五"规划到"十二五"规划，中国政府相继提出了污染物减排的总量控制目标以及 CO_2 的减排目标，而这些政策还是在全球经济不景气的背景下出台的，表明了中国政府治理环境污染的决心。

中国环境是全球环境的一个重要组成部分，许多全球性的环境问题需要多国的协调和努力。中国环境的治理也是全球环境治理的重要部分。中国一方面在享受全球贸易带来利益的同时，另一方面也深受全球贸易带来的环境破坏。因此，贸易所带来的中国环境污染是中国参与全球环境治理的内在动力。

二、国际贸易和投资是中国参与全球环境治理的外在压力

中国在实施"引进来"战略的同时也要"走出去"。据相关资料统计，中国目前是世界上第二大经济体，第一大货物贸易出口国以及第五大对外投资国。随着中国融入全球化的程度加深，中国对其他发展中国家和新兴经济体经济发展产生了巨大的带动。

中国经济增长在拉动其他发展中国家和新兴经济体经济发展的过程中产生不可磨灭贡献的同时，也对这些国家的环境造成了冲击与挑战（图 9）。

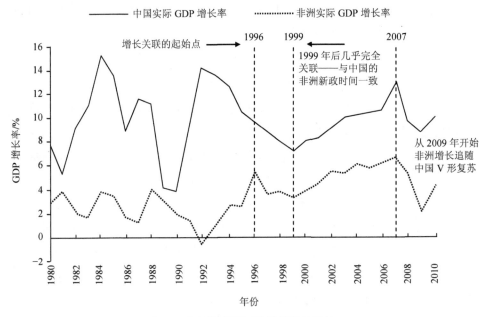

图9　中国与非洲经济增长的关联性

（一）中国制造消耗世界资源

由于中国已经成为"世界工厂"，承载着全球大部分制造业产品的生产，而这些产品的生产对资源和能源有很大的依赖性。中国自身的资源及能源储量在全球所占的比例并不高，因此，为了满足"世界工厂"的原料需求，中国势必要在全球范围内寻求资源与能源。有关统计显示，中国对石油、天然气、矿产、木材、渔业等自然资源的对外依存度逐渐增高，2008年中国成为自然资源的第四大进口国，其中林产品和矿石进口量排名世界第一，进口量如表1所示。从表中可以看出，中国对自然资源的海外依存度正逐年上升，同时中国消耗的自然资源在世界所占的份额也在逐年上升。中国通过海外贸易开采和进口自然资源，给出口国的环境造成了一定的压力。

表1　中国自然资源消耗量、增长率及世界排名

	价值/ 10^9 美元	世界份额	在货物贸易中的比例/%	年均增长/%			世界排名
				2000—2008 年	2007 年	2008 年	
自然资源类							
世界	3 832.6	100	23.80	17.80	14.20	31.20	
中国	330.3	9.90	29.20	30	32.50	43	4

	价值/ 10^9 美元	世界 份额	在货物贸易 中的比例/%	年均增长/%			世界 排名
				2000—2008 年	2007 年	2008 年	
渔业							
世界	102.6	100	0.60	7.70	7.20	9.20	
中国	3.7	4.50	0.30	15.00	9.80	6.70	4
林业							
世界	112.45	100	0.70	6.40	16.30	0.10	
中国	19.70	24	1.70	17.70	30.90	16.50	1
化石燃料							
世界	2 921.96	100	18.10	19.50	12.20	41.30	
中国	168.8	6	14.90	30.00	17.90	60.80	4
矿石							
世界	695.5	100	4.30	16.50	20.50	7.70	
中国	131.8	25	12.20	34.00	52.60	30.70	1

资料来源：世界报告 2010. 世界贸易组织。

除了通过直接进口自然资源外，中国还通过海外投资的形式在海外开矿。从统计资料可以看出，2005－2011 年间中国海外投资最主要集中在能源与金属行业，占各行业海外投资的一半以上。见表 2。

表 2　2005—2011 年中国海外各行业投资及工程建设投入

部门	投资	工程与建设
能源与动力	144.6	65.8
石油	63.9	22.9
五金	79.9	5.2
金融	35.2	—
交通	10.1	50.1
房地产及建设	19.7	5.4
科技	6.3	4.1
农业	6.6	1.8
化学，其他行业	6.6	2.1
合计	308.9	134.4

资料来源：中国全球投资跟踪数据库. 遗产基金会. 2012 年 1 月更新。

中国在海外投资资源开采以及大量进口资源在一定程度上给所在国和出口国的环境带来了压力。

（二）中国对外产业转移

中国在改革开放之初，为了获得资金和技术承接了大量的污染企业转移。随着中国经济的发展以及社会的进步，为了满足人们对于环境的需求，中国的环境标准逐步提升，一些污染较大、产能落后的企业在中国国内逐步被淘汰，而这些企业重新开始寻求新的价值高地以及环境标准低地，向落后的发展中国家转移。这种转移势必对产业承接国造成新的环境污染和压力。

与对外贸易给中国带来的环境压力一样，中国资本和企业通过对外投资和建厂的方式"走出去"的时候，也不可避免地对他国的环境造成了影响。随着人类对资源利用的强度增加，地理条件和位置较好地区的自然资源早已被发达国家在工业化进程中消耗殆尽，而中国由于工业化起步较晚，如今能够寻求到满足国内工业需求的自然资源地区大多位于较为偏远地区，社会和环境敏感性较高。一旦中国企业开采自然资源对当地的环境污染被扩大，就会引发较为强烈的冲突，对中国经济"走出去"的冲击也很大。因而中国要树立负责任大国的形象，不仅需要关注国内的环境治理，同时也要参与到其他国家和地区的环境治理中去。因此，贸易和投资给他国带去的环境污染是中国参与全球环境治理的外在压力。

三、经济全球化背景下中国如何参与全球环境治理

（一）定位利益相关方

参与到全球经济以及全球环境治理中，中国不可或缺的利益相关方为：中国政府、中国企业以及中国非政府组织（NGO）。

在参与全球贸易以及全球环境治理时，中国政府应从本国利益出发，在经济发展的同时注意本国环境保护，制定环境保护标准，淘汰落后产能，治理本国环境。另一方面，应引导和规范中国企业海外投资，为中国企业"走出去"提供信息和培训，使中国企业能更好地适应全球化的经济环境。

中国企业在参与全球化经济、追逐经济利益的同时，也应该适当关注所在国的环境保护和劳工福利，为中国企业创造良好的声誉，同时中国企业也应该学会与当地政府、居民以及民间团体交流和沟通。

中国非政府组织在全球化的背景下，也应该和中国企业一样"走出去"。因此，中国非政府组织也应该在关注国内问题的基础上，走出国门，站在全球人类福祉的高度，

在国际舞台上发出中国自己的声音。

（二）推动国际贸易规则改进和参与全球环境政策的制定

目前中国参与全球经济是在西方发达国家制定的框架和体系内进行的，中国处于被动地适应国际规则的地位。从之前9种原材料出口案到目前稀土等原材料出口管理措施案，无一不是西方发达国家利用现行贸易规则制定和解释的主导权，迫使中国以国内污染环境为代价供应全球原材料市场，因此在中国国力日益增强、对外贸易比重日益增大的今天，中国应该积极主动推进对现行贸易政策的改进。

（三）重构全球贸易体系

现行的全球贸易体系是在西方国家历经上百年的博弈中形成的，而发展中国家大部分是被动卷入全球化浪潮中，因而全球贸易体系主要体现的是西方发达国家的利益和需求。

另外，由于现行全球贸易体系是在人类对环境问题并未充分认识的背景下形成的，主要考虑的是经济利益，而对环境问题的考虑较少，各项规则的制定主要是经济博弈，环境利益未能纳入全球贸易规则制定的考虑范围内。因此为了更好地参与全球环境治理，中国应该抓住机遇，参与到重构全球贸易体系中去。

国际贸易视角下的中国碳排放责任分析[①]

李丽平　任　勇　田春秀

一、引言

中国始终是气候变化国际进程的焦点。根据国际能源机构的预测，中国的温室气体排放量将于 2010 年前后超过美国，成为世界第一。多年来，在《联合国气候变化框架公约》谈判过程中，美国等发达国家一直想使我国正式承担量化的温室气体减限排义务，美国拒批《京都议定书》的理由之一就是《京都议定书》未给中国、印度等发展中大国规定减限排义务，这将影响美国经济的竞争力。在发达国家的极力推动下，刚刚结束的《联合国气候变化框架公约》第 13 次缔约方大会暨《京都议定书》第三次缔约方大会制定的"巴厘路线图"，已经将发展中国家承担具体减限排义务正式纳入后京都进程，中国将处于风口浪尖。

《巴厘行动计划》明确要求发展中国家"在技术、资金和能力建设的支持下，在可持续发展框架下采取减缓行动，这种行动应该是以可测量、可报告和可核查的方式开展"。《巴厘行动计划》虽然规定了发展中国家必须要进行减排，但尚未明确减排具体目标和形式，未明确谁、用什么样的程序对发展中国家是否是在可持续发展框架下采取减排行动的问题做出评判等。因此，在后京都新进程中，中国应该承担多大的义务是摆在我们面前的紧迫问题。

在气候变化国际谈判中以及面对气候变化方面的国际压力，中国惯用的理由主要有两点：一是中国的历史累计排放量少，1950—2002 年，中国化石燃料燃烧排放的二氧化碳只占世界累计排放量的 9.33%，发达国家应该为其到现在为止占有世界温室气体绝大部分的排放量而负责；二是中国人均排放水平低，据国际能源机构统计，2004 年中国人

---

① 原文刊登于《环境保护》2008 年第 6 期。

均二氧化碳排放量为 3.65 t，为世界平均水平的 87%，为 OECD 国家的 33%，1950—2002年的 50 年间，中国人均二氧化碳排放量只占到世界平均水平的第 92 位。过去的这些论据在新的形势下，缺乏新意，难以立足。我国人均二氧化碳排放量目前已与世界平均水平相当，以后还会继续提高，人均二氧化碳排放量低的谈判优势在逐渐丧失。要想在国际环境外交及未来气候谈判中不被动并能够获得更大的利益空间，亟须寻求新的科学论据，合理界定我国的责任，履行适当的义务。

新近许多研究表明：贸易是导致温室气体排放增加的重要原因，中国温室气体排放量急剧增长的一大部分是为了满足许多发达国家的生产和生活需求而排放的，即通过大量出口廉价产品而排放的，为此，我们不得不提出这样一个新问题，到底谁应该为中国的碳排放负责？

二、贸易顺差是中国碳排放增长的重要原因

（一）中国的经济增长与贸易

对外贸易已成为拉动中国国民经济增长的三大引擎之一。加入 WTO 后，中国对外贸易以平均每年 20%～30% 的速度增长。2004 年，中国出口对其经济的贡献率达到 34%，而同年，巴西、印度和英国出口对其经济的贡献率分别只有 18%、19%、25%。在中国的出口贸易中，加工贸易占到将近 1/2。

近年来，中国的贸易顺差持续扩大。中国的出口在 2004—2005 年间增长了 28%，而同期进口的增长低于 18%。中国的贸易顺差在 2005 年高达 1 020 亿美元，比 2004 年增加 700 亿美元，相当于增加了 2 倍。2006 年中国的贸易顺差更是攀升至 1 770 亿美元，当年出口增长的幅度为 27%。2007 年上半年的贸易顺差已经达到 1 000 亿美元，估计2007 年的数据只会更高。

随着投资和消费需求的拉动，一些刺激经济发展的高耗能和高碳强度而低附加值的产品和行业出口也在增加。例如，中国的水泥生产在 2004—2005 年增加了 10%，同期，水泥出口量从 700 万 t 增长到 2 100 万 t，增长了 2 倍多，轧钢出口增加了 44%。值得一提的是，这些高耗能行业的大量生产和出口，不仅有国内的投资和消费拉动，也有发达国家的投资和需求，例如，德国鲁尔区的蒂森-克虏伯钢铁公司就与我国河北邯钢签订了合同，德国公司将其鼓风炉等设备转让邯钢，然后德国再从中国进口钢材。

（二）中国的贸易与温室气体排放

中国的贸易出口与温室气体排放增加有直接正相关关系，换句话说，中国温室气体排放增加相当一部分是发达国家消费需求拉动所致。作为世界工厂，中国出口高碳强度和高能耗加工产品，承担了生产和加工这些产品的全部排放成本，包括能源燃料排放成本、加工过程排放成本以及交通运输排放成本。目前，已经有很多研究印证了这一结论。

英国 Tyndall 中心气候变化研究部门从"碳出口"的角度研究中国贸易出口与温室气体排放的关系后发现：2004 年，中国由于进口货物和服务可以避免的二氧化碳排放大约是 3.81 亿 t；从中国出口的货物产生大约 14.9 亿 t 二氧化碳的排放，也就是说，大约 11.09 亿 t 的二氧化碳排放是中国的净出口导致的，占中国当年二氧化碳排放总量的 23%（当年的二氧化碳排放总量是 47.32 亿 t）；相当于同年日本的二氧化碳总排放量，是德国、澳大利亚的排放总量之和，是英国全国排放量的 2 倍多。中国的贸易顺差之所以导致大量的碳排放是因为其出口产品基本属高能耗、高污染、高碳的资源型产品。值得注意的是，上述研究只是考虑了直接排放，而忽略了生产过程中其他的一些有可能造成显著排放的投入，还有就是出口贡献最大的贸易项目的碳排放强度要稍微低于平均碳排放强度，因此，这一数字还有待用更全面的投入-产出模型进一步核实，但应该相差不大。

英国广播公司 2007 年 10 月 5 日的一篇报道指出"西方消费需求加剧中国碳排放"。它提供的一份研究报告认为，英国对中国商品越来越多的依赖加剧了中国及全球碳排放的增加，原因是中国工厂生产每件商品产生的二氧化碳多于英国工厂，据估计，中国工厂生产同一件产品产生的二氧化碳比欧洲工厂多 1/3，而且在运输这些产品的过程中产生了更多的二氧化碳。

WWF 全球政策顾问 Dennis Pamlin 认为"中国进口的大部分自然资源是以增值产品的形式再次出口，由于中国和印度公司为瑞典人生产消费品，瑞典已经将自己的碳排放减少了 10%"。WWF 在 2007 年 4 月发布的一份调查报告中还指出："全球消费者，特别是发达国家消费者，对中国在海外日渐增长的生态影响负有责任，中国不是其生态足迹唯一的责任方"。

据国际能源机构统计，中国温室气体排放总量中，有 1/3 的碳排放量来自为外国消费者生产产品的过程中。

另有资料显示，美国进口产品中所谓的碳内涵排放量在 1997—2004 年间差不多翻了一番。2004 年，美国进口产品所含的二氧化碳排放量高达 18 亿 t，相当于该国 2004 年碳排放量的 30%，这些产品中有许多来自中国。美国从中国进口的商品如果在美国本土生产，那么美国的二氧化碳排放量将增加 3%～6%。中国目前的二氧化碳排放量中的

7%～14%是为美国消费者提供产品而产生的。

日本京都造型艺术大学教授竹村真一在《呼声月刊》撰文指出"是全世界在污染中国""产生这些污染的原因之一是中国作为'世界工厂'，独自承担了世界范围内相当比例的制造业生产""单纯地将责任归咎于中国，无益于问题的解决"。关于中国的碳排放和贸易及投资的关系，他认为，要考虑"碳连锁"的问题。以钢铁产品为例，日本企业为躲避国内的碳税，到中国等没有碳排放限制的国家投资或生产，又从这些国家进口粗钢回日本精炼，生产粗钢的所有过程排放都被转移到了中国。最终的结果是虽然日本国内的二氧化碳排放量降低了，但对中国及整个地球来说能源消耗及二氧化碳的排放量还是在增加的。

绿色和平组织（Green Peace）对过去10年中国的木材消费进行了调查，指出"过去10年中国一跃成为世界第二大林产品进口国和消耗国，刺激了更多非法采伐和森林破坏的发生。与此同时，林产品出口量呈现了比内消耗量更迅速的增长，使中国成为胶合板、家具和纸张生产的世界工厂。发达国家对中国廉价产品的需求带动了中国的林产品生产，驱使中国进口更多的木材。如果说中国对木材的需求加深了全球的森林危机，欧美等国同样有不可推卸的责任。

中国社科院的研究从"内涵能源"的角度揭示了中国贸易出口与温室气体排放的关系：无论从绝对值还是从增长速度看，外贸进出口背后的内涵能源都是相当大的。近年来，中国已经成为内涵能源的净出口国。据测算，2001—2006年，中国净出口内涵能源从2.17亿t标煤增长到6.68亿t标煤，呈相对稳定的快速增长趋势。其中，2002年中国内涵能源净出口总量大约是2.5亿t标煤，占当年一次能源消费的16.5%。同年，中国出口的内涵能源对应的是2.38亿t碳，进口的内涵能源对应的是0.70亿t碳，相当于在国内净排放1.68亿t碳；2004年，中国出口的内涵能源对应的是4.62亿t碳，进口的内涵能源对应的是1.40亿t碳，相当于在国内净排放3.22亿t碳。内涵能源出口主要流向美国和日本，净出口都在7 000万t标煤以上，二者相加约占净出口内涵能源总量的60%。从部门分析来看，一些传统的出口优势部门由于出口总量较大因而位居内涵能源出口的前列。在出口贸易总额中占前三位的服装及其他纤维制品制造、仪器仪表及文化办公用机械制造、电气机械及器材制造业也是出口内涵能源最多的部门。以2002年为例，三行业分别占内涵能源出口量的13.4%、12.3%和12.5%。此外，化学原料及制品制造业、黑色金属冶炼及压延加工业，尽管在贸易总额中所占比例不高，分别为3.5%和1%，但其出口商品是典型的能源密集型产品，在内涵能源出口中的比例分别为7.1%和2.3%，大大高于其贸易额的比例，如果扣除进口中间产品的影响，比例进一步提高，分别为8.0%和2.8%，这说明加工出口能源密集型产品主要消耗国内的原材料，对国内能源和环境影响较大。能源消耗的同时会造成大量的污染物和碳排放。

清华大学根据公式"碳排放增长＝能源使用量及人口等的增长+能源效率+贸易"分析和计算后发现,中国约 1/4 的碳排放来源于贸易顺差。

总而言之,上述研究不管是从"内涵能源"的角度,还是从"出口碳""出口排放""碳连锁"等其他角度,都揭示出如下事实:

第一,贸易会导致"碳泄漏"。发达国家将高污染、高能耗及资源型行业转移到发展中国家,再从这些国家进口低附加值产品或半成品,这样虽然可以减少发达国家自己的排放量,实现他们单个的排放目标,但发展中国家及全球的碳排放总量却增加了。

第二,中国由于贸易顺差所导致的二氧化碳等温室气体排放增加是显著的,绝对不能忽视。随着大量"中国制造"走向世界,中国也直接或间接地出口了大量能源资源,这些产品的生产和加工使中国碳排放量大幅增长,占有很大份额,必须引起注意。

第三,西方消费需求加剧了中国碳排放增长。近年来,中国能源消耗、主要污染物和二氧化碳排放的快速增长,不仅是国内投资和消费需求膨胀的结果,更是国外市场的消费需求拉动所引起的货物出口迅速增加所致。

三、谁该为中国的碳排放增长负责任?

从以上分析可以得到如下启示:一是中国的碳排放增长不仅要考虑历史发展的阶段性因素,更要考虑现代贸易和投资引发的转移性因素;二是"碳出口"逐渐增加这个问题应该引起我国气候变化政府谈判人员的高度重视,国际全球贸易意味着一个国家的碳足印也是世界性的,仅仅关注国界内的排放问题可能会丢失很多利益;三是中国出口产品消费者对中国的碳排放增长负有不可推卸的责任。

为此,未来的中国需要:

第一,在后京都进程谈判中,重新界定温室气体排放的现代责任,减少我国减排义务和压力。中国目前正处于工业化、城镇化加速的历史时期,随着经济规模的扩大和人民生活水平的提高,这一阶段资源需求总量和消耗强度在较长时期保持较高水平,具有一定的客观必然性,属于"生存和发展排放"。除此之外,更重要的是,碳排放根植于经由贸易在全球流通的商品之中。全球尤其是发达国家对中国生产的日用品和工业制成品需求是刚性的。只要这部分需求依然存在,中国作为"世界工厂"的碳排放就属于"必须排放"。而且这些增加的排放是发达国家造成的,应该由这些出口产品的消费者负责。换句话说,中国的这部分碳排放"消费量"应由中国产品贸易国负责和埋单。这一点应成为中国等发展中国家在后京都谈判中与发达国家进行谈判的重要砝码之一。要继续进行这方面的深入研究，以为谈判提供更有力的支持。

第二，开展"环境、贸易和气候变化的关系研究"和"节能减排对减少二氧化碳排放的协同效应研究"，完善节能减排方案和应对气候变化国家方案。贸易顺差不仅导致了"碳"大量出口，同时也出口了环境资源；中国的国内节能减排工作已经为温室气体排放做出了巨大贡献。据国家发改委数据，为实现"十一五"节能减排目标，截至 2007 年 12 月 27 日，中国已关停小火电机组 1 438 万 kW，这些机组关停后，每年将减少原煤消耗 1 880 万 t，减少二氧化硫排放 29 万 t，减少二氧化碳排放 3 760 万 t。因此，中国要深入开展这两方面的研究，要将中国自己的节能减排等内在需求转化为需担当的国际责任，把气候政策与国家发展目标有机结合起来，在发展中寻求减排，减少我国温室气体减排压力。

第三，建议以环保手段"绿化"贸易增长，使用出口环境税、产品和行业准出制度、绿色投资等手段，构建绿色贸易体系，限制高耗能、高排放产品和行业的出口，减少污染和温室气体排放。

气候贸易机制助力节能减排[①]

李丽平

为实现"十一五"节能减排约束性指标，我国密集出台了多项措施，虽然包括经济、法律和行政等众多手段，但总体来看，目前仍然是主要依靠行政命令手段。这样做短期内可能有一定效果，但负面影响绝对不能忽视：一是政策实施成本极高，例如，对节能减排进行指标分配、签目标责任状、督导、检查、核算等均需花费很多人力物力；二是很可能与"关闭'十五小'污染企业"等措施一样，存在很大的"反弹"或"复燃"等潜在风险。主要原因就在于，如果一项行政政策没有与企业利益挂钩或企业违法成本较低，企业对该政策的实施就永远没有积极性，只能是短暂的"被动应付"，该项政策的实施效果也就不可能持续。已有的环境经济政策和手段，例如，绿色证券、绿色信贷、绿色贸易等，虽然发挥了一定引导性作用，但仍多表现为限制性措施，激励措施较少，企业很难从中真正获得实惠。

节能减排目标的完成亟须加大资金投入和高新技术支持。但中央财政在 2007 年安排的 235 亿元和 2008 年安排的 270 亿元节能减排专项资金还远远不能满足需求，现有中央预算及投入资金只能解决重点工程和流域的部分问题。而由于违法成本低于治理成本，企业本身的污染治理投资更是不足。例如，在纺织行业中，2006 年销售收入 3 000 万元以上的大中型企业，平均每个企业用于节能减排的投资只有 60 万元左右。而技术更是节能减排的重要瓶颈，经常需要从国外引进先进技术和设备。

因此，要实现节能减排目标，除利用好国内现有机制、制定相关政策，还亟须市场机制和国际合作等外生力量发挥更大作用，所需市场手段不仅要实施成本低，能够发挥企业主动性，而且要能便利获得额外资金和先进技术。气候贸易机制正是这样一种市场手段。

---

① 原文刊登于《环境经济》2009 年第 1 期。

一、有促进节能减排的"资本"

《气候变化框架公约》（以下简称《公约》）的《京都议定书》（以下简称《议定书》）规定了三种气候贸易机制，其中只有清洁发展机制（CDM）是建立在发达国家和发展中国家之间的一种贸易机制，也是中国唯一可以参加的气候贸易机制（因此下文气候贸易机制专指 CDM）。CDM 是发达国家为应对气候变化，实现其温室气体减排义务，为发展中国家提供资金和技术，实施温室气体减排项目的合作共赢机制。

按照《议定书》关于各个附件一国家减排的承诺计算，发达国家每年的碳需求量为 3.5 亿～5.0 亿 t。截至 2008 年 3 月，中国已获得联合国执行理事会（EB）注册的 CDM 项目年减排量约 1 亿 t 二氧化碳当量，约占全球 1/2，位居世界第一，并遥遥领先于其他国家。到 2012 年，这些项目累计减排量可达 7 亿 t 碳当量以上。另外，截至 2008 年 2 月 1 日，国家发改委已经审批的项目数量为 1 113 个，这些项目正在逐步进入 EB 的注册程序。如果这些项目都能注册成功，到 2012 年预计可减排温室气体 30 亿 t 碳当量以上。

中国目前是全球温室气体排放第二大国。根据国际能源机构的预测，中国的温室气体排放量将于 2010 年前后超过美国，成为世界第一。虽然发展中国家没有被规定具体的减限排义务，但是，多年来，在《公约》谈判过程中，美国等发达国家一直想压迫我国正式承担温室气体减排义务，例如，美国退出《议定书》的理由之一就是中国、印度等发展中国家没有"有意义"地参与减排承诺。在发达国家的极力推动下，2007 年年底结束的《公约》第 13 次缔约方大会制定的"巴厘路线图"，已经将发展中国家承担具体减限排义务正式纳入后京都进程，中国将处于风口浪尖。

在面临承担气候责任和节能减排双重巨大压力下，中国将气候贸易作为实现节能减排目标的"抓手"无论是对承担国际义务还是国内责任都具有十分重要的意义，也是完全可行的，这是因为：

一是气候贸易机制宗旨与节能减排目标相吻合。

无论是《公约》还是《议定书》都将实现东道国的可持续发展作为重要宗旨和内在要求，这就决定了气候贸易应该而且必须服务于东道国的可持续发展。2007 年我国发布的《节能减排综合性工作方案》（以下简称《方案》）将实现经济又好又快发展和可持续发展作为其主要目标，并且提出："进一步加强节能减排工作，也是应对全球气候变化的迫切需要，是我们应该承担的责任。"中国《清洁发展机制运行管理办法》（以下简称《办法》）第 6 条规定，开展清洁发展机制项目应符合中国的法律法规和可持续发展战略、政策，以及国民经济和社会发展规划的总体要求。这些政策规定表明，气候贸易机制与节能减排的目标完全一致，都是为实现可持续发展目标服务。

二是气候贸易机制与节能减排的对象机理上具有协同效应，可以实现协同控制。

产生局部和区域大气环境污染的主要来源——化石能源燃烧，同时也是导致气候变化的主要原因。数据显示，大气中二氧化碳的增加有80%左右来自化石燃料的燃烧，而大气污染物二氧化硫排放也主要来源于煤炭等含硫化石燃料的燃烧。可以说，温室气体与大气污染物某些方面产生渊源相同，具有协同效应，两者可以实现协同控制。根据已有的一些研究成果，在调整经济结构和能源结构、提高能源利用效率和节约能源方面，随着能耗的下降，可同时减少二氧化硫和二氧化碳排放，两者的排放比例关系是每减排1 t二氧化硫将减少50～300 t二氧化碳。按此比例关系，如果已注册CDM项目均为能效项目或与节能减排相关项目，则每年1亿t的二氧化碳减排当量可产生33万～200万t的二氧化硫减排协同效应。如果按此上限计算，相对于每年50万t二氧化硫减排额度，通过CDM项目就基本能够实现二氧化硫减排目标。

三是气候贸易机制可以为节能减排补充大量资金。

气候贸易机制可以使东道国获得一定经济收益。按目前市场价格平均每吨二氧化碳当量为10美元左右计算，中国从已批准CDM项目中每年可以获得近10亿美元的额外资金。随着CDM项目快速开发，这一数据还会成倍增加。与中国目前节能减排投入资金相比，如果这些资金都与节能减排相关或全部投入节能减排，意味着节能减排将会增加约30%的投入。对于企业而言，所获得的CER（核证减排量）收益基金甚至占其内部收益率（IRR）的80%。这将为企业环境治理和污染减排提供充足的资金保障。

四是气候贸易机制可以为节能减排提供先进技术。

相对于额外资金而言，能够从发达国家获得先进的节能减排技术则是长期利好的战略。气候贸易机制强调先进技术的转让和推广应用。CDM项目技术转让中成功的案例是天然气燃机联合循环发电设备的打捆招标，通过CDM以购设备换技术，已经提高了中国国内该类设备的设计制造能力。

五是气候贸易机制项目类型与节能减排政策措施具有高度一致性。

CDM项目类型与《节能减排综合性工作方案》中所列具体措施具有高度一致性。《方案》所列十大重点节能工程，其中：实施钢铁、有色、石油石化、化工、建材等重点耗能行业余热余压利用、加快核准建设和改造采暖供热为主的热电联产和工业热电联产、节能建筑和节能灯都是已经开展和将要开展的CDM类型。另外，CDM项目在推进资源综合利用、促进垃圾资源化利用方面也都有开展。从已开发的CDM类型来看，用于帮助发达国家温室气体减排的项目绝大多数都对发展中国家的环境质量或全球的环境保护有一定积极意义。这一概念也同样适用于中国目前 CDM 项目与节能减排的关系(图 1 是根据中国政府批准和签发的 CDM 类型勾画的温室气体减排效应与国内节能减排的相对关系)。尽管 HFC-23、N_2O 类及甲烷回收和利用类 CDM 项目与我国目前意义上的节能减排还不是完全意义上的相同关系,但 HFC-23 也是需要控制的臭氧层物质,虽然目前没有将 N_2O 作为约束性减排指标,但将来总会成为需要控制的主要大气污染物。与减排二氧化硫最直接相关的 CDM 类型或具有最大协同效应的 CDM 项目主要包括燃料替代、节能和提高能效等。

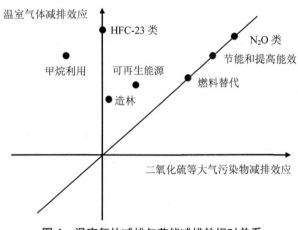

图 1　温室气体减排与节能减排的相对关系

二、实际运行中存在"遗憾"

气候贸易机制虽然具有成为节能减排重要手段的潜力和条件,但到目前为止还只是潜在和假设的,中国还没有充分认识和重视气候贸易机制以及利用其为国内节能减排服务,从而造成大量碳资源的浪费和流失。究其原因,主要是:

一是国内相关政策不完善。

有关气候贸易机制政策缺乏。国内目前有关气候贸易机制的政策规定只有《清洁发展机制运行管理办法》,其法律地位相对较低。即便如此,《办法》中也只有一些宏观性的描述规定,没有具体实施意见,缺乏可操作性。例如,《办法》规定,在中国开展清洁发展机制项目的重点领域是"以提高能源效率、开发利用新能源和可再生能源以及回收利用甲烷和煤层气为主"。但从实际批准的项目产生的温室气体减排量情况看,却主要为 HFC-23 及 N_2O 等非二氧化碳类型。

HFC 项目①的减排量占总减排量的 56%，而此类项目在中国开发潜力较小。换句话说，尽管《办法》确定了重点领域，但在实际审批过程中并没有给予这些领域更多配额和优先考虑，而这些优先领域，例如，新能源和可再生能源中的生物质能、天然气发电、节能和提高能效类的余温、余热、余压、高炉煤气回收发电等，却恰恰是节能减排所需要的。

现有国家法律和 CDM 准则之间的互动关系和兼容性仍是空白。CDM 需要遵守的主要国家法规包括：环境/能源保护法律/法规、投资法律/法规、可持续发展规则等。而 CDM 项目应该采用哪些环境标准？外国投资者能否享受东道国鼓励环保/节能、开发补贴/税收减免？如何对待与保密信息相关的风险？CDM 项目适用什么样的劳动法规？适用什么样的保险法？什么样的评判标准可证明 CDM 项目有助于中国实现可持续发展？等核心问题都没有法律说明。

二是现有气候贸易机制并没有实现预期的技术转让。

目前中国已经注册的 CDM 项目技术转让程度和水平总体上非常低，远远没有实现发展中国家可以获得先进技术的预期目标。如果考虑核心技术的使用和推广，则 CDM 项目的技术转让率为 0。即使将只有设备购入的项目算在内，也不到 40%，而且其中有 3/4 只是设备购买，有能力培训的也只是浅层次的培训，没有真正实现核心技术转让。从 CDM 项目类型来看，已有的所谓"技术转让"也主要是非二氧化碳类 CDM 项目，如 N_2O、HFC-23、煤层气等，对国内污染减排能够产生较大协同效应的能效提高、燃料替代、可再生能源类 CDM 项目技术转让需求很大，但结果很差。

技术转让壁垒既有技术供给层面，例如，考虑到专利、竞争等因素，但更需要引起重视的是技术需求方面的原因：第一，技术需求目标不明，中国到底希望通过气候贸易机制获得国外什么技术、自己的家底、全球市场，都不清楚。第二，技术需求动力不足，从企业层面看，技术需求与经济发展水平密切相关，大多申请 CDM 项目的企业只将资金作为其唯一目标，而对技术转让要求比较低。换言之，CDM 不是由技术转让驱动的，而是由成本和经核证减排量（CERs）收益驱动的。从政府层面看，国家和地方两个层次需求不同，国家层面以获得技术、获得长远利益为目标，而地方政府层面更多追求暂时利益，这就造成国家在国际上空喊需要技术转让，而没有后劲的局面。第三，技术需求制度不力，国家在审核和批准 CDM 项目时没有对技术转让做具体或硬性规定，也缺乏有关技术转让的优惠和惩罚政策。

---

① HFC 项目为 CDM 项目子项目。

三是 CDM 资金没能真正用于节能减排。

尽管《办法》对 CDM 基金做出了"清洁发展机制项目因转让温室气体减排量所获得的收益归中国政府和实施项目的企业所有"的规定，并规定对"氢氟碳化物（HFC）和全氟碳化物（PFC）、氧化亚氮（N_2O）类项目、其他项目，国家分别收取转让温室气体减排量转让额的 65%、30% 和 2%"，"国家收取的费用，用于支持与气候变化相关的活动"。

但 CER 产生的现金流属于什么性质？收取如上比例的依据是什么？如何使用，是否应该更多用于与节能减排密切相关的气候变化活动？等问题都没有具体说明。对企业获得该资金的性质也没有说明。

四是缺乏对气候贸易机制和节能减排关系的深刻认识和深入研究。

气候贸易机制和节能减排关系研究既包括气候贸易机制与节能减排化学和物理等内在机理的科学理论研究，也包括如何利用气候贸易机制为节能减排服务的政策研究。目前的相关科学理论研究仅停留在个别地区、个别项目的案例研究，没有从全国的宏观层面进行统一分析。如何利用气候贸易机制为节能减排服务的政策研究几乎是空白。由于没有科学的研究结论和建议，决策者很难将两者统筹考虑，也就很难理解和重视气候贸易机制对节能减排工作的意义。

三、对未来有所"期待"

以上分析表明，温室气体减排和国内污染物减排的协同效应非常明显，潜力很大，不容忽视。在目前情况下，借助气候贸易机制这一国际市场机制推进节能减排是必要的也是可行的，中国应积极地、科学地、尽快地利用好这一机制，调整有关政策，加速和高效实现节能减排目标。因此建议：

一是将如何利用气候贸易机制为节能减排服务提到议事日程。

从工作思路上将气候贸易机制作为节能减排的重要手段，将国际环保责任和国内环保任务统筹考虑，积极参与气候贸易机制工作。加强机构建设，国家和省级环保部门都要设立专门的气候贸易机制管理机构；国务院制定并发布《关于利用气候贸易机制促进节能减排工作的指导意见》，或在修订的《工作方案》中将气候贸易机制也作为一种减排手段或措施；研究制定气候、能源和环境一体化政策，对能源导致的温室气体、污染物进行协同控制；提高清洁发展机制项目中环保准入门槛，严格新项目的环境影响评价，开展已做清洁发展机制项目的环境影响后评估；研究针对清洁发展机制项目的可持续发展影响标准，开展清洁发展机制项目的可持续性影响评价；研究制定与清洁发展机制相关的环保税收减免政策及其他环保优惠政策。

二是加强和深化气候贸易政策与节能减排政策的协同效应研究。

研究出 CDM 项目与节能减排项目的协同效应度指数。首先，要深入研究国际 CDM 机制、已有 CDM 类型及方法学；其次，研究其他发展中国家，如印度的先进经验；另外，加强国内节能减排实施和 CDM 项目开发的潜力与资源状况调查，分析出 CDM 项目与国内大气污染治理协同效应度最大的领域或类型清单，该清单应该是动态的；最后，鼓励开发节能减排协同效应度高的 CDM 方法学，为中国的环境污染治理及全球的环境保护做出贡献。

三是完善 CDM 政策，加强有利于节能减排的技术引进。

将温室气体减排与国内大气污染治理协同效应度作为评判标准之一来确定 CDM 项目的优先领域和重点领域，加强对 CDM 项目的分类和配额管理：一是对 CDM 项目的选拔实行配额及许可证管理，对协同效应度高以及特需和急需技术的 CDM 项目进行鼓励开发，例如，对节能减排协同效应度大的高耗能行业的余热余压利用等项目要进行鼓励；对技术含量低、不需技术或"低端目标"的 CDM 项目数量进行配额管理，限制或禁止。避免 CDM 项目的无序管理和一哄而上，切实保证项目的质量。二是修改《清洁发展机制运行管理办法》，将 N_2O 等类型也列为重点领域。

加强 CDM 基金的政策管理，支持或用于污染治理。深入研究国家和企业从 CDM 项目中所得碳收入的资金性质，抓紧制定碳收入相关的税收、投资和财务等政策，具体应考虑碳收入现金流与企业一般经营所得收入的关系，对碳收入所得税是否减免、优惠，碳收入所得使用范围，碳收入会计核算单独进行还是纳入项目实施单位总体会计核算等问题深入研究并出台相关意见；科学制定国家和企业碳收入的分配比例；政策制定要综合考虑将所得的碳收入充分运用到节能减排和气候变化工作相结合领域中，最大限度发挥碳收入对节能减排工作的效用。

充分利用 CDM 机制，促进有益于节能减排的技术转让。利用 CDM 促进东道主国家技术转让和可持续发展的宗旨，努力做到：第一，在国际谈判中必须坚持气候变化这一全球范围负外部性的本质，要求发达国家必须无条件免费促进技术转让。第二，制定 CDM 项目的技术标准，进行分类管理。对国内急需而空白的技术要制定高标准，并设为鼓励引进类技术，给予一定的优惠政策；对国内发展较好而国外不适应的技术，如生物质发电技术，设为限制引进类技术，目的是鼓励国内技术创新和发展；其他可设置为许可类技术。

关于禁止洋垃圾入境措施的经济影响研究

——以未经分拣的废纸为例[①]

张 彬 李丽平 张 莉

2017 年 7 月，国务院办公厅印发《禁止洋垃圾入境推进固体废物进口管理制度改革实施方案》（以下简称《实施方案》），原环保部等五部委调整《禁止进口固体废物目录》，对 4 大类 24 种固体废物实施禁止进口措施。其中，2016 年未经分拣的废纸（税号：4707900090）进口额占到了 4 类禁止进口固体废物的 17%以上。部分媒体报道称，由于不再审批许可证，导致国外废纸无法进口从而造成纸制品价格飞涨，国内纸媒面临"最危险时期"和"无纸可印"的状况，对出版行业安全造成严重影响。针对此情景，为分析禁止进口未经分解废纸措施的经济影响，本研究采用格兰杰因果检验方法对造纸及纸制品业工业生产者出厂价格指数与未经分拣的废纸进口额之间统计学意义上的因果关系进行了检验，并采用投入产出模型定量测算了禁止未经分拣的废纸进口对我国 GDP 以及相关行业所产生的影响。

一、我国废纸进口趋势分析

按照《中国造纸年鉴》统计分类，我国进口的废纸主要分为废纸箱板类（税号：47071000)、办公室废杂纸类（税号：47072000)、废报纸类（税号：47073000）以及其他废杂纸类（税号：47079000）共 4 类。其中，其他废杂纸类包括"回收（废碎）墙（壁）纸、涂蜡纸、浸蜡纸、复写纸（包括未分选的废碎品)"（税号：HS 4707900010）和"其他回收纸或纸板（包括未分选的废碎品)"（税号：HS 4707900090）2 类，前者在 2017 年进口废物管理措施之前已在《禁止进口固体废物目录》中，只有后者是从《限制进

---

① 原文刊登于《环境保护》2018 年第 23 期。

口类可用作原料的固体废物目录》调整列入《禁止进口固体废物目录》的 4 类 24 种固体废物之一，属于变化事项，也是本研究的分析对象。我国进口废纸种类及关系如图 1 所示。

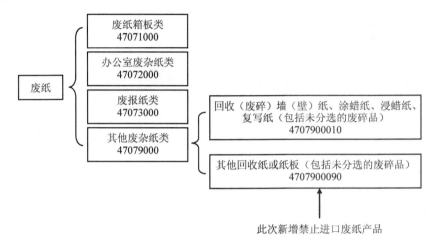

图 1　我国进口废纸种类及关系图

联合国商品贸易统计数据库（UN Comtrade）统计数据显示，2003—2016 年我国进口废纸（4 类）数量呈稳步上升并趋于稳定，进口额则呈先上升后降低的趋势。2016 年我国进口废纸总量达 2 850 万 t，进口额为 49.9 亿美元，是 2003 年进口额的 4 倍左右，如图 2 所示。

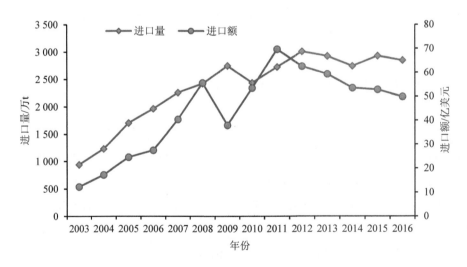

图 2　2003—2016 年我国废纸进口情况

其中，其他废纸类在 4 类废纸中进口量并不大，2016 年进口的价值量仅占所有进口废纸的 20%左右，实物量则更低，仅为 18%。从进口区域来看，其他废纸类主要来源于美国、日本、英国等国家和地区。相关统计数据显示，2016 年我国从美国、日本和英国进口的废纸总额分别为 20.1 亿美元、12.6 亿美元及 11.6 亿美元，其所占比重如图 3 所示。

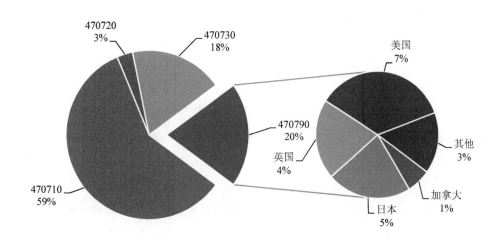

图 3　2016 年我国废纸进口主要来源及其他废纸进口来源占比

由于未经分拣的废纸在 UN Comtrade 的网站上无法获悉，为保持数据的一致性，将未经分拣的废纸按照 2016 年进口额的比重在其他废杂纸类税号下进行拆分，2003—2016 年我国进口额如图 4 所示。可以看出，我国在 2003—2016 年的 10 余年间，对于未经分拣的废纸进口额呈现先增加，2008—2011 年出现大幅波动，然后再趋于稳定下降的趋势。

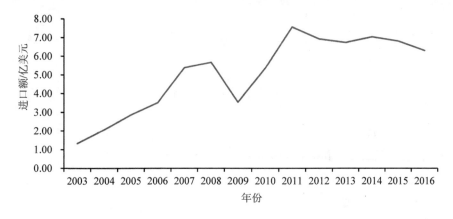

图 4　2003—2016 年我国未经分拣的废纸进口额变化

二、废纸进口禁令对经济影响的初步分析

废纸作为造纸行业重要的中间产品投入，其进口量可能会对造纸行业生产成本产生直接影响，进而通过市场的传导和调节作用影响到成品纸的价格、造纸行业收入以及前后关联产业的产出。

（一）方法论

为定量分析废纸进口禁令所产生的经济影响，通过与世界自然基金会（WWF）、日本全球环境战略研究所（IGES）等国际组织及上海交通大学等国内学术机构的专家进行研讨，确定在研究中使用格兰杰因果检验模型以及投入产出分析方法。

1. 格兰杰因果检验

在时间序列情形下，两个经济变量 x、y 之间的格兰杰因果关系定义为：若在包含了变量 x、y 过去信息的条件下，对变量 y 的预测效果要优于只单独由 y 的过去信息对 y 进行的预测效果，即变量 x 有助于解释变量 y 的将来变化，则认为变量 x 是引致变量 y 的格兰杰原因。

使用格兰杰因果检验方法是为了检验废纸进口额是否能在统计学意义上成为解释国内成品纸价格变动的原因。在检验前先对数据进行平稳性检验，然后进行格兰杰因果检验，检验公式如下：

$$y_t = \sum_{i=1}^{q} \alpha_i x_{t-i} + \sum_{j=1}^{q} \beta_j y_{t-j} + U_{1t}$$

$$H_0: \alpha_1 = \alpha_2 = \cdots = \alpha_q = 0$$

$$x_t = \sum_{i=1}^{s} \lambda_i x_{t-i} + \sum_{j=1}^{s} \delta_j y_{t-j} + U_{2t}$$

$$H_0: \delta_1 = \delta_2 = \cdots = \delta_s = 0$$

式中，H_0 —— 零假设；

x、y —— 互为变量和解释变量；

α、β、λ、δ —— 变量系数；

U_{1t}、U_{2t} —— 白噪声。

如检验结果均满足零假设，即和均为 0，则表明二者在统计学上无因果关系。

研究使用的数据为：2003—2015 年未经分拣的废纸的进口额、2003—2015 年造纸及纸制品业工业生产者出厂价格指数表征成品纸价格。其中未经分拣的废纸进口额基于 UN Comtrade 数据计算得出，造纸及纸制品业工业生产者出厂价格指数来自《中国统计年鉴》。根据《中国统计年鉴》，造纸及纸制品业工业生产者出厂价格指数是以上年为基准 100 计算的数据。为在时间序列上分析价格指数的变化，本研究对该指数进行调整，以 2003 年为基准价格指数，得出历史趋势如图 5 所示。从图 5 中可以看出，2008 年造纸及纸制品业工业生产者出厂价格指数大幅上升，2009 年又快速回落，2007—2011 年波动较大，2011 年之后处于较稳定的下降趋势。

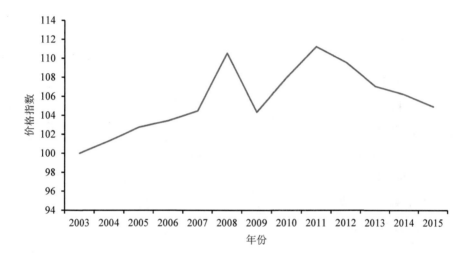

图 5　2003—2015 年我国造纸及纸制品业工业生产者出厂价格指数（2003 年指数为 100）

2．投入产出分析方法

投入产出分析是研究经济体系（国民经济、地区经济、部门经济、公司或企业经济单位）中各个部门之间投入与产出的相互依存关系的数量分析方法。本研究基于国家统计局编制的 2012 年全国 139 个部门的投入产出表，利用投入产出分析相关计算公式，计算禁止进口未经分拣的废纸对我国造纸和纸制品行业以及全行业产用竞争性投入产出表来测算禁止废纸进口的经济影响，相对于使用非竞争性投入产出表，估算出的国内影响会略高一些。

计算公式如下：

$$\Delta X_{im} = [I - (I - \hat{m})A]^{-1} \times \Delta im \quad (3)$$

$$
其中：
\begin{cases}
A = [a_{ij}], \quad a_{ij} = \dfrac{z_{ij}}{x_j} \\[2ex]
I = \begin{pmatrix} 1 & \cdots & 0 \\ \vdots & \ddots & \vdots \\ 0 & \cdots & 1 \end{pmatrix} \\[3ex]
\hat{m} = \begin{bmatrix} m_1 & \cdots & 0 \\ \vdots & \ddots & \vdots \\ 0 & \cdots & m_j \end{bmatrix}, \quad m_j = \dfrac{M_j}{\sum_j z_{ij} + f_j} \\[3ex]
\Delta im = \begin{pmatrix} 0 \\ \Delta m_j \times x_{ij} \\ 0 \end{pmatrix}
\end{cases}
$$

式中，X_{im} —— 进口变化引起的产出变化；

A —— 消耗系数矩阵；

z_{ij} —— i 部门向 j 部门的投入；

x_j —— 其他部门对 j 部门的总投入；

I —— 单位矩阵；

M_j —— j 部门进口额；

f_j —— j 部门最终消费；

m_j —— 进口系数；

Δim —— 进口变动引起的投入变动。

（二）初步结论

未经分拣的废纸进口额与造纸及纸制品业工业生产者出厂价格指数无因果关系。对造纸及纸制品业工业生产者出厂价格指数和未经分拣的废纸进口额两个变量进行计量分析。由 ADF 检验可知，造纸及纸制品业工业生产者出厂价格指数和未经分拣的废纸进口额时间序列均为平稳序列。进一步对造纸及纸制品业工业生产者出厂价格指数和未经分拣的废纸进口额两个变量进行格兰杰因果检验，显著性水平取 5%，滞后期取值 1～2，结果如表 1 所示。

结合 F 检验和 P 值，从表 1 可以看出，当滞后期数为 1 期时，未经分拣的废纸进口额对造纸及纸制品业工业生产者出厂价格指数没有显著影响，反之也没有影响，表明两者之间是伪相关，即不存在因果关系；当滞后期数为 2 期时，也得到相同的结论。

表1　出厂价格指数与废纸进口额格兰杰因果检验结果

滞后期	零假设	F统计量	P值	决策
1	未经分拣的废纸进口额不是造纸及纸制品业工业生产者出厂价格指数的格兰杰原因	0.611 78	0.454 2	接受
	造纸及纸制品业工业生产者出厂价格指数不是未经分拣的废纸进口额的格兰杰原因	0.816 14	0.389 9	接受
2	未经分拣的废纸进口额不是造纸及纸制品业工业生产者出厂价格指数的格兰杰原因	4.322 00	0.068 8	接受
	造纸及纸制品业工业生产者出厂价格指数不是未经分拣的废纸进口额的格兰杰原因	3.367 42	0.104 6	接受

禁止未经分拣的废纸进口对我国经济影响不显著。根据国家统计局公布的2012年全国139个部门的投入产出表，利用投入产出分析方法，对我国禁止未经分拣的废纸进口产生的经济影响进行计算。

基于我国2016年未经分拣的废纸进口情况，如果我国实施全部禁止进口措施，即未经分拣的废纸进口贸易额由6.3亿美元降至0美元，通过产业传导，废纸进口减少额对造纸行业的产出影响约为6.5亿元人民币，造成产出降幅约为0.053 0%。

对全行业产出而言，由于进口废纸产品既有前向关联，也存在后向关联，通过投入产出方法估算禁止进口废纸对我国全行业产出的影响约为110.3亿元人民币，造成产出降幅约为0.006 8%。将影响分到三次产业中，对第一、第二、第三产业产出的影响分别为1.2亿元、96.8亿元及12.3亿元人民币，如图6所示。

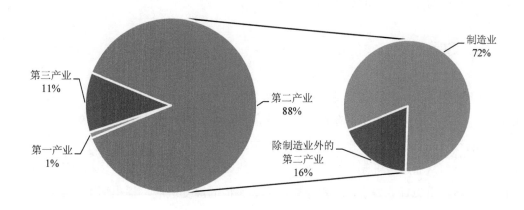

图6　禁止废纸进口对各产业影响分布

（三）原因分析

通过定量分析，可以发现未经分拣的废纸进口额与成品纸价格无因果关系，且全部禁止进口后，对国民经济的影响较小，仅为 0.006 8%，进一步分析认为造成上述结果的原因有：

一是进口的未经分拣的废纸在我国使用的纸浆中所占比重较小。2016 年我国未经分拣的废纸进口量为 500 余万 t，约占进口废纸浆的 13.0%。而进口废纸浆在我国使用的全部纸浆中仅占 24.7%。通过折算，由进口的未经分拣的废纸制成的废纸浆仅占到我国全年使用纸浆量的 3.2%。

二是未经分拣的废纸在成品纸制造过程中可以被其他废纸或原材料替代。调整后的《禁止进口固体废物目录》仅涉及 47079000 税号下的产品，其他三类废纸产品均不在禁止目录下。此外，我国造纸所用纸浆来源包括我国的废纸浆和其他纤维原材料，在市场机制下，被禁止进口的未经分拣的废纸可以很快被其他原材料替代。

三是造纸行业集聚度相对较高。相关统计显示，我国前 10 位的造纸企业产能已经占到整个行业的 37%，对原料成本控制和市场定价能力较强。

四是中国废纸回收率和利用率在逐年增高。根据相关统计，我国废纸回收率从 2003 年的 30.4%增加到 2015 年的 46.8%，废纸利用率从 2003 年的 55.8%提高到 2015 年的 72.6%。回收和再利用的废纸在一定程度上能够替代用作原料的进口废纸。

此外，成品纸价格除受成本影响外，还受市场需求的影响。

综上所述，未经分拣的废纸进口额与成品纸价格之间不存在因果关系，且禁止进口未经分拣的废纸对造纸行业和国民经济影响较小。

三、政策建议

基于上述分析，研究认为造纸和纸制品业生产者出厂价格指数（结果）和未经分拣的废纸进口额（原因）之间不存在因果关系，且禁止未经分拣的废纸进口对我国国民经济的影响较小，同时结合禁止进口废纸后产生的诸如"由于不再审批许可证，导致国外废纸无法进口从而造成纸制品价格飞涨，国内纸媒面临'最危险时期'和'无纸可用'的状况，将对出版行业安全产生严重影响"等舆情的演变进展，提出如下建议。

（一）积极应对和正面引导舆情

组织召开与固体废物行业以及相关产业的座谈会，解释相关政策，了解其需求，共同探讨解决和替代办法，宣传定量化研究成果，打消疑虑。广泛利用媒体，包括报纸、网络、生态环境部微博和微信等加强宣传报道。不仅政府解读相关政策，也鼓励专家发声，包括将本研究报告适时发布。宣传内容应包括：政策解读；政策对经济的影响；进口固体废物的环境影响，如"垃圾围城"的宣传片要大力推广。

（二）改变废纸回收付费方式，提高废纸的回收率和利用率

由原来回收者付费转变为多种付费方式，降低国内废纸回收行业的成本。建议选取重点行业进行试点，如对快递业实施由消费者付费购买包装纸盒（箱），政府采购的办公用纸由使用单位付费回收等。通过多种手段激励废纸回收和利用，提高国内的废纸回收率和利用率，满足国内造纸行业对原料的需求。

（三）深化洋垃圾进口禁令的经济影响和绿色贸易政策研究

进一步深入研究分析废塑料、纺织废料等洋垃圾进口禁令的经济和贸易影响，特别是结合市场价格变动以及要素自由流动分析相关政策的经济和贸易影响。同时，以推动贸易与环境相互支持为目标导向，开展包括固体废物管理措施在内的绿色贸易政策研究，包括优化出口退税结构、绿色贸易管理措施等。

规则篇

WTO 规则与多边环境协议的关系[①]

程路连

2001 年年底通过的《多哈部长级宣言》第 31 条提到：

"为加强贸易和环境的相互支持，我们同意，在不事先判断结果的前提下，就以下方面进行谈判：

（i）现存 WTO 规则和多边环境协议（MEAs）中阐述的具体贸易义务之间的关系。谈判在范围上应限于 WTO 规则在讨论中的多边环境协议（MEAs）缔约方间的适用性。谈判不应歧视不是 MEA 缔约方的 WTO 成员的 WTO 权利。

（ii）在多边环境协议各秘书处和相关 WTO 委员会之间例行的信息交换，以及给予观察员地位的标准。

……"

2002 年开始，WTO 各成员在贸易与环境委员会的特别会议（CTESS）中，开始了针对该条的谈判和讨论。坎昆会议和香港会议后由于各成员间没有能够达成一致意见，多哈回合的谈判曾两度中断。

一、第 31（i）款的谈判进展情况

该款的谈判被认为是 CTESS 谈判中的核心问题。

——谈判的程序问题

在该项的谈判中，欧盟和瑞士主张先界定谈判授权所涉及的有关术语，如 MEAs、STOs 的含义，然后再讨论 WTO 和 MEAs 之间产生的实际问题，即所谓的自上而下的方法（TOP-DOWN APPROACH）。这种从理论到实际的讨论形式，有可能扩大讨论的范围。

[①] 原文刊登于《环境保护》2007 年第 15 期。

澳大利亚、美国及阿根廷和多数发展中成员主张先找出 WTO 和 MEAs 之间产生的实际问题和讨论解决问题的办法，不宜过早就谈判做出结论，即所谓的自下而上的方法（BOTTOM-UP APPROACH）。这种结合实际的讨论方法，可能对推进谈判有些作用。

中方认为：如果需要推动谈判积极进展，应该支持将自上而下和自下而上的方法结合在一起的办法，使谈判能尽早进入实质性阶段。

——多边环境协议问题

该项讨论的目的是要划定在 CTESS 的谈判中，讨论的 MEAs 范围，一些成员提出了各自的标准：欧盟的标准定得过宽，在 CTESS 的谈判中也不可能对过多的 MEAs 进行讨论；美国、加拿大和日本都提出了要先讨论的 6 个 MEAs，但一些成员认为这 6 个 MEAs 中有 3 个刚刚生效，而且这 3 个 MEAs 实施经验很少，不便于在实施经验方面进行交流；新西兰、马来西亚和中国提出的 3 个 MEAs（生物多样性公约、濒危物种国际贸易协议和巴塞尔公约）应先进行讨论。

目前的谈判进展已经被引导到对 6 个 MEAs 的谈判与实施经验的介绍上。

——具体贸易义务

对具体贸易义务的看法已经成为谈判中的一个重点问题，因为对其不同的看法将直接影响到各国的贸易利益。早在多哈会议之前，CTE 已经组织了有关十大贸易与环境问题的讨论，其中就涉及与贸易相关的措施问题，即相关贸易措施（或称与贸易相关措施）的问题。

MEAs 在其实施过程中，要对破坏和违反可持续发展的行为进行限制、约束和制裁，自然也就要影响到贸易活动，这就是所谓与贸易相关的环境措施。保护环境和促进贸易应该是相辅相成的、相互促进的，寻找二者的共同点，即双赢方针，应该是 WTO 和 MEAs 的一项重要任务。

目前，在 WTO 的 CTESS 中，对 MEAs 中什么是具体贸易义务有不同的看法。

一是严格定义，有的国家（如阿根廷）认为，在一项 MEA 中，所有非强制性的贸易措施、非贸易义务和不具体的贸易义务都不能算是具体贸易义务，即具体贸易义务必须符合"具体的""贸易的""义务"3 个条件。韩国和挪威也对这 3 个条件进行了详细的理论分析。美国的提案分析得比较细致，基本上也是支持严格定义的观点。

二是广义定义，有的国家（如日本）认为 MEAs 中提到的所有贸易措施，不管它是强制性的还是非强制性的，都应该算是具体贸易义务。欧盟将贸易措施分为 4 类，实质上使具体贸易义务的分析更加复杂化，有可能扩大具体贸易义务的范围。瑞士与欧盟和日本有类似的观点。

"相关贸易措施"（或称"与贸易相关的措施"）的概念比"具体贸易义务"的概念

范围要更宽一些。持严格定义态度的国家可能是考虑广义定义下的具体贸易义务的范围太宽，这样可能会给一些经济和技术能力比较差的国家带来巨大的贸易障碍，因为认可的具体贸易义务太多，就会使自己国家的产品更难进入国际市场，尤其是发达国家的市场。持广义定义的国家，尤其是发达国家，以此为根据，使其进口产品的标准和规范更加严格，形成对发展中国家更加严格的贸易障碍，甚至是贸易壁垒。如果同意了广义定义，就如同是给发展中国家产品的出口编织了一张巨大的阻拦网，任何产品都将更加难以进入发达国家的市场。

在这方面，中国持的是严格定义立场。在分析具体贸易义务的过程中，还涉及以下问题：酌处权、MEAs 缔约方大会或会议（COPs）的决议、科学依据、附加要求和结果义务等。这些问题都是属于相关贸易措施和具体贸易义务之间的"灰色地带"中的概念，划分这些界限有时是比较困难的，由于各国对每一项细节都有不同的看法，也很难达成一致。

——现行 WTO 规则与具体贸易义务之间的关系

WTO 和 MEAs 是两套相对独立的法律体系，它们之间的关系是平等的。随着人们对可持续发展原则认识的提高，国际社会已经对 WTO 规则和 MEAs 中贸易措施的相互兼容和相互支持的问题提出了更高的要求，这也是 CTESS 谈判中要解决的主要问题之一。在谈判中，各成员都强调了协调 WTO 规则和 MEAs 之间关系的重要性，并认为这是谈判的重要内容。

一些国家提出所采取的措施要建立在多边框架的基础上，且不应采取单边主义。但在实际上，某些高谈反对单边主义的成员，在国际贸易中恰恰是单边主义的推崇者。欧盟在谈判中从自上而下方法的构思出发，进行了大量的理论分析。美国提出的，在促进国家层次上环境与贸易官员之间加强协调的提法应是我国政府注意的一个重要内容。在讨论中，阿根廷提出不同法律体系之间有着三种关系，即互补、减损和冲突。

中国台湾地区代表则提出，不应假定 MEA 中的 STO 自动地与 WTO 规则相一致。要对贸易措施的合法性进行必要性、均衡性和透明度原则的审查，并检查其是否有足够的科学依据及是否遵守 GATT 第ⅩⅩ条导言。实际上，用 WTO 的原则去审查 MEA 的贸易措施，就已经将 WTO 置于 MEA 之上了。MEA 的一些贸易措施是建立在"预防原则"基础上的，其"科学依据"可能并不充分，但有时却是很必要的。中国台湾地区之所以这样说，是因为它几乎不是所有 MEAs 的缔约方，只能从 WTO 的一个成员的角度说话。

欧盟则强调了 MEA 的合法性和合理性，认为 MEA 的政策应该在自己的体系内制定，而不是在 WTO 中制定，强调了两个平等法律体系之间的相互支持，WTO 不能将自己隔离在其他国际法律体系之外。欧盟认为,在考虑到两个法律体系之间的相互支持时,要注意到:在争端处理中,各法律体系不应相互隔离,而应注意它们之间的关联性;这两个体系是平等的,应注意用避免冲突的方法进行解释;对于不能以避免冲突的方法解决的问题,需要进一步分析;对与贸易相关措施的争论,应该首先在 MEAs 体系中寻求解决。欧盟正在寻求就两个体系间的问题在所有 WTO 成员之间开展进一步的建设性的对话。欧盟认为这种对话有以下好处:WTO 成员应在支配 WTO 规则和 MEAs 关系的原则问题上达成一致;"具体贸易义务"的范围应被考虑成自动地与 WTO 相一致;事实上,目前只考虑了 WTO 规则在 MEAs 缔约方之间的适用性,但并不意味着在涉及非缔约方的争端中,MEAs 不应是 WTO 法律解释的重要要素。

日本表示,同意欧盟关于具体贸易义务自动地与 WTO 相一致的观点。日本认为,在两个法律体系之间关系上制定一般性的谅解是有用的。MEAs 的贸易义务在 MEAs 各缔约方之间会被认为是与 WTO 规则相兼容的,因为那些义务已经依据现有的 WTO 或 GATT 规则进行了谈判,并且这些贸易措施的实施程序也获得通过。日本希望,对 MEAs 的"结果义务"和相关贸易措施,各缔约方之间在措施要求方面应有一般的谅解。按照 GATT 1994 的第 XX 条的要求,考虑以下内容是适当的:贸易措施要有适当的"科学依据"和贸易措施要与 MEAs 的目的相称。

瑞士则认为,在一定条件下,MEAs 的具体贸易义务能与 WTO 规则自动地相一致。瑞士坚持,WTO 规则和 MEAs 具体贸易义务之间关系要建立在无等级、相互支持和相互尊重的一般原则基础之上。在对 MEAs 的谈判中,不能包括不必要的、任意的、保护主义的或具有不合理歧视性的贸易措施。两个法律体系之间存在着相互影响,应该尊重每一个法律体系的权限。瑞士提出了支配现存 WTO 规则和 MEAs 阐明的具体贸易义务之间关系的四项基本原则:无等级、相互支持和相互尊重的一般原则;与 WTO 规则相一致的假定原则;举证责任的撤销;"令人不愉快"的实际实施问题。

在有关讨论中,各成员的立场多偏向于两个法律体系关系的理论分析。欧盟、瑞士和日本在这方面下了很大功夫。他们都认为应假定 MEAs 的具体贸易义务要与 WTO 规则自动地相一致。这实际上,有一个要求 MEAs 向 WTO 规则靠拢的问题,这在某种程度上是否定了两个法律体系的平等。实际上,这两套法律体系都有各自要遵守的原则,这些原则各自陈述都是有其道理的,但两套道理放在一起就有很多矛盾的东西,这就出现了所谓潜在冲突的问题,很多学者对此都曾进行了深入的研究。但目前还没有发生直接冲突。

——缔约方/非缔约方问题

各成员在讨论 MEA 的缔约方和非缔约方的观点似乎比较接近。各 MEA 的具体贸易义务只应对有关缔约方有约束力，而对非缔约方不会有约束。同样对某些 MEA 的条款、修正案、决议或附件，如果某个缔约方有所保留，则该缔约方也就不能视同为缔约方。在有关争端解决机制问题上，基本上都认为争端应该在相关的 MEA 中解决。如果不能解决，则应通过 WTO 的争端解决机制或协商寻求解决办法。

——谈判结果问题

阿根廷认为，谈判的结果如果对 WTO 的规则进行修改，会改变 WTO 成员承诺受一项 MEA 约束的条件。有可能涉及 MEA 的某些修改。

澳大利亚、挪威和美国都强调了多哈部长宣言的第 32 条指出的"谈判不应当增加或减少各成员在现有 WTO 各协定中的权利和义务"，认为这应该是谈判的结果。

瑞士则认为，协调 WTO 规则与 MEAs 中的具体贸易义务之间的关系有三种办法，即利用争端解决机制、修改 GATT 1994 中的第ⅩⅩ条和在 WTO 成员间达成一项解释性决定，并且认为最后一种是最可行的办法。

中国台湾地区和日本提出了谈判和达成一项解释性决定和谅解的意见，这种观点与瑞士的第三种办法类似。

但在多哈宣言的第 32 条中提到，"谈判不应当增加或减少各成员在现有 WTO 各协定中的权利和义务。"其中有不修改 WTO 规则的含义，这将可能会造成一个比较难处理的问题。

笔者认为考虑一种既不对 WTO 规则做重大修改，又能达到该结果目的的办法有两种建议：在 GATT 1994 的第ⅩⅩ条增加一条注解来说明；增加一项解释性的决定或谅解文件来表达这种意思。

二、第 31（ⅱ）款的谈判进展情况

——信息交流问题

欧盟、瑞士和美国均表达了他们对信息交流积极推动的态度。美国强调的是国家层次上的交流，而欧盟和瑞士则强调的是国际层次上的交流。加强各 MEAs、UNEP 和 WTO 之间的信息交流是促进最终解决贸易与环境问题的必要手段。通过多方面的信息交流和各种方式的对话，能使彼此间更多地相互理解，寻找到共同的语言，促进谈判早日达成共识。无论是发展中国家还是发达国家，对信息交流都会表示欢迎。但由于担心受到太大的环境压力和会议压力，一些发展中国家可能对过多的信息交流不感兴趣。

中国也应表示欢迎这种信息交流，并且根据情况参与有关的信息交流活动。建议 CTE 秘书处应结合各地区的特点，组织一些地区性的信息交流会，这样效果可能会更好

些。这种会议应给发展中国家一定参与的机会和支持。

2007 年，多哈谈判再度恢复后，美国提出了新的提案。在该提案中，美国建议先搞 3～5 年的一年一次的信息交流会议，经评估后，成员们如果认为这种会议有必要再增加到一年两次。欧盟和加拿大对这个建议表示了支持。

——观察员地位问题

欧盟、瑞士和美国都表示要邀请有关 MEAs 作为观察员出席 CTE 的特会和常会。并且引用了 WTO 有关规定、各 MEAs 对 WTO 作为观察员的态度和互惠的考虑等。

目前，世界上的 MEAs 太多，过多的 MEAs 参与到 WTO CTESS 的谈判中，有可能给 CTESS 造成太大的环境压力，尤其可能对发展中国家不利。但是从全球对环境问题认识的逐渐提高，完全排斥 MEAs 也是不太可能的。笔者认为，应考虑欢迎主要 MEAs 秘书处以观察员的身份参加 CTE 的会议。为此，可考虑同意由 UNEP 和几个有代表性的 MEAs 秘书处以观察员身份参加 CTESS 会议。例如，《濒危野生动植物特种国际贸易公约》（CITES）、《蒙特利尔议定书》和《巴塞尔公约》。在具体讨论某一 MEA 时，再邀请该 MEA 秘书处作为特别观察员出席会议。目前，在 CTESS 的会议上，是将这些与环境有关的组织都当作特别观察员来对待。

2007 年，谈判重启后，美国、欧盟、澳大利亚和加拿大对此又提出了一些新的意见。

三、坎昆会议后的谈判

坎昆会议以后，多哈回合谈判曾中断。不久在各成员的要求下，2005 年谈判又得以恢复。谈判恢复后，CTESS 在讨论第 31（i）款时，主要集中在谈判和实施多边环境协议（MEAs）的具体贸易义务过程中的国家和国际经验上。各成员在介绍其经验时，主要是谈到各成员在其管辖范围各部门间的协调与合作，其中包括向利益相关者的广泛咨询。

欧盟认为，WTO 规则和多边环境协议之间的关系，应该引进良治（governance）管理的概念。笔者认为良治的概念确实在综合解决经济、贸易和环境问题上可能会发挥重要的作用，但现在谈判可能为时尚早。很多发达国家，包括中国在内，对良治的问题还有待进一步研究和了解。良治问题可能牵扯的范围要更广一些，不是仅仅在 WTO 框架下就能够解决的。但在多哈宣言第 31（i）款的授权范围内没有这项内容。

瑞士提出了 WTO 规则和 MEAs 中的贸易义务应认为是自动兼容的，因为两者都是经过多边体系谈判达成的，并提出了有关两者关系的三项原则，即无等级、相互支持和遵从原则。同时认为，多年来这两个体系一直在很好地工作，还没有出现过明显的冲突。

但澳大利亚、阿根廷和美国则表示反对这种观点。他们认为，如果如瑞士声明所说的，"在 WTO 的范围内，'一项 MEA 规定的一种措施的必要性'一词不应再审查"，那么实际上是将 MEA 置于 WTO 之上。这也就违反了"无等级"原则。而 WTO 的 GATT 1994 的第 X X 条要求审查环境措施是否具有贸易保护主义色彩，这也与瑞士的声明相矛盾。他们认为环境目标不应比人类健康目标更重要。

从理论的角度，专家组认为澳大利亚等国的意见是正确的，也同意美国代表的意见，即今后的谈判应局限在第 31（i）款的授权之内，不应过多地讨论理论性问题和扩大讨论范围。

多哈部长宣言的第 31 条已经成为贸易与环境委员会特别会议（CTESS）进行谈判的主要内容，在谈判期间，每年 CTESS 都要举行若干次会议，谈判有关该条的内容。各国也根据其对该条的理解及对该条的授权进行了一些解释。不同利益的成员对这些问题都有其各自的看法，逐渐在谈判中形成了不同的利益集团。从目前的发展来看，这一轮谈判中的贸易与环境问题是不会很快就能够结束的，WTO 成员们还在努力追求着可能的一致。如果为某些原因，要结束这场谈判，将仍会留下很多悬而未决的问题。

WTO 环境货物贸易自由化的谈判焦点[①]

国冬梅　谷树忠

2001 年 11 月 WTO 在多哈举行的第四次部长级会议批准我国加入 WTO，同时多哈新一轮谈判正式开始。其中，"贸易与环境"议题是 WTO 新一轮谈判的唯一一个新议题。迄今，谈判主要集中于环境货物贸易自由化，主要由欧美等发达国家推动，谈判进展最快，最可能取得实质性谈判进展。

环境货物贸易自由化谈判在 2005 年 6 月前集中于确定 WTO 一致同意的环境货物清单（称清单方式），谈判焦点集中于环境货物的定义、环境货物清单的确定、关税与非关税壁垒削减模式等问题上。2005 年 6 月印度提出反对按照"清单方式"往前推进，而要按照"项目方式"（即针对一个一个的具体项目）进行谈判，因此形成了环境货物贸易自由化谈判按照"清单方式"还是按照"项目方式"的争论。

一、环境货物的定义

由于全球还没有关于环境货物的统一定义，而且环境货物的定义是形成其清单的前提，因此，关于环境货物的定义成为谈判的焦点问题之一。

税号问题——在目前的关税表中"环境货物"不像棉花、钢铁一样被单独列为一类，而是混杂在不同大类下面。因此，无法汇总环境货物的贸易情况，在各成员间也无法进行比较。WTO 所有成员按 6 位税号进行的货物分类是一致的，但每个成员有权扩展到 8 位、10 位或更多位税号对具体货物进行细分。OECD、APEC、日本等提出的环境货物分类都是按目前 6 位税号提出的，他们认为这样可避免各成员之间因税号分类差异带来的麻烦。然而，这严重扩大了环境货物的范围。我国在加入 WTO 时，与环境有关的货物是按 8 位税号确定，并进行了关税削减承诺。

[①] 原文刊登于《环境保护》2007 年第 15 期。

多用途问题——对于环境货物的界定最关键的是多用途问题。许多环境货物可以有多种用途，且许多用途与环境保护无关，例如离心分离机，它既可以用于环保，从产出物中将有害废物分离出来，同时又用于工业生产，进行普通的物质分离。估计用于环境保护的离心分离机仅占销售总量的 10%，水泵、过滤器、焚化装置和将污染物"凝固"到特殊物质中的化学品等多数环境货物的情况与此雷同。然而，按照货物最终用途确定环境货物对海关管理提出了挑战。海关确定货物税号要按照产品的大小、材料、主要原料等物理特性，而不根据采购行业或最终用途识别货物。但对于环境货物而言，其最终用途是界定环境货物范围的根本依据。

生产工艺过程和方法问题——确定货物采用的生产工艺过程和方法（Production Process and Methods，PPMs）是否"清洁"是一个难题。一些成员提出采用环境标志作为确定环境货物的标准，这被认为会将 PPMs 标准纳入 WTO 谈判。PPMs 是否环保是供方行为，如果环境污染完全发生在出口方，纯属出口方政府的问题而不属于进口方政府管理的范畴，因此被看作涉及主权问题。实际上，目前大的跨国公司采用需求方管理的采购模式，已经使供应方的环境管理处在了需求方的控制之中，而且由于 PPMs 问题与工艺和技术水平密切相关，发展中成员在此方面明显处于劣势，故很容易产生各种非关税贸易壁垒，并将严重阻碍发展中成员的出口。另外，如果 PPMs 标准被纳入 WTO，那么劳工标准等敏感的社会问题也有可能被纳入其中，从而进一步扩大发展中成员出口贸易受威胁的范围。然而，PPMs 标准却已经成为污染全过程控制政策的原则。我国环境保护的战略与措施在逐渐从末端治理转向全过程控制，采取的具体措施如关停并转"十五小"企业、淘汰落后工艺、产业结构升级、大力发展清洁生产和循环经济、开展环境标志、促进绿色采购等。

环境/清洁技术与产品的时空相对性问题——环境/清洁技术与货物的界定也涉及了时控的相对性问题。随着技术进步，现在减少资源利用或控制污染的技术可能在几年后会变得相对不环保了；而且在干旱地区的节水设备是环境货物，但在雨水丰沛的地区则算不上。例如，在目前的谈判中，卡塔尔的提案建议将与天然气有关的产品定义为环境货物，而瑞士认为天然气仍是化石燃料，不是环境货物。

二、环境货物清单的选择

环境货物的定义是形成其清单的基础与前提，环境货物清单的形成则是削减或适当消除环境货物关税与非关税壁垒（即环境货物贸易自由化）的基础与前提。WTO 环境货物清单应该依据 OECD 清单，还是 APEC 清单、日本清单等已成为谈判的焦点问题。

因此，十分有必要分清清单之间的异同点，从而有利于认识各成员坚持采用不同环境货物清单背后的根本利益，也有利于我方在谈判中把握方向，积极争取我方的利益空间。

从发展背景看，APEC 环境货物清单是 APEC 发达经济体与发展中经济体为推动环境货物提前自由化，经过反复讨论后提出的；OECD 环境货物清单是 OECD 的一个工作小组完成的一份全面、细致的研究成果；日本的环境货物清单则是为了推动环境货物的谈判，在 WTO 谈判中提出的。

从清单框架看，APEC 清单按产品的最终用途确定，具体包括 10 大类，而 OECD 和日本的环境货物清单的框架为污染管理、清洁技术和产品、资源管理 3 个大类，然后进行细分。由大的分类框架看，OECD 和日本的环境货物清单的框架比 APEC 清单框架更广，包含了 APEC 清单不包括的较清洁技术、工艺与产品。

从更细的分类看，OECD 的环境货物清单最为庞杂，而且列出的税号只是示例性的说明，如果按该框架，环境货物的范围可以无限扩大。但是，室内空气污染控制、可持续渔业和农业、可持续林业和生态旅游等也许会给发展中成员提供市场准入的机会，但还需要农业委员会特会的支持。另外，非常敏感的"饮用水处理"和"供水"均出现在 APEC 清单和 OECD 清单中，但在日本清单中则没有提及。

从三个清单具体分类下的环境货物税号个数汇总统计结果表明：APEC 清单比较侧重于监测分析，其次是废水管理、固体废物管理、大气污染管理和可再生能源设备；OECD 清单比较侧重于废水管理，其次是大气污染管理、固体废物管理、环境监测与分析、热/能节约及管理等；日本的清单没有前两个清单那么集中，它的优先领域依次是环境监测与分析、固体废物管理、清洁技术和产品、废水管理、大气污染管理和可再生能源设备。就清单之间的共同点而言，OECD 与 APEC 清单之间的差异较大，而日本清单则较多地包含了 APEC 和 OECD 两清单的内容。

三、"清单方式"和"项目方式"选择

印度提案否定了通过环境货物"清单方式"推动环境货物贸易自由化，而是提出要采用"环境项目方式"确定是否减少或取消关税和非关税壁垒。"项目方式"的优势是基于需求的、目标导向的方法，也符合新西兰关于"活清单"的思路，既具有实践性又具有创新性、灵活性，而且还解决了多用途问题，关税减让造成的损失也不容易成为关注的重点；同时，还能加强进口方的能力建设、技术转让、技术援助，并促进出口方的市场准入。

印度提案还指出，"项目方式"将货物、服务、投资、资金援助、技术转让融为一

体。这与我们为自由贸易区谈判提供的将环境货物、环境服务、投资、技术援助"四位一体"进行"一揽子"谈判的思路有一致性。我们希望进行"一揽子"谈判，相互实现制衡。但"项目方式"需要由指定的国家机构（DNA）批准，因此客观上讲，将存在一定的非关税壁垒。虽然我国环境货物贸易存在逆差，但由于我国的制造业优势不同于一般的发展中成员，从长远看我国在对发展中成员乃至对发达国家的出口优势还是相对明显的。

从 WTO 对环境问题的关注看，环境货物的贸易自由化是必然。同时，我国环境货物贸易逆差也将在一段时期内存在。从环境货物发展的规律看，不同成员采取不同的政策推动环境货物贸易的发展。对于国内市场容量较大的中国，可以通过强化国内市场竞争来提高产业竞争力，同时，适时地降低环境货物贸易保护程度，在国内企业之间、国内企业与国外企业之间引入竞争。因此，应将支持 WTO 环境货物谈判的研究主要集中于环境货物清单的研究，根据"确保环境安全"的原则，将"剔除清单"作为保护我国环境利益的具体措施，努力将影响人体健康的"室内环境货物""全球环境货物"作为环境货物的重要组成部分，同时根据各成员的立场、观点、利益和我国环境货物的供求情况，以定量分析为基础，利用环境影响综合评价方法，由商务部、财政部、国家环保总局、海关总署等部门尽快组织确定我国参与 WTO 谈判的环境货物清单。

WTO 环境服务贸易谈判和中国的利益[①]

胡　涛　李丽平

一、背景

环境服务贸易谈判已经成为 WTO 以及双边和区域自贸区谈判的重要组成部分。目前，WTO 希望促进贸易与环境中环境货物和服务的谈判以反映所有成员的需求，最重要的需求是 WTO 成员如何应对全球的环境挑战。在中国进行的区域和双边自贸区谈判中，环境服务贸易经常被作为核心要价，很多都涉及与气候相关的全球环境服务。中国如何在谈判中发挥建设性作用，以维护负责任大国形象又最大限度地维护自己的利益，其中首要的问题是要清楚认识中国在环境服务贸易中的利益，并找到全球的共同环境利益，以"共同呵护"我们的地球家园。

二、环境问题与环境服务的优先领域

中国对环境服务的巨大需求首先是因为其严重的环境污染。中国目前主要污染物的排放量已超过环境的承载能力，流经城市的河段普遍受到污染，许多城市的空气污染严重，酸雨污染加重。发达国家上百年工业化过程中分阶段出现的环境问题，在中国近 20 多年来集中出现，并呈现出结构型、复合型、压缩型的特点。在未来的 15 年，中国人口将继续增加，经济总量将再翻两番，资源、能源消耗也将持续增长，环境保护面临的压力会越来越大。有效解决这些环境问题，迫切需要大量先进的环境产品和服务。

---

① 原文刊登于《中国环保产业》2009 年第 10 期。

（一）环境的内涵

所谓"环境"，一般是指与某一中心事物有关的周围事物，就是这个中心事物的环境。从环境科学的角度，就环境保护和环境问题而言，这个中心事物就是人类。这些一般不存在争议。但关于"周围"的范围就有不同的解释，特别是针对不同利益主体、不同发展阶段而言，"周围"的优先次序是完全不同的。例如，我们传统上理解的环境保护或环境治理的概念一般包括室外环境、当地环境、国家环境和区域环境，而较少关注室内环境和全球环境。随着全球化、科技信息化的快速发展和以人为本理念的不断深入，对环境的定义、内涵和范围也必须进行扩展，从微观扩展到室内环境服务，从宏观扩展到全球环境服务。环境谱带如图 1 所示。

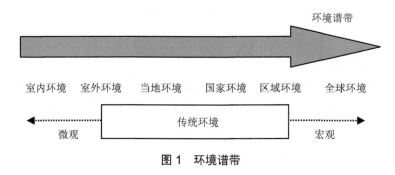

图 1　环境谱带

（二）环境问题

基于如上的环境谱带分析，中国重要的环境问题可做如下分类：

1．室内环境问题

对人类而言，一生中有 80%～90% 的时间在室内度过。室内环境污染容易引发呼吸道疾病、心脏病及癌症，人类 68% 的疾病都与室内环境污染有关。世界卫生组织研究发现，许多发展中国家，室内空气污染是位于艾滋病、疟疾等之后的第四大杀手。而且，儿童是室内空气污染的首要受害者。保守估计，全球每年由于室内污染造成的死亡人数达 200 多万人，其中 100 万是死于急性呼吸道疾病的 5 岁以下的儿童。中国大陆每年因室内空气污染超额死亡 11 万余人。最近一项专家研究报告指出，现代人在"煤烟型""光化学烟雾型"污染后，正在进入以"室内空气污染"为标志的第三污染期。室内大气污染物包括做饭、取暖燃烧化石能源所产生的 SO_x、NO_x、颗粒物等，起居室中颗粒物的浓度可以达到 500 mg/m³，厨房中的甚至达到 1 000 mg/m³。室内污染物也包括一些建筑材料和装修、家具等产生的挥发性有机物、辐射等。此外，室内污染物还包括室内生活污水、垃圾、噪声等。

室内环境服务可以减少、消除、解决室内环境污染问题。以中国每年新增 16 亿~20 亿 m^2 住房为例，室内环境污染也为环境服务提供了更多机会，包括室内景观和园艺设计服务、室内污染消除和预防服务等。

2．室外、当地和国家环境问题

这类环境问题就是通常所说的环境问题。一般属狭义的环境问题，具体指由于人类的生产和生活活动，使自然生态系统失去平衡，反过来影响人类生存和发展的一切问题。具体类型包括大气污染、水污染、固体废物、生态系统破坏、噪声等。这类环境问题也是环境保护工作具体和重点的对象。

"十一五"（2006—2010 年）规划所提的单位 GDP 能耗降低 20%和主要污染物二氧化硫、COD 降低 10%、污水处理率达到 70%、工业固体废物处理率达到 60%的环境目标为环境服务提供了巨大机会。这些目标的规定，特别是对能源和温室气体、二氧化硫等的减排方面的环境服务需求是非常大的。

3．全球环境问题

全球环境问题是最近二三十年最新认识到的环境问题，主要包括气候变化、臭氧层破坏、生物多样性、POPs、危险废物越境转移以及其他国际环境公约所针对的全球环境问题。

这些国际环境公约的签署和实施也将为全球环境服务提供很大机遇，例如，节能和其他温室气体控制方面的环境服务进出口；为削减影响臭氧层的 ODS 物质的无氟碳化物的环境服务贸易；实施 POPs 公约有关的环境服务进出口等。

（三）环境服务的优先领域

环境问题解决的优先领域的设置原则应该是：健康影响优先于其他影响；直接影响优先于非健康影响；不同级别的政府和组织根据不同授权有其不同的环境优先领域。

从狭隘的国家利益出发，环境问题的优先顺序是：室内环境问题＞室外/当地/国家环境问题＞全球环境问题。从中国当前的战略来看，环境问题的优先顺序依次应该是室内环境问题、室外/当地/国家环境问题、全球环境问题。对于国际组织而言（如联合国、世界贸易组织、世界卫生组织），首先是多边环境协议所关注的全球环境问题，其次是其职责范围内的室内环境问题，而室外/当地/国家环境问题并非他们关注的重要问题，因为这是国家政府的职责。也就是说，对他们来讲，环境问题的优先顺序应该是：全球环境问题、室内环境问题、室外/当地/国家环境问题。

从服务提供模式来看，全球环境服务需求优先领域顺序应该是模式 4＞模式 2＞模式 1＞模式 3（按照世界贸易组织服务贸易总协定的定义，模式 1、模式 2、模式 3、模式 4 分别指跨境交付、境外消费、商业存在、自然人移动）；而中国的环境服务需求优先领域顺序应该是模式 3＞模式 4＞模式 1＞模式 2。

可以看出，无论是从环境服务类别上看还是服务贸易提供模式上看，中国和全球的环境服务需求优先领域都有很大的不同。详见表 1。

表 1　中国和全球环境服务需求优先领域矩阵

	全球环境服务需求优先领域		中国环境服务需求优先领域	
按环境服务分类	重要性	全球 区域 室内	重要性	全球 区域 室内
按服务提供模式分类	重要性	模式 3 模式 1 模式 2 模式 4	重要性	模式 3 模式 4 模式 1 模式 2

三、环境服务贸易谈判：中国的利益

根据如上分析，环境服务贸易谈判中必须区分并协调好全球环境服务需求与中国环境服务需求的关系。从中国和全球的共同利益出发，谈判中需要尽快重新定义环境服务；提出符合可持续发展战略的环境服务清单；将环境利益作为最重要的利益。

（一）重新定义环境服务

当前，WTO 中进行环境服务谈判的机构主要在服务贸易理事会而非贸易与环境委员会。谈判仍然停留在环境服务的定义和分类方面，而且这是一个主要问题。与此对照，中国正在开展或已经完成许多关于环境服务的双边自贸区谈判（如中国-智利、中国-新加坡、中国-澳大利亚、中国-新西兰等），环境服务的定义也是谈判的焦点。

当前中国在环境服务贸易谈判中仍然使用在"入世"承诺时采用的联合国中心产品分类（CPC），也部分考虑了欧盟的定义，向谈判方作出比"入世"更多的出价。

基于相关研究，当前环境服务的定义不能满足环境质量的需求，尤其是对全球环境质量和室内环境质量的需求。基于对环境谱带和范围以及中国的环境问题优先领域新的理解，需要从环境需求的角度在整个谱带范围内重新定义环境服务，如上所述，将环境服务分为室内环境服务、当地环境服务和全球环境服务。

室内环境服务：用于改善室内环境的环境服务；当地环境服务用于改善室外、当地和区域环境的环境服务，即传统环境服务；全球环境服务用于改善全球环境的环境服务。

重新界定的环境服务如图 2 所示。

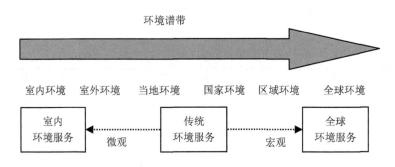

图 2　重新界定的环境服务

重新界定的环境服务的定义引入了全球环境服务和室内环境服务两个新的分类，范围要比 OECD、APEC 及 WTO 使用的范围宽。其清晰地显示了人类对全球环境和室内环境的需求。微观层次上，其与联合国禁烟公约相一致；宏观层面上，其与联合国气候变化框架公约、臭氧层公约、生物多样性公约等多边环境公约相一致。在 WTO 中使用该定义进行谈判，将会与多边环境协议实现很好的协调一致。另外，根据该定义，全球环境服务是为了保护全球环境以及通过全球范围内的贸易措施促进全球可持续发展；地方环境服务是为了保护当地的环境以及通过贸易措施在当地、国家和区域层面上促进当地的可持续发展；室内环境服务是通过保护室内环境以保障人类健康并通过微观层面上的贸易措施来促进人类的可持续发展。

（二）提出符合可持续发展战略的环境服务清单

为更好地满足环境服务需求，建议基于环境服务贸易的四种提供模式，并以联合国中心产品分类（CPC1.0）为基础，进行环境服务的重新分类。所建议的环境服务清单基于中国自己的利益应该包括可持续发展的主要方面：室内环境、当地环境和全球环境的环境需求；扩大就业；环境服务出口；环境技术研发；总体环境外交战略。表 2 列出了环境服务的可能种类。

表 2　环境服务的可能种类

服务提供模式	室内环境服务	传统环境服务	全球环境服务
模式 1：跨境交付	941 污水处理服务 94110 污水处理服务 94120 水池倒空及清洁服务 942 废物处置服务 94211 非危险废物收集服务 94212 非危险废物处理和处置服务 94221 危险废物收集服务 94222 危险废物处理和处置服务 943 卫生和类似服务 94310 清扫及铲雪服务 94390 其他卫生服务 949 其他环境保护服务	941 污水处理服务 94110 污水处理服务 94120 水池倒空及清洁服务 942 废物处置服务 94211 非危险废物收集服务 94212 非危险废物处理和处置服务 94221 危险废物收集服务 94222 危险废物处理和处置服务 943 卫生和类似服务 94310 清扫及铲雪服务 94390 其他卫生服务 949 其他环境保护服务	942 废物处置服务 94211 非危险废物收集服务 94212 非危险废物处理和处置服务 94221 危险废物收集服务 94222 危险废物处理和处置服务 949 其他环境保护服务
模式 2：境外消费	—	949 其他环境保护服务	949 其他环境保护服务
模式 3：商业存在	941 污水处理服务 94110 污水处理服务 94120 水池倒空及清洁服务 942 废物处置服务 94211 非危险废物收集服务 94212 非危险废物处理和处置服务 94221 危险废物收集服务 94222 危险废物处理和处置服务 943 卫生和类似服务 94310 清扫及铲雪服务 94390 其他卫生服务 949 其他环境保护服务	941 污水处理服务 94110 污水处理服务 94120 水池倒空及清洁服务 942 废物处置服务 94211 非危险废物收集服务 94212 非危险废物处理和处置服务 94221 危险废物收集服务 94222 危险废物处理和处置服务 943 卫生和类似服务 94310 清扫及铲雪服务 94390 其他卫生服务 949 其他环境保护服务	949 其他环境保护服务

服务提供模式	室内环境服务	传统环境服务	全球环境服务
模式4：自然人移动	941 污水处理服务 94110 污水处理服务 94120 水池倒空及清洁服务 942 废物处置服务 94211 非危险 废物收集服务 94212 非危险废物 处理和处置服务 94221 危险废物收集服务 94222 危险废物 处理和处置服务 943 卫生和类似服务 94310 清扫及铲雪服务 94390 其他卫生服务 949 其他环境保护服务	941 污水处理服务 94110 污水处理服务 94120 水池倒空及清洁服务 942 废物处置服务 94211 非危险 废物收集服务 94212 非危险废物 处理和处置服务 94221 危险废物收集服务 94222 危险废物 处理和处置服务 943 卫生和类似服务 94310 清扫及铲雪服务 94390 其他卫生服务 949 其他环境保护服务	949 其他 环境 保护服务

注：可能的环境服务是根据联合国中心产品分类（CPC1.0）。

　　研究分析发现，WTO 谈判中所采用的联合国中心产品分类只涵盖了少量的室内和全球环境服务，只是环境谱带的一部分而非全部。例如与室内通风、饮用水净化等有关的服务。该清单认识到了这一问题，从结构上反映了室内、当地和全球的利益。但该清单目前还只是一个结构性清单，是一个动态清单，在其他环境服务方面还需要做大文章。

（三）将环境利益作为谈判的最重要利益

　　基于以上环境服务分类，可持续性影响评价（SIA）方法评估了各种环境服务类型对中国的潜在影响。定性分析结果见表 3。

表 3　运用 SIA 方法定性分析所提出的环境服务

SIA 方法	室内环境服务	传统环境服务	全球环境服务
环境利益	+++	+++	+++
贸易利益	+	− − −	− −
环境产业利益	+	− − −	− −
就业利益	+	− −	− −
外交利益	+	0	+++

注：+表示正面影响，+、++、+++表示正面影响的级别和程度分别为1～3；0表示无影响；−表示负面影响，−、− −、− − −表示负面影响的级别和程度分别为1～3。

通过 SIA 方法，重新发现中国的利益应该包括可持续发展的几个方面：

（1）环境利益

进口环境服务以满足中国和全球的环境需求；出口服务以改善中国和全球的环境质量。

（2）经济利益

出口贸易利益；国内环境服务业发展利益。

（3）社会利益

就业利益，尤其是中小企业的就业利益。

（4）外交利益

作为一个负责任大国和发展中成员的国际政治利益。

现阶段，环境利益是最重要的，其次是社会利益。经济利益并不是一个最优先的领域，这是因为：①环境保护和可持续发展是国家战略；②党的十七大提出了科学发展观及和谐社会战略；③"十一五"规划中提出了环境目标；④中国有巨大的贸易顺差希望平衡贸易；⑤就业是一个很重要的社会因素。

因此，建议 WTO 应该明确将环境改善，至少是全球环境改善，作为 WTO 环境服务谈判的目标，而非仅仅靠成员自己的贸易利益驱动谈判。WTO 成员应该意识到环境服务谈判是为了改善环境，尤其是为了改善全球环境。所有的 WTO 成员都应该意识到全球环境服务对全人类而言是"公共服务"。

中国—欧盟焦炭贸易争端及其解决途径[①]

胡　涛　张凌云　黄志雄

在当今世界各国对于能源安全日益重视和环境保护意识普遍加强的双重背景下，焦炭正逐渐成为国际贸易中一种特殊的"敏感产品"。由于焦炭在工业生产中的重要地位以及焦炭加工带来的严重污染，它越来越多地成为国家之间"能源战"和"贸易战"的主角之一。2004 年中国与欧盟之间的焦炭贸易争端，对于"入世"未久的中国如何运用国内法和国际贸易规则来保障自身能源供给、保护环境以及解决国际贸易争端都提出了很多有益的启示。同时，中欧双方虽然通过协商达成了临时协议，但仍留有一些尚待解决的问题。本文通过追溯 2004 年中国—欧盟焦炭贸易争端的背景和争议焦点，试图就有关争端的解决提出不同的解决方案。

一、焦炭行业相关背景回顾

焦炭是炼钢的主要燃料，是由炼焦用煤在高温作用下，经过复杂的物理和化学过程形成的。中国是世界焦炭市场的生产和出口大国，在国际市场上占据着无可替代的主导地位。然而，焦炭工业又是一个环境污染十分严重的行业。

（一）世界焦炭生产和贸易

世界各国的焦炭主要用于钢铁工业。近几年，从总的趋势看，世界的钢铁产量在增长，焦炭产量也在增长，见表 1。

2005 年世界钢、生铁和焦炭产量分别比 2000 年增长了 30.5%、35.2%和 37.6%。从各国的生产数据可以看出，世界对钢、铁和焦炭的增长贡献最大的就是中国。除中国外，其他主要焦炭生产国家还包括俄罗斯、乌克兰、美国、印度、韩国和波兰等。

[①] 原文刊登于《武大国际法评论》2007 年第 1 期。

表 1　世界钢、生铁和焦炭产量　　　　　　　　　　　　　　单位：万 t

	2000 年	2001 年	2002 年	2003 年	2004 年	2005 年
钢	84 869	85 034	90 363	96 716	105 460	110 762
生铁	57 667	57 809	61 162	66 867	73 046	77 935
焦炭	33 489	34 465	35 800	39 302	42 676	46 078（预计）

信息来源：中国炼焦行业协会。

2004 年世界焦炭的贸易量为 3 229 万 t，其中，中国出口高达 1 501 万 t，占世界贸易量的 46.5%，接近世界贸易总量的一半。中国焦炭出口全球约 51 个国家和地区，输往日本、印度、韩国、巴西、美国和墨西哥等国家。除中国外，其他焦炭出口较多的国家还有波兰、俄罗斯、乌克兰、日本（也有从中国的进口，进出口相抵后，实际为净进口）。其中波兰、俄罗斯、乌克兰的焦炭出口主要供给德国、法国、意大利等欧洲国家。

（二）焦炭生产的环境影响

焦炭工业是重污染行业，其排污环节多、强度大；污染物种类繁杂、毒性大。

焦炭生产中的大气污染物主要包括在结焦过程中产生的苯并芘等苯系物和酚、氰、硫氧化物、氯、碳氢化合物等，空气与焦炉煤气燃烧生成的 SO_2、NO_x、CO_2 等气体，以及出焦时灼热的焦炭与空气接触骤然生成的 CO、CO_2、NO_2 等气体。这些污染物中，最有害的是二氧化硫和苯并芘，其中，二氧化硫是造成"酸雨"的罪魁祸首，而苯并芘是一种强致癌物质。

焦炭生产中的水污染物主要是在粗煤气冷却过程中产生的剩余氨水和回收过程产生的废水中所含的氨氮、酚、氰、苯可溶物等污染物。这些污染物危害性大，且难以处理。

焦炭生产中的固体废物主要包括焦粉、矸石、中煤、煤泥等，受到降水淋渗的作用，渗透到浅层地下水中，造成对地下水的污染。此外，焦炭生产的焦油渣、粗苯再生渣、沥青渣等都属于危险固体废物。

山西省是我国焦炭的主产区，大气环境污染也在全国名列前茅。中国环境监测总站披露的全国环境污染最严重的 30 个城市中，山西省就占了 13 个，而且包揽前 5 名。山西省 6 个地级市，太原、大同、阳泉、长治、晋城、朔州全部在"黑名单"上，晋中、临汾等 4 个地区所在的城市也上了"黑名单"。鉴于山西所处的地理位置及气候条件，它的环境问题不仅仅制约了山西的社会及经济的发展，而且对周边地区的环境也造成了很大的影响。这就是眼前蓬勃发展的焦炭事业的代价。目前，山西省的焦化生产产量已大大超过区域环境的容量。这是山西环境恶劣的源头，不从源头上控制，治理环境就是奢谈。

山西省社会科学院能源经济所以太原钢铁（集团）有限公司为案例，采用防护费用法对焦炭生产造成的大气污染和水污染环境损失进行了估算。该估算只计算了最基本的环境防护成本，尚不包括环境污染带来的局部地区健康损失、植被损失、建筑物损失、造成酸雨的损失等。结果如表2所示。

表2　环境损失计算

单位：元/t焦

	运行费	折旧费	小计
废气	4.23	65.1	69.33
废水	6.54	0.45	6.99
合计	10.77	65.55	76.32

将以上案例研究的结果进行推广，可以对焦炭行业的环境损失进行粗略的估算。中国2003年、2004年和2005年的焦炭产量分别为1.78亿t、2.06亿t、2.43亿t；按每吨焦排污环境损失76元推算，则2003年、2004年和2005年全国的焦炭生产环境损失达135.28亿元、156.56亿元、184.68亿元，均占各年度工业增加值的0.3%左右。在焦炭主产区山西省，焦炭生产的环境损失占该省份工业增加值的比例则高达5%左右。

这组数据在环境与贸易问题上的含义是：每出口1t焦炭的同时，中国将多产生76.32元的环境防护费用的损失。如果计算了局部地区健康损失、植被损失、建筑物损失、造成酸雨的损失等，实际的环境损失成本还将大大高于这个数字。中国同意出口欧盟的每年450万t焦炭配额，对中国的环境意味着3.43亿元的环境损失，也同时意味着用中国3.43亿元的环境损失补贴欧盟的环境。而对欧盟，每年450万t焦炭进口的环境效益将远远大于3.43亿元人民币。

二、中欧焦炭贸易争端

（一）焦炭贸易争端的由来

2002年下半年以来，随着全球范围内钢铁工业的快速发展，各种原料供应日趋紧张。出于环保方面的压力，一些发达国家和地区，包括欧盟、美国和日本等，先后关闭了大量的焦炭生产厂。钢铁生产原材料的匮乏使欧盟的钢铁业，及其发达的汽车、飞机、机械制造业和建筑业都受到极大的冲击。因此，中国焦炭成了面临"断奶"的欧洲钢铁业的供血泵。但从中国自身的发展来考虑，由于近年来钢铁行业的大发展，中国政府为了保证国内冶金行业的需要，加大了对中国资源性商品的出口总量控制，自 2004 年起出台了一系列的焦炭出口限制措施。2004 年 1 月 1 日，中国推出了焦炭出口许可证制度，同时将焦炭出口配额从 1 200 万 t 削减到了 900 万 t，出口退税税率也从 15% 降至 5%。

中国对焦炭出口的限制引起了欧盟方面的恐慌。欧盟认为，中国焦炭出口限制政策影响了欧盟钢铁企业的正常原材料供应。2004 年 3 月 31 日，欧盟向中国发出警告，称如果不解除焦炭出口限制，欧盟将向 WTO 提出申诉。5 月 9 日，欧盟表示将给中国 5 天考虑时间以同意废除有争议的焦炭出口限制，否则中国将面临欧盟在 WTO 提起的首次法律诉讼。5 月 19 日，中国财政部和国家税务总局发出紧急通知，宣布从 5 月 24 日起，对出口的焦炭及半焦炭、炼焦煤，一律停止增值税出口退税。5 月 26 日，欧盟发出"最后通牒"，要求 5 月 28 日前中国必须取消对焦炭出口的限制，否则将向 WTO 提起诉讼。5 月 28 日，中国终于就焦炭贸易问题与欧盟达成了协议。协议中中国虽没有像欧盟要求的那样取消出口许可制度，但把对欧焦炭配额恢复到了 450 万 t。相当于中国前一年对欧盟出口的水平，并取消了许可证收费。协议的达成使中欧之间的贸易争端暂时告一段落。

2005 年 11 月 21 日，商务部公布了《2006 年焦炭出口企业资质标准及申报程序》，相比 2005 年的规定，进一步提高了焦炭出口企业的资质；在行业标准方面，也由符合中华人民共和国环境保护炼焦行业标准 HJ/T 126—2003 三级标准提高到了必须符合二级标准。《2006 年焦炭出口企业资质标准及申报程序》的出台，对欧盟钢铁企业无疑是一瓢冷水，欧盟很可能对中国启动 WTO 争端解决程序。

（二）中欧双方立场

1. 中国方面

从维持国内市场稳定、促进产业结构调整和保护环境等方面考虑，中国对焦炭出口进行控制是很有必要的。

从国内市场来看，一方面，焦炭正面临着产业升级，一旦出口问题没有把握好，则前功尽弃而且更加混乱；另一方面，在原材料资源短缺的情况下，中国政府有必要首先保证国内供给，以防止因供应短缺造成的冶金行业价格失衡，从而引发全国性的通货膨胀。

从环境保护来看，焦炭行业是重污染行业。西方国家也因为需要承担巨大的环境成本，纷纷在削减焦炭产量。中国面临的环境污染威胁也是一样，出口的焦炭越多，就意味着留在中国的环境污染也越多。中国的资源开采还是属于粗放型，如果一味放开焦炭市场，煤矿的开采又会陷入低效率和无组织的状态，资源的浪费、环境的污染将给国家的长期发展带来沉重的负担。

2. 欧盟方面

1999 年，欧盟还曾对中国出口的焦炭实施反倾销措施，拒绝承认中国应诉企业的市场经济地位，对于从中国进口的焦炭征收每吨 32.6 欧元的反倾销税。2004 年 3 月该案临时中止，但并未撤销。随着全球范围内钢铁工业的全面复苏，中国政府为保证国内供给，对焦炭类资源性商品加大了出口总量的控制。对此，欧盟认为中国焦炭出口的出口配额政策违反了 WTO 的非歧视原则，影响了欧盟钢铁企业的正常原材料供应，要求中国取消焦炭出口限制。欧盟指责中国不适当地使用了出口配额，对欧盟企业有所歧视。欧盟对中国出口焦炭的双重标准和态度转变，体现了欧盟的立场直接受其经济利益驱动。

现阶段，欧盟方面钢铁生产原材料极度匮乏，对中国焦炭出口的依赖性很强。一方面，出于环保压力，欧盟的部分发达国家近年来大量关闭了本国的炼焦企业，法国等国家甚至将国内的煤矿全部关闭，造成了欧盟各国焦炭供应的短缺；另一方面，欧洲钢铁产业界对焦炭的需求量巨大，在世界 10 大钢厂中，欧盟占了 4 席。其中年产量达到 4 280 万 t 的阿塞洛公司名列世界第一，年产量为 3 110 万 t 的英国 LNM 集团名列第三。因此，出于欧盟区域内钢铁业及相关制造业的压力，欧盟现阶段的立场主要体现在迫切要求中国全面放开焦炭出口市场。中国采取的出口配额措施被欧盟方面视为一种歧视性贸易措施，欧盟以该项措施违反 WTO 规则为由威胁中国放开焦炭出口。

焦炭行业是一个污染型的行业，欧盟希望中国能全面放开焦炭市场，意在把中国变成其能源产地，而避免把污染留在欧洲。从某种意义上讲就是想把污染转嫁给中国。而欧盟找了一个非常恰当的理由，指责中国使用了出口配额政策，歧视欧盟企业。

（三）我国使用出口配额所产生的问题

根据 2004 年 5 月 28 日中国与欧盟达成的协议，中国保证每年至少向欧盟出口 450 万 t 焦炭，和 2003 年的供应量相同。该协议还要求中国及时发放出口许可证，并不要对出口许可证收取任何费用。该协议虽然使双方的焦炭贸易争端暂时得以缓解，但这一临时安排还存在很大局限性，并没有从根本上解决问题。它不仅没有完全消除中欧之间的政策分歧（也许某天欧盟将故伎重演，继续以出口配额违反歧视原则为理由迫使中国维持焦炭出口），还在中国与其他国家之间带来了新的问题。

1. 与欧盟关于出口配额可能继续谈判

中国控制焦炭出口的必然性与欧盟对中国的焦炭出口依赖性之间的矛盾是客观存

在的。如果中国继续坚持采用出口配额的措施来控制焦炭出口，则中国与欧盟关于出口配额问题的谈判还将继续，而且非常艰难，因为欧盟的要求是中国应取消对焦炭的出口许可证配额限制。

2. 与其他国家的焦炭出口配额问题

对中国焦炭"宠爱有加"的，除了欧盟，还有印度、美国等其他国家。印度的冶金业对中国的焦炭出口依赖相当严重。2004 年 2 月 24 日，印度政府将冶金焦炭的进口关税从原来的 10%削减为 5%。3 月初，印度政府钢材部和工商部门开始讨论派代表团到中国磋商以铁矿砂换焦炭的易货贸易协议。目前，印度政府的易货贸易方案是按 4∶1 的比例进行的——也就是印度每卖中国四船铁矿砂，中国应提供印度一船焦炭。

中欧双方关于焦炭出口问题的谈判结果也影响着中国与其他国家之间的焦炭贸易形势。根据 WTO 的最惠国待遇原则，一旦中国在中欧焦炭贸易谈判上作出妥协，就有义务根据该原则将给予欧盟的贸易利益同样给予其他 WTO 成员。这样，中国将很难处理与其他国家的焦炭贸易关系，从而带来一系列的负面效应。就在 2004 年中欧协议达成后不久，两名美国国会众议员就向众议院国际关系委员会提交了一份决议案，敦促中国取消焦炭出口限制。这在一定程度上正是中欧协议带来的"连锁反应"。

3. 出口配额分配带来的贪污腐败问题

在目前的焦炭许可证配额分配制度中，分配者掌握生杀大权，权力缺乏有效监督，操作程序极不透明，容易滋生贪污腐败问题。

每年的焦炭出口配额由国家发改委和商务部确定，出口企业的资质认定和配额发放则由商务部主持。焦炭配额总量相对固定，商务部在配额总量内下达年度焦炭出口配额是两次分配，有时还会根据市场情况追加配额。在正常的焦炭配额之外，有时还会有一些调剂，很多企业正是通过一些非法手段争取这部分调剂。也就是这个灰色地带容易成为配额发放相关部门官员以权谋私、贪污腐败的高发区。此外，在焦炭行业中，企业间的配额非法倒卖问题也非常猖獗。

2006 年刚刚查获的一起山西焦炭配额大案中就涉及从商务部到地方相关部门的多个官员，山西太原、清徐、古交和河津等地的多个企业涉案，充分暴露了焦炭配额的黑色交易内幕，也给我们敲响了警钟。

4. 与 WTO 规则的一致性

中国作为 WTO 的正式成员，在充分享有 WTO 协定赋予的各项权利的同时，也必然需要善意履行 WTO 法规定的有关义务，用实际行动表明自己在国际贸易中是负责任、守规则的国家。遵守非歧视原则是中国应当履行的义务，应当避免使用诸如出口配额这样的管理手段造成对他国企业的歧视。因此，应当重新考虑关于使用出口许可证配额的办法限制焦炭出口,并寻求更加合理的限制焦炭出口的措施。

5．中国的市场经济地位问题

目前,中国在对外贸易管理上面临的最大问题就是中国的"市场经济地位"问题,这也是我国领导人出访其他国家时强调最多的问题之一。在过去的 10 年里,中国是遭受外国反倾销调查和受到反倾销措施制裁最多的国家,成了反倾销案最大的受害国。根据 WTO 的统计,自该组织 1995 年成立以来至 2004 年 6 月,涉及中国产品的反倾销调查就占到了总数的 15%。

因为种种巧合,焦炭问题也卷入了中欧之间关于市场经济地位问题的博弈中。中国对市场经济地位的要求非常迫切。2003 年 6 月 1 日,中国商务部正式向欧盟提交关于承认中国"完全市场经济地位"国家的要求。同年 8 月,中国将《2003 中国市场经济发展报告》英文版递交欧盟。2004 年 3 月,商务部又递交了长达数百页的补充报告。中国在2004 年 5 月 28 日与欧盟达成的焦炭出口协议中作出了一定的让步,也有希望欧盟能尽快承认中国的市场经济地位的考虑。显然,是否承认中国市场经济地位的问题,已成为欧盟手中的一个筹码。

三、中国焦炭出口限制措施新思路:如何利用 GATT 第 20 条例外?

欧盟认为,中国焦炭出口配额许可证限制的政策违背了中国加入 WTO 的承诺,对其他成员构成了歧视,影响了欧盟钢铁企业的正常原材料供应,要求中国废除有争议的焦炭出口配额限制。对中国来说,有关焦炭出口的限制措施,可否寻求不违反 WTO 规定的更好限制措施?因此,有必要对 WTO 规则加以分析,充分利用已有的规则,寻求新思路对焦炭出口进行限制。我们认为:合理利用 GATT 第 20 条例外条款,提出保护我国的环境、促进可持续发展的理由,应当是一个可以尝试的新思路。

(一) 关于 GATT 第 20 条例外条款

1995 年 1 月 1 日正式生效的《马拉喀什建立世界贸易组织协定》(简称《WTO 协定》)序言规定 WTO 的宗旨是"提高生活水平,保证充分就业和大幅度稳步提高实际收入和有效需求,扩大货物与服务的生产和贸易,为持续发展之目的扩大对世界资源的充分利用,保护和维护环境"。这表明 WTO 固然是一个以逐步降低关税和非关税壁垒、推动贸易自由化为己任的组织,它也承认诸如环境保护和可持续发展等正当目标。因此,在有关货物贸易的 1994 年《关贸总协定》(简称 GATT 1994)中,一方面对包括配额和许可证在内的进出口数量限制措施加以严格管制,规定"任何缔约国除征收税捐或其他费用以外，不得设立或维持配额、进出口许可证或其他措施以限制或禁止其他缔约国领土的产品的输入，或向其他缔约国领土输出或销售出口产品"（第11.1条）；另一方面通过其第 20 条（一般例外）和其他相关条款允许各国基于特定理由背离贸易自由化义务。以上述 GATT1994 第 11.1 条的规定衡量，中国以许可证等形式对焦炭出口采取的数量限制无疑是受到禁止的，这里的焦点在于：中国能否援引第 20 条的规定来证明自己所采取的出口限制措施为 WTO 所许可？

GATT 第 20 条是关贸总协定中最为复杂难解的条款之一。该条包括 1 个序言和 10 款，与环境保护有关的主要是其中的（b）、（g）两项，其规定如下：

"本协定的规定不得解释为阻止缔约国采用或实施以下措施，但对情况相同的各国，实施的措施不得构成武断的或不合理的歧视，或构成对国际贸易的变相限制：

……

（b）为保障人民、动植物的生命或健康所必需的措施；

（g）与国内限制生产与消费的措施相配合，为有效保护可能用竭的天然资源的有关措施；

……"

结合起来看，上述（b）、（g）两项允许 WTO 成员施行与其根据 GATT 1994 承担的某项义务不符、但属于"为保障人民、动植物的生命或健康所必需'或有关于'为有效保护可能用竭的天然资源"的措施，条件是所实施的与 GATT 1994 不符的措施不构成"任意的或不合理的歧视"或构成"对国际贸易的变相限制"。

WTO 上诉机构在多个争端解决案例中一再阐明，为了援引第 20 条例外条款作为一项与 WTO 某些实体义务不相符的措施之根据，需要对该措施加以"双重分析"（two-tiered analysis）：首先证明该措施符合例外条款下（a）项至（i）项的某一例外；其次证明该措施符合第 20 条引言或"帽子"条款的要求，即该措施的实施对情形相同的国家不构成武断的或不合理的歧视，并对国际贸易不构成变相限制。

（二）第 20 条（b）项之援引

根据 WTO 上诉机构的解释，要证明某项措施属于"为保障人民、动植物的生命或健康所必需的措施"，首先，有关措施应当以保护人类、动植物的生命或健康为目的，即具有目的的正当性。其次，该措施是为了实现上述政策目标所"必需"（necessary）者，即具有措施的必需性。在对某一措施进行审查时，WTO 争端解决机构不会对该措施的政策目标进行预判（second-guess），只要有证据证明有关政策具有正当性就可以了。WTO 成员对于确定的特定情势下应采用何种政策手段或保护水平有着很大的自主权。关键在于如何证明该措施是为了实现上述政策目标所"必需"的。1990 年泰国"对外国香烟的进口限制和国内税收"案的专家组报告认为，通过这一"必要性审查"（necessity test）的标准是没有一项合理存在而又与 GATT/WTO 规则相符或者不相符程度较轻的措施，也就是说，被投诉的措施必须是对贸易限制最小（least-trade restrictive）的措施。由于泰国没有采取既限制外国香烟进口又限制本国香烟生产这一本可与 GATT 1994 规则相符的措施，其单纯针对外国香烟进口的限制措施被认定不属于"为保障人民、动植物的生命或健康所必需的措施"。不过，由于上述证明标准受到环保主义者的强烈批评和抗议，WTO 上诉机构在 2001 年韩国牛肉进口案中进行了从宽解释，提出应在具体案例中对一系列因素进行权衡（weighing and balancing）：被投诉的措施对于实现环境或健康目标的贡献大小；被投诉的措施所意图保护的利益或价值的大小；被投诉措施对进口或出口贸易的影响。即使存在某种与 GATT/WTO 规则相符或者不相符程度较轻的措施，基于对上述因素（特别是前两个因素）的权衡，仍可认为有关措施属于"为保障人民、动植物的生命或健康所必需的措施"。这实际上将原来的"对贸易限制最小"转变为特定情况下"对贸易限制较小"（less-trade restrictive）标准。

从上述 WTO 争端解决实践来看，中国对污染严重的焦炭采取出口限制措施，这不难证明其具有保护人类、动植物的生命或健康的正当目的。类比 1990 年泰国对进口香烟的进口限制措施，如果中国在限制焦炭出口的同时也对国内的焦炭生产、消费进行了限制，那么要证明这种出口限制属于"为保障人民、动植物的生命或健康所必需的措施"应当不成问题。国内有学者在对该贸易争端进行分析时，就认为中国对焦炭的生产和消费也采取了限制措施，如山西省有关部门针对 2003 年前后焦炭行业的投资过热和重复投资现象，坚决取缔土焦、改良焦项目；清理在建项目，区别不同情况对部分项目限期停建、停产或缓建；一律停止焦炭项目审批等方面限制焦炭生产。在焦炭消费方面，自 2003 年年底以来，中国对焦炭消费的主要产业——钢铁产业的投资实施了限制措施，以提高钢铁产业的准入门槛，遏制钢铁业投资过热、过快增长的势头。问题在于，这种本质上属于宏观经济政策调控的措施，即使在一定程度上具有限制焦炭生产和消费的效果，在 WTO 争端解决程序中是否会被专家组和上诉机构认为属于与出口配额和许可证相当的"限制"？笔者认为这种可能性并不大。那样的话，专家组和上诉机构将根据 2001 年韩国牛肉进口案中确立的标准，结合该措施对于实现环境或健康目标的贡献大小、其所意图保护的利益或价值的大小及其对进口或出口贸易的影响等因素进行权衡。应当承认，这种权衡过程实际上赋予了专家组和上诉机构根据中国焦炭出口限制措施的具体背景和实际情况进行自由裁量的较大自主权，也对代表中国参加诉讼的法律专家提出了更高要求。在不排除其他可能性的同时，我们认为，基于中国在 2004 年采取各种出口限制措施以来焦炭出口减少而总产量持续增加（从而表明国内消费实际上增多）的事实，有关措施被认定为并非以保护环境为主要目的，而是在不显著增加国内产量的同时保障国内市场需求的可能性至少是不容忽视的。这样的话，也就意味着中国的出口限制措施不被认可为属于"保障人民、动植物的生命或健康所必需的措施"。

（三）第 20 条（g）项之援引

如果中国的出口限制措施被认定为不属于"保障人民、动植物的生命或健康所必需的措施"的，这些措施是否属于第 20 条（g）项所指的"与国内限制生产与消费的措施相配合，为有效保护可能用竭的天然资源的有关措施"？根据 WTO 上诉机构的解释，援引该项规定主要有两个条件：首先，有关措施"主要目的在于"（primarily aimed at）保护可能用竭的天然资源。为此，采取措施的 WTO 成员无须探究是否合理存在其他"对贸易限制较小"的措施，而只需证明所采取的措施与进行保护的目标之间存在实质性而不仅仅是偶然性的关系（a substantial and not merely incidental relationship）。在 1998 年海龟案报告中，上诉机构认为"石油、铁矿石和其他非生物资源"是"可能用竭的天然资源"的典型例子，同时认为这一概念的内涵是不断演进的，因此，可繁殖、可再生的活的物种在特定情况下也可能由于人类的活动或其他原因而用竭或灭绝。在本案中，焦炭本身不是一种"天然"资源，但它是由煤炭加工、提炼而来，后者则无疑是一种可能用竭的天然资源。另外，焦炭的生产还对空气和水源构成污染，它们也应属"可能用竭的天然资源"之列。因此，中国证明焦炭出口限制措施"主要目的在于"保护可能用竭的天然资源或者在有关措施与保护目标之间存在"实质性而不仅仅是偶然性的关系"并不困难。

其次，上述保护可能用竭的天然资源的措施还必须"与国内限制生产与消费的措施相配合"（in conjunction with restrictions on domestic production or consumption）。在美国汽油标准案和海龟案中，WTO 上诉机构对此的解释是，这要求以保护可能用竭的天然资源的名义对其生产和消费施加的限制构成"平衡的处理"（even handedness）——有关（被投诉的）措施不仅仅对进口产品，而且也对国产产品加以限制，虽然并不要求在国内采取的措施与针对外国产品的措施通过实践检验具有完全相同的资源、环境保护效果。上述两案中，美国对进口汽油实施的标准和对进口海虾捕捞方法的限制也通过不同法令分别适用于本国汽油及本国海虾捕捞者，这被上诉机构认定构成"平衡的处理"，符合"与国内限制生产与消费的措施相配合"这一要求。如前所述，中国政府除了针对焦炭出口施加配额和许可证等限制外，也针对国内的焦炭生产和消费采取了若干宏观调控措施，针对出口和进口的两类不同措施是否会被认为属于"平衡的处理"？这里同样存在很大疑问，至少受到影响的焦炭进口国可以提出这样的质疑：为了保护有关可能用竭的天然资源，为什么中国政府对焦炭出口不是采取与国内相似的宏观调控措施，或者对国内生产和消费同样采用配额、许可证等对贸易限制效果最显著的措施？

(四) 第20条引言之要求

最后，假定中国政府的焦炭出口限制措施被认定符合第 20 条 (b)、(g) 中的某一项例外，有关措施还必须符合第 20 条引言的要求，即这些措施的实施不应构成"任意的或不合理的歧视"(a means of arbitrary or unjustifiable discrimination)，或构成"对国际贸易的变相限制"(a disguised restriction on international trade)。从近年来 WTO 争端解决机构运用第 20 条的实践来看，对有关被投诉措施是否符合该条 (a) 至 (i) 项中某一项的审查标准在逐渐放宽，该条序言已经越来越多地成为 WTO 成员援引一般例外条款的基本要求，特别是防止成员基于保护主义动机滥用第 20 条。正如 WTO 上诉机构在美国汽油标准案中指出的，该引言的措辞表明它主要不是针对有关措施或者其具体内容，而更多是针对该措施实施的方式。具体而言，不构成"任意的或不合理的歧视"的措辞表明有关措施的实施可以在本国和外国之间构成歧视，只要这种歧视不是"任意"和"不合理"的。在实践中，以下两种构成歧视的情形会被视为"不合理的歧视"：被投诉措施的实施缺乏灵活变通（例如，美国对海虾捕捞方法的限制事实上要求所有向美国出口海虾的国家严格采取同一捕捞方法）；被投诉国家没有认真地试图通过谈判达成一项双边或多边解决方案。而确认构成"任意的歧视"的主要标准则是有关措施的实施"过于严苛和缺乏灵活性"，以及相关程序不透明、不足以保障程序公正。对于一项措施是否构成"对国际贸易的变相限制"，WTO 上诉机构作出了如下解释：显然，国际贸易中的"变相限制"包含了变相的歧视。同样明显的是，国际贸易中隐蔽或未宣告的限制不能表达"变相限制"的全部含义。"变相限制"可以恰当地理解为包含那些通过一项形式上符合第 20 条某一例外之措辞的措施，在国际贸易中构成任意或不合理歧视的限制。换言之，在确定一项特定措施是否构成"任意或不合理的歧视"时相关的考察标准，也可在确定是否存在"变相限制"时加以考虑。

从中国采取的焦炭出口限制措施来看，该措施对焦炭出口加以明确的配额和许可证限制，而对国内焦炭生产和消费则是通过宏观调控措施加以限制，这应当被视为本国和外国之间的一种"歧视"或差别对待。而且，中国在采取该歧视性单边限制措施前并未如 WTO 判例所要求的那样试图通过谈判达成一项解决方案，有关限制措施的实施似乎也没有保留足够的灵活性，因而有可能被认定为"任意和不合理的歧视"。

总之，我们认为，2004 年中国对焦炭出口采取的限制措施与 GATT 第 20 条的要求可能存在一定的差距，从而难以援引该条例外条款的规定在 WTO 争端解决程序中胜诉。但是，可以利用 GATT 1994 第 20 条序言和（b）、（g）两项的要求，设计出具体焦炭出口的贸易限制新措施，以维护我国的利益。

四、可能的具体解决方案

在中欧焦炭贸易争端可能不断升级的局势下，要实现限制焦炭出口贸易、促进国内产业结构调整和遏制焦炭行业环境污染的目标，笔者认为，应当取消具有潜在或现实的歧视性、引起贸易纷争和容易滋生腐败问题的出口配额制度，让欧盟失去这个借口。同时，援引 GATT 1994 第 20 条序言和（b）、（g）两项条款，从内在化环境成本的角度来控制焦炭的生产和出口。

依据这个思路，笔者初步提出了两套解决方案——征收高额超标排污费和征收焦炭出口关税，并对这两套方案各自的利弊进行了比较分析。

（一）远期方案：征收高额超标排污费

征收排污费的目的在于，使排污者对其排污行为造成的环境影响承担起经济责任即"污染者承担"，以缴纳排污费的形式补偿对环境（资源）的损害，使环境问题的外部性内部化。

中国的排污收费制度自 1982 年开始正式实施，2003 年国务院及相关部门颁布的《排污费征收使用管理条例》（以下简称《条例》）和《排污费征收标准管理办法》（以下简称《管理办法》）对排污费的征收标准进行了一次大的改革，改超标收费为排污收费，总体上实行"排污收费、超标处罚"；变单一收费为浓度与总量相结合，按排放污染物的质量（当量数）收费。这一次的改革虽然在一定程度上弥补了排污收费制度建立之初实行的超标收费和单因子收费的弊端，向真正实现环境资源价值的目标迈进了一步。

但从目前的实施情况来看，排污收费实施的效果仍不理想。首先，排污收费标准还普遍偏低，诸如焦炭类重污染行业的环境成本还未能很好地体现在企业生产成本的核算中，使得非正规的小企业遍地开花，这给排污费的征收也增添了难度。其次，对超标部分的污染物排放，处罚力度不够，没有对企业盲目扩张形成很好的环境成本约束。对于焦炭行业来说，污染物主要是废气、废水和废渣，但现行的《条例》和《管理办法》中仅对废水超标排放的加倍收费标准进行了明确规定。再次，对于不缴纳排污费的违规企业，处罚也不够严厉，根据《条例》的规定，对于过期拒不缴纳排污费的，处以罚款的数额仅是应缴纳排污费的 1 倍以上 3 倍以下，这样的罚款额度对于利润空间大的焦炭行业来说明显较轻，给企业违规提供了一定的空间。

正是由于目前排污收费制度还存在着一定的缺陷，对焦炭类重污染行业的环境成本约束力还远远不够，因此笔者认为应当加大超标排污的处罚力度，在排污费征收标准中明确对废气、废水和固体废物必须征收高额超标排污费，必要时还应辅以行政处罚，真正起到以环境成本约束企业行为的作用。

（二）近期方案：征收出口环节环境关税

在中国加入 WTO 之际，更多的是关注中国进口管理体制的改革，而忽视了中国出口管理体制。欧盟提出的贸易交涉使中国不得不审视自己的出口管理体制。面对国内能源短缺的问题，政府最易采取的行政手段之一便是实施严格的出口许可证管理。但是配额发放量和发放时间的不确定性会影响贸易的稳定。配额制最大的问题就在于容易引发对中国执行非歧视待遇的质疑，而许可证制度则因其随意性强、透明度低、政府干预过多，往往成为其他 WTO 成员方的关注焦点，容易引发贸易争端。

考虑到国内目前仍有 4 500 万 t 的土焦生产能力，取消出口配额管理，容易造成焦炭出口的混乱，并且将大幅增加焦炭产业结构调整的难度。为防止短期内取消出口配额管理造成的管理上的真空，可采取出口环节环境税的形式，这不仅可以达到增加税收的目的，也便于根据国际、国内市场变化及国家经济导向进行调节。相比较而言，透明度更大而歧视性较小的出口关税，可以援引 GATT 1994 第 20 条例外条款，更符合 WTO 规则的要求，同时又能够达到保护环境和资源的目标。当然，更长远的做法是采取上述方案，采取更有力的措施（如国内税、生产许可证等）对焦炭的国内生产和消费进行限制，这样才能明白无误地表明我们保护环境、促进可持续发展的立场，消除贸易争端产生的根源。事实上，这种限制也完全符合中国经济和社会发展的长远利益。

根据上面的分析，焦炭出口环节环境税的税率应当至少将焦炭生产过程中带来的环境成本内部化，即焦炭出口环节的环境税率应当不低于 76.32 元/t。对于欧盟，它们不仅仅需要支付焦炭的进口成本，而且还需要支付 76.32 元/t 的环境成本。这是欧盟保护其自身环境免受污染所支付的成本，对它们来说其实是非常值得的。

征收了出口环节环境税的焦炭出口，对于各个国家都一视同仁，不存在歧视印度、美国企业的问题。而且由于出口环节环境税的征收，焦炭出口数量也会减少，减少的出口量由企业的成本效益核算后的企业与市场决定，而非政府人为决定。这样也减少了企业的寻租行为。

当然，在现阶段我国国内市场对焦炭需求持续存在的情况下，如何合理确定对焦炭生产和消费的限制尺度，同时加快引导清洁和可再生能源的研发、推广，仍是一个十分重要的战略性课题。

（三）两种方案的比较

对于征收高额超标排污费和征收出口关税这两种方案，笔者认为各有利弊。

从短期来看，要填补取消出口配额管理形成的真空，征收出口关税较为可行，管理成本更低一些。但通过前文对 WTO 相关条款的分析，要使征收出口关税切实符合 WTO 规则的要求，还必须辅以有力的限制国内焦炭生产和消费的措施；此外，对钢铁等以焦炭为主要原材料的行业也需要进行一定的出口控制。

征收高额超标排污费对于控制焦炭行业环境污染的作用更为直接一些，但也有不足。首先，这种措施只是对超标排污的企业产生的约束效果会比较明显，因此有可能在对整个行业的约束上还存在一定的漏洞；其次，此项方案要真正得到落实，不仅需要对现有的相关法律法规进行完善，更需要一个有效的管理体系相配合，才能使政策的实施和监督切实到位，否则，政策再好也只是一纸空话，而这个目标的实现还需要一个过程；再次，征收高额超标排污费的征收管理成本会比较高，特别是在征收初期。

总结以上分析，笔者建议短期内可以先以征收出口关税的方案作为过渡，援引 GATT 1994 第 20 条，同时有力控制国内生产和消费，很大程度上可避免与欧盟的贸易纠纷。之后逐步完善排污收费制度和环境管理体制，将征收高额超标排污费方案也配合起来，更为有效地规范国内焦炭行业的生产秩序，从而减少该行业的环境污染，也可完全避免与欧盟的贸易纠纷。

五、结论

结合本文上述分析，笔者针对中欧焦炭贸易争端及解决方案得出以下几点结论：

（1）应对可能升级的中欧焦炭贸易争端，为避免 2004 年中国焦炭出口限制措施在 WTO 体制内的合法性问题以及中欧协议对其他国家的歧视性问题，国务院应协同商务部、环保总局及其他有关部委进一步协商，适时取消贸易出口配额许可证限制措施，并积极寻求其他合理可行的解决途径。

（2）从环境保护的角度提升产业成本，建议首先采用征收出口关税的方案填补短期内取消出口配额后管理上形成的真空，同时有力控制国内生产和消费，向 WTO 规则靠拢，以避免新一轮的贸易争端。之后逐步完善排污收费制度和环境管理体制，将征收高额超标排污费等措施配合起来，才能更为有效地规范国内焦炭行业。

　　总之，由于焦炭产品的特有的敏感性和中国在国际焦炭市场的特殊地位，中国焦炭出口政策的微小变化也会引起国际焦炭市场的波动。中国政府应着眼于国家的可持续发展，审慎平衡经济社会发展和环境保护、国际市场和国内需求、短期利益和长期利益等不同需要。同时，采取的任何措施都应当符合 WTO 多边贸易规则，只有这样才能使焦炭生产和出口成为中国和平发展的"助推剂"而不是"绊脚石"。

以"稀土案"为例试论中国环保如何融入国际贸易框架①

张 彬 李丽平 柴 琪

2014年3月26日，世界贸易组织（WTO）公布了美国、欧盟、日本诉中国"与稀土、钨、钼出口相关贸易措施"案（DS431、DS432、DS433，以下简称"稀土案"）专家组报告。报告对中国援引GATT中ⅩⅩ条b款和g款——"环境保护例外条款"进行抗辩未予以支持，认定中国实施的出口税及出口配额管理等措施违规，裁定中方败诉。

一、"稀土案"基本情况

2012年3月13日，美国、欧盟、日本分别在WTO正式向中国提出了就"稀土、钨、钼等原材料出口管制措施"进行磋商的请求，指出中国对其8位海关税号下超过212种产品实施了超过30种贸易措施。

由于分歧较大，磋商未果，2012年7月23日WTO争端解决委员会（DSB）根据《关于争端解决规则与程序的谅解》（DSU）第9.1条建立专家组合并审议美国、欧盟、日本诉中国"稀土案"。

吸取和总结"九种原材料案"败诉的经验，在被诉前中国相关部门梳理和完善了稀土等原材料出口管制政策，为"稀土案"的应诉工作做了充分准备。尽管如此，专家组仍认定中国对于稀土等原材料的出口措施不符合WTO环境例外条款，裁定中国败诉。

二、裁定中国"稀土案"败诉的原因

根据"稀土案"双方的争议点，专家组将中国被诉出口措施分为三类：出口关税、

① 原文刊登于《环境保护》2014年第8期。

出口配额以及限制企业稀土贸易权限，对每一类措施裁定如下：

1. 出口关税

第一，专家组三位专家中有两位认定中国不能援引"一般例外条款"为附件6以外产品征收出口关税进行抗辩。两位专家认为 GATT 1994 中的"一般例外条款"（ＸＸ条）不能被中国用来证明违反《中国加入 WTO 议定书》中取消出口关税义务的合理性，相应地，中国也不能援引ＸＸ（b）规定的例外为出口关税做辩护。但第三位专家持异议，认为除非特别规定 WTO 某项义务不能援引例外条款，其他与货物贸易相关的 WTO 义务均可援引 GATT 1994 中的ＸＸ条进行辩护，因此中国可以援引该条。

第二，即使可以援引"一般例外条款"抗辩，也无法证明中国征收出口关税对于保护人类、动植物生命和健康的必要性。随后专家组在假定中国能够援引"一般例外条款"的前提下对中国能否对稀土等原材料征收出口关税进行了审视，专家组一致认为中国征收的这些出口关税对于"保护人类、动植物生命或健康"（GATT 1994ＸＸ条 b 款）是不必要的。

基于以上两点原因，专家组裁定中国对稀土等原材料征收出口关税违反了中国在 WTO 中的义务。

2. 出口配额

第一，中国对稀土等原材料实施出口配额是为了控制该类产品的国际市场。尽管专家组赞成中国提出 WTO 成员拥有自然资源主权，在制定保护政策时可以考虑可持续发展目标，但是专家组认为"保护"可耗竭资源并不意味着允许 WTO 成员采取贸易措施控制某种自然资源的国际市场。专家组指出中国采取对稀土等原材料出口配额限制就是为了实现控制这些产品的国际市场。

第二，中国未在国内使用稀土等原材料实施与出口配额等效的限制措施。专家组在审理"稀土案"过程中发现中国在制定出口配额限制稀土、钨、钼等产品出口的同时并未在国内限制稀土、钨、钼的使用，而这是 GATT1994 第ＸＸ条 g 款适用的必要条件之一。

第三，中国对稀土等原材料制定的国内和出口政策最终目的是鼓励国内提炼和使用稀土等原材料。专家组通过审查中国限制国内使用稀土、钨、钼等产品的措施，发现这些措施配合出口限制措施达到的总体效果是鼓励国内提炼稀土、钨、钼，从而保障国内制造商优先获得和使用这些资源。

基于以上三点原因，专家组认为ＸＸ条 g 款"公平性"的要求未得到满足，不能作为稀土等原材料出口配额限制的理由，裁定中国违规。

3．限制企业稀土贸易权限

在"稀土案"中，中国除了实施关税、配额等出口限制措施外，同时还对企业出口稀土和钼的资质、最低价格等做出了要求。专家组认为尽管可以援引GATT1994第ⅩⅩ条g款辩护，然而中国未能建立上述限制贸易权措施与保护环境间的逻辑联系，因此裁定中国违规。

三、"稀土案"败诉启示

根据美国、欧盟、日本诉中国稀土等原材料贸易限制措施案背景和WTO专家组报告，结合中国政策和实际，得出如下启示：

1．WTO对于中国而言是一把"双刃剑"，既打开了世界市场的大门，同时又敞开了中国资源和环境的大门

中国"入世"后借助WTO自由贸易规则，利用资源优势，打开了通向国际市场的大门，成为世界第一大出口国、第二大进口国。然而在通往国际市场的同时中国的资源和环境也向世界市场敞开了大门，中国钢、电解铝、化肥等资源产品产量一直排名世界前列。WTO帮助中国劈开世界市场大门的同时，也劈开了中国资源市场大门。在"稀土案"中WTO"双刃剑"性质更加明显，"天下没有免费午餐"，WTO不会让中国管制资源出口的同时享受自由贸易带来的益处，更不会让中国以"保护环境和资源"为由随意破坏自由贸易的规则。在此背景下中国需要建立与WTO规则相适应的国内环境管理体制，在遵守WTO规则的同时降低资源耗竭和环境污染的风险。

2．在WTO框架下，环境例外条款并不是应诉资源类纠纷的灵丹妙药

尽管WTO设立了保护环境等目标，但是由于WTO本身是一个贸易组织，其自身属性就决定了WTO更看重贸易目标。从援引GATT1994ⅩⅩ条中环境例外条款（b款和g款）抗辩的历史案例来看，目前10多个案例中仅有2个案例得到了专家组的支持，加上中国连续两起资源类贸易纠纷援引环境例外条款均以败诉告终，不难看出WTO框架下，为最大限度维护自由贸易、促进贸易繁荣，专家组对环境例外条款的引用持审慎态度；在援引环境例外条款时，此贸易措施不仅要满足援引前提，即不构成任意、无端歧视以及不构成伪装限制，同时还要证明此类措施与保护环境之间的逻辑关系以及该措施的不可替代性。可见，WTO框架下环境例外条款并不是应诉资源类纠纷的灵丹妙药。

3."绿化"产业政策充当绿色贸易政策使得中国在"稀土案"中既输了"面子"又输了"里子"

尽管中国声称对稀土等原材料实施出口管制是出于保护环境的目的，然而华尔街日报和 WTO 专家组报告均指出中国政府并未对国内生产者实施与出口配额等同的管制，其目的是通过使稀土出口变得困难，促使依赖稀土的产业布局到中国，从而延伸和发展中国稀土产业链条，表明中国政府制定的这些出口管制政策仍然是旧有的产业保护政策，而不是出于纯粹的环境保护目的，因而"绿化"的产业政策并未被 WTO 所认可，使得中国输掉了"面子"。

另外，出口管制引发国内外稀土价格巨大差异，导致走私活动的猖獗，带来的结果是稀土的无序开采和难于监管。工信部副部长苏波指出目前国有企业稀土开采的吨回收率为 60%，而一些私采乱挖的矿山则仅有 5%，稀土资源被大量浪费的同时带来了严重的环境问题，另外由于私采和走私的隐蔽性，对其环境监管更无从谈起。由此可见，"绿化"的产业政策并未起到保护和改善环境的作用，实质上带来了更加严重的环境破坏，使得中国更是输掉了"里子"。

4．在贸易利益面前，"稀土案"不会成为中国在 WTO 下资源类贸易纠纷的终结

随着中国参与全球贸易程度的加深及中国产业结构调整升级的逐步推进，中国从输出自然资源粗犷型贸易模式向精加工资源输出制成品贸易模式转型过程中，势必会影响世界自然资源市场，触碰到越来越多成员特别是发达国家成员利益。面对贸易格局的转变，为了维护既得利益，发达国家不会坐以待毙，与中国资源类贸易纠纷很可能会越来越多。正如在"稀土案"专家初裁中国败诉之后，美国贸易代表办公室（USTR）发表申明中所指出那样"……美国将继续捍卫美国生产商和产业工人的利益……确保美国生产商能够在公平市场价格下获得他们所需的资源……"，在贸易利益面前，"稀土案"既不是中国在 WTO 下资源类贸易纠纷的开端，也不会成为此类纠纷的终结。

四、对今后发展的建议

按照 WTO 争端解决程序，中国可对"稀土案"提出上诉，然而推翻专家组报告结论，赢得"稀土案"的可能性并不大，中国提出上诉的主要考虑应是基于为国内政策和产业的调整争取时间。未来，资源的稀缺加上中国产业升级带来的世界贸易格局变化，"稀土案"仅仅是可以预见未来中国资源类贸易纠纷露出的冰山一角，原材料案的败诉以及 WTO 专家组初裁"稀土案"败诉一次又一次给中国敲响警钟，那就是实施绿色贸易政策时一定要符合 WTO 规则。

1. 取消资源类产品不符合 WTO 规则的出口关税、出口配额等贸易限制措施

WTO 对于出口关税和出口配额等贸易限制手段的使用非常审慎。从"九种原材料案"和"稀土案"的败诉可以看出，如果无法有效证明贸易限制手段对于实现环境保护目标有直接相关性或无法说明为实现该环境目标没有其他可以替代的不影响贸易的手段，环境例外条款对抗辩胜诉所起到的作用微乎其微。因此，中国宜吸取"九种原材料案"和"稀土案"经验，对照《中国加入 WTO 议定书》及 WTO 规则，梳理和调整现有政策：第一，继续维持《中国加入 WTO 议定书》附件 6 中资源类产品的最高出口关税，如钨矿砂及其精矿（HS26110000），其余产品的出口关税全部取消；第二，取消对稀土、钨、钼等原材料的出口配额、出口贸易权限制等与 WTO 规制不一致的措施；第三，进行合规性审查，对现有与进出口相关的环境措施进行合规性审查，一方面比照WTO 规则，另一方面还应与中国已签订的自贸协定和双边投资协定中的规则进行比对和调整。

2. 加强对资源类产品生产环节的环境管制，研究生产环节环境管理应急对策

很多自然资源在开采、生产等领域给环境带来了巨大破坏，由于发展中国家资源产业环境成本较低，使得自然资源的价格并未反映其环境成本。以稀土为例，中国目前稀土探明储量不足全球 50%，然而却提供了全球将近 90%的市场供应，稀土以低廉的价格被贱卖出去，留下的是被污染的环境，尽管中国以此为依据对实施了贸易限制措施进行调节，然而国内外政策的不同步，导致稀土走私猖獗，并未达到保护环境的目的，还引起贸易纠纷并败诉。另外，由于 WTO 作为贸易组织首要目标是促使成员遵守自由贸易规则，而不是扛起环境保护的大旗，因而环境例外条款在 WTO 争端中很难被采用。因此中国应采用国内政策取代容易引发争端的贸易政策，在资源类产品开采和生产环节实施和加强环境监管，同时也应加快研究资源类产品在生产环节的环境管理应急对策。

3. 积极参与国际贸易规则制定，在贸易框架中强化环境利益，掌握环境主动权

"九种原材料案"和"稀土案"败诉的根源之一在于中国仅是 WTO 规则的接受者，并未参与到 WTO 规则的制定当中，中国的国情和现实的环境利益并未在 WTO 规则中被反映，因而 WTO 并不会考虑中国的特殊情况，在中国需要保护国内资源、降低环境污染风险时允许中国破坏其规则。因而，为避免类似贸易纠纷，中国特别是中国的环保部门应积极参与到国际贸易规则制定之中，积极伸张和体现中国的环境利益。第一，在自贸协定日渐兴起的当下，应努力争取在自贸协定中单独设置环境章节，将环境利益嵌入自贸协定中，确保"保护环境"活动在自贸协定中有章可循；第二，重视自贸协定的环境影响评价，从源头避免贸易规则及政策对环境的不利影响。

4．充分利用 WTO 贸易政策审议等平台，阐释中国绿色贸易政策，防范与其相关纠纷于未然

WTO 贸易政策审议机制设立的初衷便是建立一个定期审议成员贸易政策的平台，给予成员充分阐释、评论贸易政策的机会，达到相互监督成员贸易政策效果的同时也增进成员对相互贸易政策的理解。因此，中国应充分利用 WTO 贸易政策审议这个平台，对可能产生纠纷或争议的政策在贸易政策审议成员报告中进行详尽阐释，使中国相关绿色贸易政策赢得多数 WTO 成员的支持，从而一方面树立中国保护环境、践行可持续发展的形象，另一方面也能起到防范贸易纠纷于未然的作用。

加快自贸协定环境保护议题谈判①

李丽平　张　彬　陈　超　赵　嘉　肖俊霞

《中共中央关于全面深化改革若干重大问题的决定》专门提出："加快环境保护、投资保护、政府采购、电子商务等新议题谈判，形成面向全球的高标准自由贸易区网络。"

将加快环境保护议题谈判作为加快自贸区建设的重要任务专门提出，不仅是全面深化改革的现实要求，更是加快和深化生态文明体制改革，推动生态文明制度建设，坚守环境保护底线，促进环境与经济融合的难得机遇。

一、加快自由贸易区建设环境保护议题谈判的提出背景和形势

近年来，我国同各国一样，都将经贸政策重点转向发展自由贸易区。截至 2013 年 1 月 15 日，向 WTO 秘书处报告的自由贸易协定共 210 个。除蒙古国外，所有的 WTO 成员都至少参加了一个自由贸易协定。

（一）环境保护内容已成为自贸协定发展的必然趋势

适应经济全球化新形势，自由贸易协定涵盖的范围大大扩展。除了传统的货物贸易，越来越多的自由贸易协定将环境与服务、投资、争端解决、知识产权、竞争、劳工标准等并列，作为自由贸易协定的重要内容。据初步统计，已签署并生效的自由贸易协定中，涉及环境内容的自贸协定占全部自贸协定的 53%。特别是 1995 年 WTO 成立以来，涉及环境内容的自贸协定呈逐年增长趋势，甚至环境内容成为协定是否能够签署和生效实施的决定性因素。

在自贸协定中加入环境保护条款，主要是美国等发达国家的推动。美国是最早在自贸协定中加入环境保护条款或附属协定的国家，例如，早在 1992 年签署北美自贸协定

---

① 原文刊登于《中国环境报》2014 年 1 月 24 日。

（NAFTA）之外，还附属签订了《北美环境合作协定》。此后，美国签署并生效的自贸协定均包含环境内容。根据美国贸易代表办公室（USTR）公布的相关数据统计，目前美国签署并已经生效的自贸协定有 14 个，除早期的 2001 年美国-约旦自贸协定外，后来签署的其他 13 个自贸协定框架下均包含环境内容。而且对全部自贸协定开展了环境影响评价。美国之所以推动自贸区中的环境议题设置，主要依据是 2002 年美国国会通过的贸易促进授权法案（TPA）相关规定，更新后的 2007 年《两党贸易政策协定》中所设立的贸易谈判目标也包含了环境目标。

（二）环境保护章节已成为我国能否签署自贸协定的决定性因素

我国坚持深化改革开放的战略，也正在加快建设自由贸易区。从国际趋势及我国参与自由贸易协定谈判实际情况来看，自由贸易协定中的环境议题日益突出。

我国对于自贸协定中的环境保护章节，不是要不要谈的问题，而是如何谈的问题。国际环境决定了自贸协定中的环境议题是不可回避的。无论是早期签署的中国-新西兰自贸协定，还是刚签署的中国-瑞士自由贸易协定，单独环境章节的设立都成为协定伙伴能否同意签署协定的关键性因素。中国-新西兰自由贸易协定谈判过程中，新西兰谈判代表团几次专门拜会环境保护部，进行专门磋商。在中瑞自贸区协定 9 次谈判之外，瑞方曾 3 次专门就环境议题飞抵北京，与中方开展磋商。瑞士环境议题的主谈是其贸易部谈判代表团团长，凸显瑞方对环境议题的重视。

二、自贸协定中有关环境的内容分析

（一）自贸协定中有关环境的内容

自贸协定中涉及环境的内容呈形式多样、内容增多、义务变实等趋势发展。自贸协定中涉及环境内容的形式，包括序言中的可持续发展和环境保护等原则性规定、服务贸易中环境服务部门的市场准入、技术合作部分的环境合作或环境技术合作、独立的环境章节或附属环境合作协定等。其中，前 3 个方面是普遍存在的形式，独立的环境章节或附属环境合作协定是最重要和最突出的形式。

除了在环境章节中涵盖传统环保领域的内容外，政府采购、非法采木、渔业补贴、生物多样性以及环境产品与服务等多方面的内容也可能涵盖。

（二）自贸协定中环境内容发展趋势及特点

一是自贸协定中环境内容越来越详尽，而且逐渐具有法律约束力。自贸协定的环境内容，从序言中原则性表述到单独章节，从一句话的独立章节到涉及丰富内容，不但内容丰富了很多，而且内容的实质性和约束性也大大增强。例如，美国加入的自由贸易协定中大多有单独环境章节，而且大多具有法律约束力，如通过争端解决机制来促进环境保护合作及监督法律的实施。

二是一些国家要求在加入自由贸易协定之前进行环境影响评估。美国、加拿大、欧盟和新西兰通常要对他们参与谈判的自由贸易协定进行环境影响评估。美国、加拿大和新西兰把评估重点放在考察对各自的国内环境的影响。不过，美国现在也开始评估对贸易伙伴国的潜在影响。欧盟着重执行可持续性影响评估，评估的内容除了环境外，还包括经济和社会等可持续发展的综合影响。

三是大多数包括了技术援助与能力建设的条款。大多数包含了环境保护条款的自由贸易协定，都将开展技术援助与能力建设作为执行环境保护要求的必要条件。一般是作为发达国家的义务。不过，到目前为止，技术援助和能力建设的要求并没有以具有法律约束力的方式进行表述。

四是将争端解决和补偿办法列入作为约束性条款。自由贸易协定一般包括争端解决条款，有的适用于环境章节，有的排除在外。自由贸易协定的争端解决条款通常包含磋商阶段，然后是正式的争端解决。美国参与的大多数自由贸易协定，规定相关方应以货币赔偿的形式为其不遵守环境保护条款的行为提供补救。在某个参与国没有支付此类赔偿的情形下，作为最后的措施，可以实施暂停关税优惠的处罚。欧盟参与的自由贸易协定将执行措施交给审理争端的司法机构决定，其中包括货币赔偿的办法，但不涉及取消关税优惠。有几个自由贸易协定同意由协定下组成的环境委员会就环境议题接受"公共申诉"。这样的申诉可以得出"事实发现"性质的报告，但不能得出任何有法律约束力的结论。

三、自贸协定设置环境章节对我国环境保护具有重要意义

自贸协定中设置环境章节是环境优化经济增长，环境融入和影响综合决策的具体体现，是环境在经济领域真正具有了话语权，可以"一票否决"的真正实例，更是推动国内环境政策调整和从源头实现节能减排的重要途径。

第一，自贸协定中设置单独环境章节，有利于环境保护和经济贸易融合及环境保护

参与综合决策。环境保护工作不能仅仅关注生产和消费环节，也必须关注流通和贸易环节。环境保护只有融入经济贸易全过程才能产生全面效果。根据相关研究，我国外贸出口中的虚拟二氧化硫排放占二氧化硫排放总量的 1/4～1/3。在自贸协定中融入环境保护要素，加大环境内容，从法理上明确这些贸易行为必须关注环境保护。这样，一方面有利于扩大环境保护合作范围，另一方面也有利于更好地优化贸易行为和质量，进而从源头上有效避免贸易对环境的危害，守住生态环境的底线。

第二，将对推动国内环境政策改革提供必要的激励。自贸区协定中包含环境章节或条款，有助于促进我国环境政策改革，提升环境保护机构的组织能力，更新现有法律框架，强化自身的执行机制。中韩自贸协定模式谈判中已将环境影响评价列入，这意味着双方将有义务对贸易政策进行环境影响评价。这必将促进国内政策环境影响评价立法和相关工作。

第三，自由贸易协定可以推动双边环境合作协定签署，是双边环境合作协定的重要补充。在中国-瑞士自由贸易协定签署过程中，瑞士贸易和环境部门谈判代表与我国相关部门磋商，最后推动了中国-瑞士环境保护合作协定的签署。双边环境合作协定更多的是纯环境合作内容。自贸协定中的环境合作内容更加丰富，将增加与贸易相关的环境产品和服务贸易自由化、环境技术合作等内容。这些对推动我国"走出去"战略以及环境技术交流、提高我国环境管理水平、改善我国环境质量等都具有重要意义。而且，在自贸协定中的环境合作是一种义务性质的环境合作。因此，自由贸易协定一方面推动了双边环境合作协定的签署；另一方面是双边环境合作协定的重要补充。

第四，有利于宣传和树立我国重视环境和保护环境的良好形象。我国已经成为世界第一大贸易出口国，对外投资等增长迅速。这种情况下，在自贸协定中设定单独环境章节意味着我国对保护环境的庄重承诺，也是一种政治宣示。

四、对加快自贸协定环境保护议题谈判的相关建议

未来我国将进一步实施扩大开放战略。环境保护议题对于整个自贸协定来说是附加值，但对于环境保护来说是催化剂和推进器。为此，对自由贸易协定中设立单独环境章节及相关环境内容，应积极应对，切实行动。具体建议如下：

第一，对自贸协定开展环境评估。美国、欧盟等发达国家对其所签署的自贸协定都开展了环境评估。我国应借鉴经验，对拟开展或已开展的自贸协定开展环境评估：一是评估对象为自贸协定所涉国，例如，对于中日韩自贸协定，评估中国、日本和韩国；二是评估内容为贸易变化和规则变化对环境的影响；三是评估方式为预评估和后评估。对

尚未签署的实施预评估，根据评估情况对自贸协定文本提出意见和建议；对已签署的实施后评估。

第二，重视并积极、主动地参与自贸区联合可行性研究，开展环境影响评价。自贸区联合可行性研究是正式谈判的重要依据，包括设不设单独环境章节、是否包含环境相关内容等。其与可行性研究结论和建议有很大关系。例如，中日韩自贸协定环境议题谈判中，日韩谈判代表多次提出中日韩自贸区联合可行性研究内容。但是，在中日韩自贸协定可行性研究以及我国已经签署或开展的其他自贸协定可行性研究中，环保部门并没有参与。这使中方在谈判中很被动，也难以充分体现自身的利益。建议今后充分重视并积极参与自贸协定可行性研究，从源头上着力。

第三，重视自贸协定的实施，尽快建立自贸协定环保示范园。开展自贸协定环境谈判不能脱离实际，建造空中楼阁；自贸协定环境条款实施最终需要落实、落地，因此，不能重谈判、轻实施。中国-瑞士自贸协定已经签署，即将实施；中韩自贸协定谈判预计2014年完成。因此，急需考虑建立自贸协定环保示范园。自贸协定环保示范园具有自贸协定环保谈判的基础研究、政策制定、谈判支撑和实施等功能，将对自贸协定的谈判和实施发挥极其重要的作用。

第四，加强自贸协定环境议题谈判的组织领导以及保障机制建设。环境与贸易谈判涉及环境政策、环保产业、环境标准、争端解决、信息公开、生物多样性等多项内容。这些内容将在很大程度上影响国内政策实施。为此，必须加强组织领导和保障机制建设。一是尽快恢复环境保护部环境与贸易领导小组机制，建立相关管理和技术支持机构。当初为应对加入WTO，国家环保部门成立了环境与贸易领导小组机制，其发挥了重要作用。二是建立和加强环境与贸易人才培养和合作机制，加紧培养一支精环境、会外语、懂贸易的复合型、稳定的人才队伍，建立政府官员、学者和企业代表等共同参与的合作机制。三是加强自贸协定环境议题的基础研究和政策研究，包括可行性分析、影响研究等。

TPP 的"环境标准"及对中国的影响趋势①

李丽平　张　彬　肖俊霞

2015 年 10 月 5 日，由美国主导、12 个成员参与的跨太平洋合作伙伴关系协定（Trans-Pacific Partnership Agreement，TPP）结束实质性谈判，11 月 5 日 TPP 文本全文对外公布。TPP12 个成员的国内生产总值（GDP）大约占全球的 40%，贸易额占全球贸易总额的 1/3。谈判过程中，美国对外高调宣扬 TPP 将提高环境和劳工标准，TPP 的高环境标准也一直为舆论所关注。事实上，上述对 TPP 评价所提及的"环境标准"，并非大家习惯上所指的环境质量标准或污染物排放标准，而是指 TPP 所涉及环境议题的范围维度、义务维度和约束维度的综合程度，更进一步讲，就是将环境管理和措施、国际环境义务与贸易争端解决机制相互挂钩，以此种方式来强化协定缔约方对环境措施、国际环境公约的执行力度。

一、TPP 环境条款的特征及"环境标准"

（一）TPP 环境章节的特征

目前，TPP 环境章节是自由贸易协定中除北美环境合作协定（NAAEC）外条款最多、篇幅最长的独立环境章节。TPP 环境章节主要有以下特征：

第一，覆盖面广，环境内容多。TPP 环境章节体现的是"大环境"概念，涉及农林牧渔、陆地海洋环境及臭氧层保护、能源及生物多样性、环境产品与服务等内容。仅环境章节实施主体而言，既包括了政府层面的工作，也包括了企业层面的社会责任等。

第二，义务明晰且具体。TPP 环境章节文本对具体领域作出了具体承诺，对于应该做什么、如何实现等都有明确的规定，这就使得环境承诺在实施环节具有较强的可

---

① 原文刊登于《对外经贸实务》2016 年第 7 期。

操作性。

第三，重视国际合作。在 TPP 环境章节中，除了单独设置了环境合作框架条款（条款 20.12），还在具体的环境保护领域中多次提出了要加强相关合作，通过合作来解决面临的问题。

第四，努力确保公众参与和信息公开。除了单独在程序事务（条款 20.7）、公众参与机会（条款 20.8）、公众意见提交（条款 20.9）三个条款中对信息公开和公众参与进行了详细的规定，在其他具体环境义务条款，如合作条款、贸易和生物多样性条款、保护和贸易条款中都提到公众参与和信息公开。换句话说，努力确保公众参与和信息公开贯穿了 TPP 环境章节始终。

第五，重点突出了多边环境公约（MEAs）。在 TPP 中，除了像其他自由贸易协定一样，通过单独的 MEA 条款对"一揽子"MEA 做出的环境承诺进行重申外，TPP 还将臭氧层、生物多样性、海洋环境、渔业等公约列为单独条款。

第六，贸易争端解决机制适用于环境章节。与现有自贸协定环境条款最大的不同是 TPP 贸易争端解决适用于环境章节，至少是从形式上，TPP 环境条款对各个缔约方的约束力得到了增强。

表 1　TPP 环境章节与美国、欧盟已签署自贸协定环境章节范围对比表

TPP 环境章节范围	TPP 环境条款	美国已签署的自贸协定		欧盟已签署的自贸协定	
		范围	条款	范围	条款
定义及目标	定义	√	√	√	
	目标		√		√
一般义务	一般义务	√	√	√	√
与 MEA 相关的义务和承诺	多边环境协定		√		√
	保护臭氧层				
	避免船舶污染，保护海洋环境				
	贸易和生物多样性	√	√	√	
	外来物种入侵				
	海洋捕捞渔业				√
	保护和贸易				√
透明度与公众参与	程序性事务		√		
	公众参与机会	√	√	√	
	公众意见提交		√		√
私营部门参与	企业社会责任	√	√		
	增进环境绩效的自愿机制		√		
合作	合作框架	√	√	√	√

TPP 环境章节范围	TPP 环境条款	美国已签署的自贸协定		欧盟已签署的自贸协定	
		范围	条款	范围	条款
气候变化	向低排放和适应性经济转型			✓	✓
EGS	环境产品与服务			✓	✓
制度安排	环境委员会与联络点	✓	✓	✓	✓
磋商机制	环境磋商		✓		✓
	高级代表磋商	✓		✓	
	部长级磋商				
争端解决机制	争端解决	✓	✓	✓	✓

注：本表由作者整理。

（二）TPP 的"环境标准"

为纵向比较并分析 TPP"环境标准"到底有多高，本文从范围、义务和约束水平三个方面将 TPP"环境标准"与现有自贸协定"环境标准"进行对比分析。认为 TPP"环境标准"只是在义务维度进行了增多且具体化，在范围和约束水平维度并未有实质突破和变化，因而尽管 TPP"环境标准"高于目前国际上大多数自贸协定，但并未取得"质"的飞跃。

1. 覆盖范围——涵盖面无变化，细节有所增加

从范围维度看，环境章节一般涵盖定义、目标、一般义务、MEA、公众参与、私营部门、合作框架、实施机制、争端解决等 12 大类。从大类而言，TPP 环境章节覆盖面未扩大，但某些条款更具体更细化。如将 MEA 义务细化为海洋环境保护、生物多样性、臭氧层保护等，将磋商机制细化为三个部分。但经过细致梳理可以发现 TPP 环境章节并非自贸协定环境章节的集合，包括环境影响评价、能力建设等条款在 TPP 中并未涵盖。

2. 承诺义务——义务增加且具体化

该维度的变化主要体现在：一是具化 MEA 义务，定义为环境法律；二是加强具体领域合作，将环境合作落实到具体行动上；三是深化公众参与，对公众参与的具体程序进行了详尽的规定；四是强化评估机制，要求对环境章节的可执行情况进行评估；五是加强了协定内部机制的相互协调，如要求环境委员会与 SPS 委员会进行协调和合作。

3. 约束水平——争端解决机制尚未取得突破

TPP 对于环境争端的解决，除了将传统的磋商机制细化到环境磋商、高级代表磋商、部长级磋商三个级别，还纳入了贸易争端解决机制，希望通过贸易争端解决机制来实现环境义务，并对缔约方起到实质的约束作用，但是将环境争端纳入贸易争端解决机制并非 TPP 独有，通过梳理该种方式在韩美自贸协定中已出现，从这个角度可以说 TPP 环

境章节的争端解决机制尚未取得突破。

二、TPP "环境标准" 对中国环境改善的影响及挑战

（一）中国自贸协定的 "环境标准" 存在的差距

已签署的自由贸易协定中，中国有 2 个自贸协定包含了单独的环境章节，分别是中国-瑞士自由贸易协定和中国-韩国自由贸易协定。单独环境章节内容主要包含了背景和目标、多边环境协定、国内政策执行、环境产品和服务合作、协调机制、争端解决机制、资金和财务安排、环境影响评价等条款。根据已有比较分析框架，从范围、义务和约束水平三个方面分析我国现有自贸协定 "环境标准"，我们认为受义务维度和约束水平维度的短板影响，目前中国自贸协定 "环境标准" 与 TPP 还存在一定的差距。

1. 覆盖范围

中国自贸协定环境章节已经包含了定义、目标、一般义务、与多边环境协定相关的义务、公众参与和透明度、合作、环境产品和服务、制度安排、磋商机制、争端解决 10 个方面的内容。与 TPP 相比，没有包含气候变化、私营部门等方面。

2. 承诺义务

中国自贸协定所涉及的环境义务与 TPP 相比有一定差距，主要体现在以下几个方面：一是中国自贸协定环境章节义务原则性规定较多，如中国已签署的中瑞、中韩自贸协定除合作和环评等内容外，多数义务为原则性规定。二是中国环境合作的范围较窄，且缺乏相应的实施保障机制，如 TPP 对环境合作的实施要求定期通过联络点进行审查，并将审查结论和相关建议向环境委员会和联络点进行汇报，从而使环境合作能够得到有效执行，而中国目前自贸协定中未能明确建立相关的环境合作实施保障机制。

3. 约束水平

中国自贸协定环境章节争端解决机制相对较 "软"，约束性较低。TPP 环境章节除了磋商机制，还将环境争端纳入贸易争端解决机制之下，建立了较 "硬" 的环境争端解决机制，而中国目前签署的自贸协定环境章节仅将争端解决停留在磋商层面，对于争端的解决约束性低。

（二）TPP "环境标准" 对我国的有利影响分析

1. 在政治上有利于树立良好国际形象

一些国际重要发达成员国，如美国、日本等均是 TPP 的成员方，同时，TPP 在环境

方面也一直在倡导"高质量高标准"。参考 TPP"环境标准"设置我国的自贸协定"环境标准"有利于我国在政治上树立良好的国际形象,对民众而言也可减少其对贸易产生环境压力的担忧。

2．在经济上有利于扩大我国环境产品和服务贸易

TPP 的 12 个成员占据全球贸易份额的 40%左右,有着众多的人口和广阔的市场空间,环境章节设立环境产品和服务贸易条款,将有助于推动 TPP 成员间环境产品和服务的贸易自由化,从而产生较大的经济影响。对我国而言,将扩大我国的环境产品和服务贸易市场,扩大出口,因而经贸方面也是积极影响。

3．在环境上有利于改善环境质量

根据相关研究测算,我国外贸出口中的隐含二氧化硫排放占二氧化硫排放总量的 $1/4\sim1/3$,在自贸协定中设置环境章节是平衡贸易与环境利益的重要手段。TPP 的宗旨之一是促进贸易与环境协调发展。其条款无论是目的、公众参与、加强政策实施、环境合作还是约束性程序都是为了保障和促进环境质量改善和生态保护,因此也是有利影响。

(三) TPP"环境标准"对我国产生的短期挑战

1．对生物遗传资源获取及惠益分享产生影响

TPP 环境章节中涉及多个多边环境协定的内容,如臭氧层保护、濒危野生动植物贸易等。目前我国在生物多样性领域的生物遗传资源获取与惠益分享机制方面尚未完全建立起遗传资源的信息库和知识产权保护体系,相关立法工作仍在进行中。

2．在透明度与公众参与机制面临体制和实践上的挑战

结合 TPP 环境章节"程序事项""公众参与机会"及"公众意见"三个条款来看,TPP 环境条款要求建立新的公众参与机构,且改一事一议的特定对象救济为普遍性关切与不特定性回应,这就全面提升了对公众参与制度在深度与广度上的要求,对中国目前的公众参与体制与实践构成挑战。

3．在争端解决机制方面将对我国的行政管理秩序与司法秩序产生挑战

TPP 环境章节争端解决机制采用环境磋商、高级代表磋商、部长级磋商以及适用贸易争端解决机制四种方式,尽管实施磋商时 TPP 比我国已签署的自贸协定多出了高级代表磋商、部长级磋商两个机制,由于磋商机制属于"软约束",对我现行管理机制并不会带来太大的压力,但是单从条文上看,将环境章节纳入居民(特别是跨国公司)与东道国争端解决机制将挑战东道国的行政管理秩序与司法秩序。

三、中国对 TPP"环境标准"的可接受程度分析

（一）TPP"环境标准"符合中国的政策和环境利益

1. TPP"环境标准"与中国政策方向一致

中国重视自贸协定中环境议题设置，《中共中央关于全面深化改革若干重大问题的决定》提出"加快自由贸易区建设。……加快环境保护、投资保护、政府采购、电子商务等新议题谈判，形成面向全球的高标准自由贸易区网络"。也就是说，环境议题将是中国构建面向全球的高标准自贸区网络的重要组成部分，是落实生态文明建设与经济建设、政治建设、文化建设、社会建设"五位一体"总体布局的具体体现。

2. TPP"环境标准"与中国环境利益一致

TPP 环境章节的目的是：促进贸易和环境政策的相互支持；推动高水平的环境保护和环境法律的有效执行；加强各方通过包括合作在内的方式处理贸易相关环境问题的能力。同时，强调公众参与环境保护、强调加强国际环境合作和国际公约履行、强调环境法律的有效实施。事实上，这些都会有助于加强环境治理的，也与中国的环境保护目标及环境利益一致。

3. TPP 的高"环境标准"很难构成现实威胁

TPP 的高"环境标准"事实上是"纸老虎"。尽管 TPP 中环境章节未被排除在 28 章"争端解决"之外，且 28 章"争端解决"中涉及贸易制裁和赔偿，然而环境章节并不像货物或服务贸易，很多条款无法定损，难怪大多数评论认为 TPP 在环境方面虚有其表，缺乏可实施性。详见表 2。

表 2　TPP 环境义务矩阵

约束性	量化性	具体义务
有约束	可量化	不得在另一方领土内环境执法
		公众参与及书面提交（包括各具体条款项下的公众参与）
		透明度要求（包括各具体条款项下的透明度要求）
		环境合作（包括各具体条款项下的合作）
		程序性事务（即确保环境损害的司法、半司法和行政救济）
		增强环境绩效的自愿机制
		环境委员会应与 SPS 委员会协调寻求外来物种入侵领域的合作机会
		不得使用列出的渔业补贴措施

约束性	量化性	具体义务
有约束	可量化	应在委员会例会上评议"海洋捕捞渔业"第 5 条的规定
		应在规定时间向其余方知会规定时间内的补贴措施
		应采取措施打击和合作阻止野生动植物非法贸易,这些措施应包括:制裁、惩罚或其他有效措施
		委员会应考虑识别出的问题,各方应解决潜在壁垒,包括与本协定下其他委员会的合作
		协定生效 90 天内应指派一个联络点,有相关变化时应及时通知其他方
		环境委员会构成、功能及相关程序性规定
		磋商机制
		争端解决
		……
	不可量化	建立较高的环境水平
		不得贬损环境法律、法规、政策,以及由此来鼓励贸易和投资
		应采取措施控制破坏臭氧层物质的生产、消费和买卖
		应采取措施防止船舶对海洋环境的污染
		各方应鼓励企业自愿将与环境相关的 CSR 原则纳入政策和实践中
		应提升和鼓励与各自法律和政策相符的方式保护和持续利用生物多样性
		应寻求使用一种管理海洋野生动物捕捞的渔业管理系统
		应通过有效实施保护和管理提升对鲨鱼、海龟和海鸟的长期保护
		一方实施限制 IUU 鱼产品贸易措施时,应提供其他成员评论的机会
		各方应采取、维持和实施相应的法律、法规和其他措施满足在 CITES 下的义务
		承诺提升保护并打击非法获取和贸易野生动植物
		……
非约束	可量化	认识到不当管理和补贴将导致过度捕捞,也认识到需要单独和集体努力解决过度捕捞问题
		应尽力避免引入新的或增强现有的补贴
		……
	不可量化	环境目标
		环境与贸易政策的相互支持
		认识到 MEA 的重要性,以及加强 MEA 谈判和实施时的对话
		认识到方便获取基因资源的重要性,也认识到一些成员要求事先知情同意和建立双边条款
		各方申明打击非法野生动植物资源获取和贸易的重要性,认识到这种贸易的破坏后果
		认识到有权实施对野生动植物贸易管理、调查和自由裁量……可以决定资源的分配
		认识到环境和服务贸易、投资在环境和经济领域的重要性
		进一步认识到本协定在提升 EGS 投资、贸易方面的重要性
		……

（二）中国需要做好对 TPP "环境标准" 的战略应对

尽管中国目前自贸协定的"环境水平"与 TPP 尚有一定的差距，但是 TPP 仍是未来自贸协定发展的一个方向，并将通过"溢出效应"对贸易规则的制定产生重大的影响。考虑到中国目前已处于贸易出口世界第一、对外投资世界第二的地位，而且，TPP "环境标准"设置符合中国的政策方向及环境利益，建议向 TPP 高"环境标准"看齐。并做好战略应对：

第一，尽快对 TPP 环境章节开展全面的评估。一是客观、系统、全面评估 TPP 的环境影响；二是系统分析 TPP 环境章节可能带来的规则效应和环境效应；三是评估 TPP 对环保产业"走出去"的影响。

第二，尽快完善国内相关立法。一是尽快启动生物遗传资源获取及惠益方面的立法程序；二是在修订《对外贸易法》时加入贸易、投资谈判的环境目标。

第三，逐步完善公众参与环境保护的机制。借助中韩自贸协定的实施，逐步尝试将"一事一议"的特定对象救济转变为"普遍性关切与不特定性回应"机制，加大公众参与环境保护的力度，积累相关经验。

将环境融入综合决策

——看中韩自贸协定中环境章节的新突破[①]

李丽平　张　彬

2015 年 6 月 1 日，中韩两国签署《中华人民共和国政府和大韩民国政府自由贸易协定》（以下简称《协定》）。至此，历时两年半十多轮的中韩自贸区谈判终于落下了帷幕。环境作为单独章节与货物、服务、投资等并列成为中韩自贸协定的重要内容。环境章节中环境影响评价等条款的首次设立是我国环境保护融入综合决策的具体实践，对促进相关环境保护工作具有极其重要的示范意义和价值。

一、《协定》中环境章节及环境议题概况

中韩自贸协定文本共有 23 个章节（包括序言），环境是其中第 16 章（名称为"环境与贸易"）。除此之外，全部协定文本中有序言以及另外 7 个章节涉及环境内容，具体包括动植物卫生检疫措施、技术性贸易壁垒、投资、经济合作、制度条款、例外等。事实上，中韩自贸协定涵盖了 WTO 以及自由贸易框架下几乎所有的环境相关议题，如环境例外、相关环境规制以及环境合作等内容。这也是中韩自贸协定突出亮点之一。

中韩自贸协定设置的单独环境章节，内容较丰富，首次涉及环境保护水平、环境法律法规的执行以及环境影响评价等内容，较好平衡和协调了环境与贸易政策。环境章节共有 9 个条款，主要涉及环境保护水平、多边环境公约、环境法律法规的执行、环境影响评价、双边合作、资金安排及争端解决等多项内容。

相比中国签署的其他贸易协定，中韩自贸协定环境与贸易章节篇幅大量增加，涵盖了较为广泛的内容，除公众参与条款外，几乎囊括了目前自由贸易协定中环境章节涉及

[①] 原文刊登于《中国环境报》2015 年 7 月 16 日。

的所有议题。这表明中韩自贸协定中的环境章节达到了较高水平。

与中国第一个纳入独立环境章节的中国-瑞士自贸协定相比，中韩自贸协定环境章节也有重大突破，不但内容更丰富，而且新增了环境保护水平、环境法律法规的执行以及环境影响评价等条款和内容。在文本中明确表述对自由贸易协定实施环境影响评价，对自由贸易协定的环境影响进行评估，这在中国尚属首次。

二、设置环境章节及相关条款的意义

中韩自贸协定环境章节的设立以及环境相关条款的规定对落实《中共中央关于全面深化改革若干重大问题的决定》（以下简称《决定》）要求以及对推动可持续发展和相关环境保护工作都具有重要意义。

一是中韩自贸协定设立独立环境章节是落实《决定》的具体体现，具有重要的示范意义。十八届三中全会通过的《决定》明确提出，"加快自由贸易区建设……加快环境保护、投资保护、政府采购、电子商务等新议题谈判，形成面向全球的高标准自由贸易区网络"。自由贸易协定中的环境议题特别是环境章节设立被认为是"21世纪新议题"和高标准自由贸易协定的标准之一。中韩自贸协定环境章节的设立是《决定》发布后的第一次尝试，也是对《决定》关于"加快环境保护新议题谈判"以及"形成面向全球高标准自由贸易区网络"等要求的具体落实。因而中韩自贸协定中设置环境章节，并涵盖丰富的内容是落实《决定》中内容的具体体现，并将对未来的自由贸易协定谈判及环境议题设置具有重要的示范意义。

二是环境影响评价条款的设立是环境融入综合决策的重要实践。中韩自贸协定是中国首次在贸易协定中设立环境影响评价条款。此举是以贸易政策为突破口，促进环境与经济真正融合，将环境政策与经济政策一体化的最佳实践。在没有国内法律授权进行环境影响评价的背景下，在自由贸易协定这种国际协定或国际法律文本中开展环境影响评价工作，这是政策环评的重大尝试和突破，对于未来推动国内政策环评及相关立法等具有重要指导意义。

三是建立了相应的资金机制，有助于中韩自贸协定环境章节的实施和落地。一般而言，建立资金机制、提供稳定可靠的资金来源是环境章节相关活动得以顺利实施必不可少的条件。各项活动的开展，环境法律、法规的有效实施，环境影响评价以及环境合作的开展都需要充足的资金作为保障，在中韩自贸协定环境章节下设立单独资金机制，将有助于今后中韩自贸协定环境章节的实施和落地。

四是中韩自贸协定环境章节涵盖了广泛环境合作内容，是中韩双边环境合作的重要补充。环境章节文本中列出了广泛的环境合作内容，包括环境产品、环境技术、信息技术交流等，同时还申明加强在《中韩环境合作谅解备忘录》下进行"纯粹"的环境合作。

根据这些内容，合作领域进一步被拓宽，不仅有助于深化两国环境与贸易投资领域的交流与合作，而且对于双边"纯粹"的环境合作具有良好的补充效应和促进作用；合作主体更加广泛，无论对于政府间合作还是企业民间合作都会提供更多机会；合作形式更加丰富和多样，不仅包括技术合作，也包括人员交流与合作。

三、进一步深化环境融入综合决策

中韩自贸协定及其环境章节谈判已经结束，在更加开放的背景下，中国将与越来越多的国家和地区签署自贸协定，形成高质量的自贸区网络，而且会引领重要区域自贸区建设，如中国在 2014 年 APEC 会上提出和倡导的亚太自由贸易区战略。中韩自贸协定环境章节将为未来自贸协定环境议题设置提供重要经验，是环境融入综合决策的重要实践，具有重要示范意义。

未来，自由贸易协定环境条款将向趋多、趋专、趋严综合发展。具体特征表现在：自由贸易协定参与主体范围及环境条款数量将进一步大幅增加；环境条款的性质由原则性表述走向更具体或是约束性义务；将自由贸易协定的环境影响作为关注的目标之一；推动环境技术标准的统一，重申多边环境协定（MEAs）中的义务，加强环境合作等。

为进一步深化环境融入综合决策，设定自由贸易协定环境条款，中国急需进行自由贸易协定环境条款的顶层设计和制度安排。具体建议如下：

一是具体路径上建立中国自由贸易协定环境章节示范文本。从环境融入综合决策的实践和意义出发，环境章节示范文本的内容或要素建议包括：明确环境法定义及适用范围；申明环境保护水平，不会因为鼓励贸易和投资而降低环境保护水平；环境法律、法规以及措施等的有效实施，承诺不会因为贸易而贬损各自国内的环境法律等；强调环境与贸易合作；将争端解决机制限制在磋商层面；强调资金机制，明确资金来源和财务安排；明确环境影响评价，对自由贸易协定环境影响进行定期或不定期评价；明确实施机构及制度安排。

二是重视中韩自贸协定环境章节的实施，特别是环境影响评价条款的实施。对贸易政策和国际贸易协定开展环境影响评价是环境融入综合决策的重要手段。开展自贸协定环境议题谈判不能只谈判不落实，应谈判和实施同步，真正发挥条款的作用，实现预期目的。落实中韩自贸协定的核心是建立贸易政策的环境影响评价机制，开展自贸协定的环境影响评价。

开展贸易政策和贸易协定的环境影响评价是避免环境风险的重要前提和保障。首先，制定自由贸易协定环境影响评价导则；其次，开展自由贸易协定可行性研究，为谈判条款设定提出建议；最后，开展已实施自由贸易协定环境影响评价，为自由贸易协定评估提出意见。只有这样，才能真正使环境融入综合决策。

三是加强自贸协定环境议题谈判的组织领导以及保障机制建设。环境与贸易谈判涉及环境政策、环保产业、环境标准、争端解决、信息公开、生物多样性等多项内容。这些内容将在很大程度上影响国内政策实施。

为此，必须加强组织领导和保障机制建设；建立和加强环境与贸易人才培养和合作机制，加紧培养一支精环境、会外语、懂贸易的复合型、稳定的人才队伍，建立政府官员、学者和企业代表等共同参与的合作机制；同时，加强自贸协定环境议题的基础研究和政策研究，包括可行性分析、影响研究等。

方法篇

贸易政策环境影响评价方法论初探[①]

吴玉萍　胡　涛　毛显强　宋　鹏

理论与实践表明，贸易自由化政策将促进一个国家或地区的经济发展和经济结构变化，而经济发展和结构变化将对环境产生一定的正面或负面影响。如果国家或地区在实施贸易自由化政策之前或实施初期对相应的贸易政策可能带来的环境问题和其他社会问题进行预先的影响评价，将有助于决策者做出科学决策，以利于最大程度地减少其负面影响和扩大其正面影响，这种影响评价被称为贸易自由化政策环境影响评价（EIA），简称为贸易政策环境影响评价。随着世界经济全球化和区域经济一体化形势的发展，贸易政策环境影响评价已成为国内外学术界和国际组织以及各国政府都高度关注的焦点问题。

一、贸易政策环境影响研究国内实践及政策需求态势

近几年由于 WTO 多哈谈判艰缓而遥遥无期，而越来越多的国家开始热衷于建立以自由贸易区协议（Free Trade Agreement，FTA，以下简称自贸区）为基础的双边或区域性自由贸易区。FTA 是在两个或两个以上的国家或行政上独立的地区经济体之间达成的一种区域贸易协议，加入协议的成员方相互取消所有或大部分商品的贸易壁垒（如关税、配额与优先级别），但对非成员方仍保留原有的贸易保护措施。

随着我国对外开放的不断发展，尤其加入 WTO 以来，我国对外经济贸易合作取得了举世瞩目的发展，尤其近几年我国在参与区域经济合作方面取得了阶段性进展。

2007 年十七大报告第一次明确提出"实施自由贸易区战略，加强双边多边经贸合作"；2009 年，温家宝总理在"两会"政府工作报告中提出："继续推进自由贸易区谈判，认真实施已签署的协定。"迄今为止，我国已经与31 个国家和地区签署了 8 个自贸区协

---

① 原文刊登于《环境与可持续发展》2011 年第 3 期。

议，而更多的自贸区协议正在紧锣密鼓的谈判过程中，如中国—东盟、中国—新西兰、中国—智利等。中日韩三国政府首脑已经确定从2012年起，正式启动中日韩自贸区。

总体上看，我国除了积极参与亚太经合组织、亚欧会议、上海合作组织、大湄公河次区域开发机制等区域经济组织的贸易投资便利化和经济技术合作进程，还大力推进并参与区域经济合作特别是双边FTA进程。

因为贸易自由化政策对环境有着正面或负面影响，所以我国参与的各区域经济贸易合作在推进我国经济贸易发展的同时，也将给我国环境带来重大影响。如果对重大的贸易政策进行环境影响评价，在贸易政策中纳入国家环境安全和可持续发展原则，就能够扩大正面影响、减少负面影响，并利用贸易手段保护我国环境安全，促进我国可持续发展战略有效实施。

我国在不同时期曾制定了许多有关对外贸易的政策法规，并在发展对外经济贸易方面取得了令人瞩目的成就。但由于条件限制，在一些贸易政策法规的制定过程中缺乏对环境和可持续发展的综合考虑，贸易和环境的政策法规之间缺乏必要的协调。在当前国际贸易带有强烈环境保护色彩和我国对外贸易正在走向集约化发展的大背景下，为协调对外贸易与环境保护的关系，以求得经济效益、社会效益和环境效益的相互统一和共同提高，开展我国外贸政策法规环境影响分析和评价是十分必要的。在国家、行业、企业、产品等不同层次上，中国以往较少进行相关贸易政策的环境影响综合评价，即使有一些环境影响评价也是多偏重于定性分析，缺少定量和综合的分析，因此，我国部分贸易政策的制定和实施往往由于缺乏可靠的科学依据而出现决策错误。

随着我国加入WTO后社会经济高速发展和环境保护的日益深化，我国一些部门相继初步开展了贸易自由化政策对中国经济、社会和环境影响的研究，并为国家政府相关部门提出了有益的政策建议。例如，1996年中国加入WTO的环境影响评价；2000年贸易自由化政策的中国环境影响初步综合分析；2003年针对六大行业开展了中国加入WTO的环境影响评价研究。

值得一提的是，早在2006年环保部环境与贸易专家组在跟踪WTO及其他国际谈判和总结分析贸易政策环境影响综合评价国际经验基础上，开发研究贸易政策环境影响综合评价方法，并进一步针对我国加入的主要自由贸易区或协定开展环境影响评价案例研究，研究编制我国贸易协定环境影响综合评价技术导则，为我国进一步开展贸易政策环境影响综合评价提供政策建议（2006年《贸易政策环境影响评价方法论与案例研究》）。

专家组设计的研究框架，主要包括以下三个领域的9个议题：

第一个领域：贸易政策环境影响评价方法论研究：①贸易政策环境影响评价方法论初步研究；②贸易政策环境影响评价国际经验；③我国贸易政策环境影响评价导则

（草案）。

第二个领域：贸易政策环境影响评价区域案例研究：①中国—东盟自贸区环境影响研究；②上海合作组织经济贸易合作环境影响研究；③中国—新西兰自贸区环境影响初步研究；④中日韩自由贸易协定环境影响研究。

第三个领域：贸易政策环境影响评价专题研究：①环境服务贸易自由化环境影响分析；②环境货物贸易自由化环境影响分析。

贸易自由化政策环境影响综合评价应属于政策环境影响评价范畴，虽然我国于2003年9月1日已经实施了《环境影响评价法》，但其中环境影响评价内容主要局限在建设项目上，并没有把政策环境影响评价纳入环境影响评价的范围，更没有针对贸易政策进行环境影响评价的强制性要求；但随着我国区域经济合作的发展，贸易政策环境影响评价的重要性日益提高，目前已引起国内学术界和有关部门决策者的高度重视。

因此，我国应该加强贸易政策环境影响评价理论与实践研究，紧密跟踪并积极介入和参与国际贸易谈判，在总结分析贸易政策环境影响综合评价国际经验基础上，对我国加入的主要自由贸易区或协定开展环境影响评价案例研究，积极为我国实施贸易政策环境影响综合评价提供政策建议，并为我国在贸易协定谈判中处理贸易与环境问题提供对案，体现国家环保部门在参与我国经济发展综合决策和国际贸易谈判中的重要作用。

二、贸易政策环境影响评价国际发展态势

随着全球经济贸易一体化的日趋加强，区域经济贸易合作迅猛发展。自1956年欧洲经济共同体成立以来，以欧洲自由贸易联盟、北美自由贸易区和亚太经合组织为标志的多边自由贸易协定特别是双边自由贸易协定在全球迅速发展。据WTO曾经统计数据，到2003年5月，通知WTO/GATT的区域贸易协定已经超过265个；到2005年生效的区域贸易协定已达到300多个。

1995年《马拉喀什建立世界贸易组织协定》（以下简称《马拉喀什协定》）在WTO自由贸易基本原则下首次提出将可持续发展作为WTO目标之一。WTO《多哈会议部长宣言》指出："我们强烈重申我们对于《马拉喀什协定》前言所阐述的可持续发展目标的承诺。……我们注意到各成员在自愿的基础上进行的本国贸易政策环境评估方面做出的努力。"多哈会议后的WTO新一轮多边贸易谈判，首次把贸易与环境问题列为谈判内容。同时，《多哈会议部长宣言》第三十三条也提及环境审查（environmental reviews）问题，其实质内容就是贸易自由化政策的环境影响综合评价。

2002年《约翰内斯堡可持续发展实施计划》指出："鼓励自愿采用环境影响评价作

为国家层次上的一种重要工具，更好地识别贸易、环境和发展的相互关联。"

随着全球贸易自由化影响的日益扩大以及全球环境保护运动的日益深入渗透到贸易领域，国际社会于 20 世纪 90 年代初开始了贸易政策和贸易协定环境影响综合评价的探索和研究，在理论与方法学上取得了一定进展，一些国家和地区也陆续开展了贸易协定环境影响评价的实践。例如，1990 年欧共体委员会（CEC）的"环境和内部市场——1992年环境范围工作报告"、1992 年加拿大政府的"北美自由贸易协定（NAFTA）——加拿大环境评价"、1993 年美国政府的"NAFTA 环境评价"、1994 年加拿大政府的"乌拉圭回合贸易谈判：加拿大环境评价"、1994 年美国政府的"GATT 乌拉圭回合协定：环境问题报告"、1994 年欧洲委员会（EU）的"综合环境与经济政策的潜在利益：以激励机制为基础的政策综合方法"、1999 年北美环境合作委员会的"北美自由贸易协定环境影响评价最终分析框架"、欧盟委托英国曼彻斯特大学政策制定和管理学院（IDPM）的科林·科克帕特利克（Colin Kirkpatrick）和诺曼·李（Norman Lee）针对 WTO 贸易谈判进行的贸易政策可持续发展影响评价（SIA）方法学研究，以及近几年来 OECD 开展了对发展中国家发展援助项目的战略环境评价（SEA）的方法学研究并起草了 OECD 的SEA 导则。

三、贸易政策环境影响评价内涵与方法

（一）贸易政策环境影响评价内涵

贸易政策环境影响评价，是指对拟定的贸易政策实施后可能造成的环境影响进行分析、预测和评估，提出预防或者减轻负面环境影响和扩大正面环境影响的对策和措施，以及进行跟踪监督的方法与制度。依据贸易政策环境影响评价定义可知，贸易政策环境影响评价内涵包括以下方面：

第一，从贸易活动类型看，贸易政策环境影响评价内容包括一定区域范围内货物贸易、服务贸易、投资、知识产权贸易等贸易活动对国内环境（如水、气、固、土壤、生态系统、噪声、辐射等）、区域环境（如跨界酸雨、国际河流、海洋污染、危险废物的越境转移、濒危物种非法贸易、其他）、全球环境（如温室气体排放、臭氧层破坏物质、可持续性有机物、生物多样性、其他）的有利和不利影响以及减轻负面环境影响和扩大正面环境影响的对策和措施。

第二，从贸易政策对环境的影响类型看，贸易政策环境影响评价内容包括：①贸易活动直接导致的环境影响，即环境货物效应（环境货物贸易直接导致的环境影响）、环

境服务效应（环境服务贸易直接导致的环境影响）、投资效应（直接投资导致的环境影响）、环境强度效应（知识产权贸易直接导致的环境影响）；②贸易活动间接导致的环境影响，即结构效应（通过经济结构的变化导致的环境影响）、规模效应（通过经济总量的变化导致的环境影响）、产品效应（通过特殊个别产品的变化导致的环境影响）、技术效应（通过技术变化导致的环境影响）、法规效应（通过法规变化导致的环境影响）。

（二）贸易政策环境影响评价步骤

针对不同的贸易政策环境影响评价内容，分析评价步骤有所不同，一般包括以下方面（图1）：

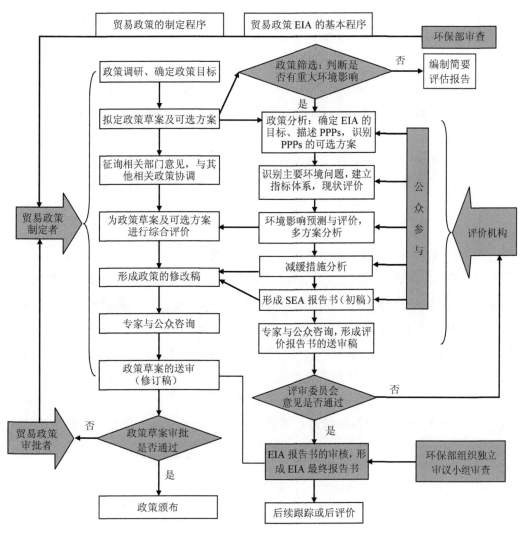

图 1　贸易政策 EIA 概念与程序图

第一步，筛选评价因素：从货物贸易、服务贸易、投资、知识产权贸易等贸易活动类型看，判断哪些贸易活动有重大环境影响，包括全球环境、区域环境、国内环境等影响。

第二步，界定环评大纲：通过描述和识别贸易政策类型，分析确定环境影响评价的目标，并从全球环境、区域环境、本地环境、室内环境等方面，识别贸易政策带来的主要环境问题，以及减轻负面环境影响和扩大正面环境影响的对策和措施，建立贸易政策环境影响评价框架。

第三步，初步影响评价：初步预测与评价贸易政策的环境影响，分析总结减轻负面环境影响和扩大正面环境影响的对策和措施，为进一步确定贸易政策方案提供依据。

第四步，选取替代方案：经过多方案分析，选取替代方案，以进一步扩大并强化所带来的积极影响或者尽量减小不利影响，重点分析提出减缓或扩大环境影响的具体制度与措施。

第五步，形成环境影响评价报告：形成环境影响评价报告书（初稿），并经过专家与公众咨询，形成评价报告书的送审稿，经过评审委员会审核通过后，形成 EIA 最终报告书。

第六步，实施与后评估：跟踪报告书提出的相关减缓环境负面影响或扩大正面环境影响的制度措施的实施情况，开展后评价，落实和实施后续的监督管理。

（三）贸易政策环境影响评价方法

由于贸易政策环境影响评价尽管评价的对象是贸易政策，但从评价方法上说应该类同于其他环境影响评价方法，但由于贸易政策往往具有时间跨度和空间尺度的战略地位，同时贸易政策环境影响评价工作是通过对多种决策方案的环境影响评价进行方案优选，而且贸易政策环境影响评价往往也是针对一个复杂系统的评价，因此从分析思路看，贸易政策环境影响评价的主要方法有行为方案——影响矩阵分析法、情景分析法、指标综合分析法等；从是否定量化角度看，包括定性和定量分析法。

一般来说，为了有效地评价贸易政策的环境影响，科学提出减轻负面环境影响和扩大正面环境影响的对策和措施，需要采取多种评价方法。我们初步研究认为，贸易政策清单——影响矩阵法是目前开展贸易政策环境影响评价简单而基础的评价法（表1）。

表1 贸易政策清单——影响矩阵

贸易类型与评价因素		直接影响矩阵				间接影响矩阵			
贸易类型	评价因素	室内环境	当地环境	区域环境	全球环境	结构效应	规模效应	技术效应	法规效应
货物贸易	出口								
	进口								
服务贸易	出口								
	进口								
投资	对外								
	对华								
知识产权	出口								
	进口								
对策与措施		减缓与扩大影响的效应							
经济手段	环境补贴								
	环境税								
	环境责任保险								
法律法规	规划								
	规定								
体制安排	产权界定								
	赋予权力								
公众意识	宣传教育								
	消费模式								

四、研究结论

综上所述,以上贸易政策环境影响评价理论与实践研究表明:

1. 我国开展贸易政策环境影响理论与实践研究非常及时和必要

贸易自由化政策必将对全球以及区域环境产生影响,已经成为全球共识。国际领域已经于20世纪90年代开展了贸易政策环境影响评价,并取得丰富成果;尽管我国已于 2003 年实施了《环境影响评价法》，但并没有把贸易政策纳入环境影响评价的范围，更没有针对贸易政策进行环境影响评价的强制性要求。我国贸易政策环境影响评价理论与实践研究一直是环境影响评价领域的空白。因此，我国迫切需要在总结分析贸易政策环境影响综合评价国际经验基础上，通过开展我国加入的主要自由贸易区或协定的环境影响评价案例研究，开发研究贸易政策环境影响综合评价方法，研究编制我国贸易协定环境影响综合评价技术导则，为我国实施贸易政策环境影响综合评价提供政策建议。

2．研究编制我国贸易协定环境影响综合评价技术导则是我国目前环境影响评价领域急需解决的重要问题

开展环境影响评价需要以环评技术导则为指导，而我国目前贸易政策环评技术导则是环境影响评价领域的空白，因此，我国应该研究编制我国贸易协定环境影响综合评价技术导则，为我国推进实施贸易政策环境影响评价制度提供技术支持，为我国经济、贸易、环境协调发展以及可持续发展的综合决策提供实践指导。

3．国家环保部门是参与国际贸易谈判不可或缺的重要部门

国家环境保护主管部门应该及时了解国际谈判中关于环境与贸易问题的原则与立场，并在开展贸易政策环境影响评价理论与实践研究基础上，为我国在国际贸易谈判中处理贸易与环境问题提供对案。

4．贸易政策环境影响评价制度是以外促内的重要环境管理手段

贸易政策环境影响评价是以外促内的重要环境管理手段，我国应该借助于贸易政策环境影响评价手段，积极强化、调整、完善我国各种环境制度、标准，使之尽快与国际接轨，加强对境外投资及进口产品的环境审批，从而形成我国自己的绿色贸易保障体系，防止国外污染向我国转移，强化国内环境管理，实现"促进经济贸易发展，确保国家环境安全"以外促内的国际环境合作目标。

五、相关政策建议

本文在以上贸易政策环境影响综合评价理论与实践研究基础上，提出以下政策建议：

第一，深入开展贸易政策环境影响评价理论与实践研究，为我国进一步实施贸易政策环境影响评价措施提供政策依据。

第二，尽快研究编制我国自贸区环境影响评价技术导则，为推进政策环境影响评价提供技术准备，为修改《环境影响评价法》和政策环评做好技术储备。

第三，积极跟踪与参与国际贸易谈判，借助于区域经济贸易合作环境部长级会议机制，进一步推进我国与各成员国之间经济贸易与环境保护领域的国际合作，为我国国际谈判中处理贸易与环境问题提供对案，为相关部门应对谈判中环境与贸易问题提出政策建议。

第四，应该在区域经济贸易合作中积极介入谈判，了解国际谈判中各成员方的立场，积极强化、调整、完善我国各种环境制度、标准，使之尽快与国际接轨，加强对华与我国对外投资及进口产品的环境管理，从而形成我国自己的绿色贸易保障体系，防止国外污染向我国转移，维护我国国际环境形象。

环境与贸易平衡计算方法论[①]

陈 刚 胡 涛 国冬梅

在实施可持续发展的过程中，环境与贸易问题既是公众与科研关注的热点问题，也是近年来国际社会关注的焦点问题之一。作为 WTO 成员方，我国有义务积极推动环境与贸易的相关谈判，并依托良好的外部环境，推进贸易领域的可持续发展。

统计表明，1994 年以来我国贸易收支形成了 10 多年持续在高位的增长性顺差，呈现出单边、持续和大规模（年均 100 亿美元以上）的特点。2006 年，我国外贸总额达到 1.76 万亿美元，同比增长 24%，进出口总额、出口额和进口额均居世界第三位。贸易顺差的增长，并未改变贸易结构不合理的格局，却增加了我国资源、环境的耗费。为提高贸易平衡的质量，使贸易增长与环境保护"同步""并重"。为定量研究贸易中的环境要素，为今后谈判提供定量化的技术支持平台，本文借鉴贸易平衡计算的基本方法，重点研究环境与贸易平衡的计算方法。

一、环境与贸易平衡计算方法

根据已有研究的应用范围，本文将环境与贸易平衡计算方法分为四类：污染密集度、能值、物质流和虚拟水计算方法。这些方法的计量单位有别于贸易中通用的货币价值，而以实际或虚拟的物理单位为主。

（一）污染密集度计算方法

污染密集度，又称为污染强度。里昂惕夫在使用投入产出模型研究大气污染问题时，最早提出了污染产出系数的概念，用以"描述每一产业部门每百万美元产值排放的特定污染物的千吨数"。里昂惕夫按 1963 年价格计算了美国 90 类产业每百万美元产出排放

[①] 原文刊登于《环境与可持续发展》2008 年第 3 期。

到大气中的污染物千吨数，包括颗粒物、氧化硫、碳氢化合物、一氧化碳和氮氧化物 5 种污染物。

Hettige 等（1992）依据里昂惕夫的思路，提出了污染密集度（toxic intensity）的概念，计算单位产出总的污染排放。论文研究了 80 个国家 1960—1988 年制造业的污染密集度，全面分析了环境与贸易的关系问题。这一方法也得到了广泛应用，世界银行就此指标建立了 NIPR 数据库系统（www.worldbank.org/nipr）。

Joseph（2002）首次将污染密集度计算方法应用于中国的制造行业，根据《中国环境年鉴》提供的数据，分析计算了 1993 年制造品的污染密集度，即每百万元产品产生的废水、废气、废渣以及排污总量，并与美国做比较。余北迪（2005）在此基础上更新了 2000—2002 年我国工业出口商品的污染密集度，并与 1992—1994 年的污染密集度进行比较。

污染密集度的另一个重要应用是为高污染产业划分提供了量化依据。在计算污染密集度指标后，可以应用投入产出方法或以计算一般均衡模型对环境与贸易之间的规模效应、技术效应和结构效应进行研究，或者利用投入产出法分析能耗和环境负荷的变化情况。按照此方法，计算环境与贸易平衡（environment and trade balance，ETB）的公式为：

$$ETB_i = IMP - EXP = \sum_l \sum_k IM_{kl} \times PI_{kl} - \sum_j EX_{ij} \times PI_{ij}$$

式中，IMP —— 进口商品的污染物质量；

EXP —— 出口商品的污染物质量；

i —— 对象国；

IM —— 商品的进口金额；

EX —— 商品的出口金额；

PI —— 商品的污染密集度；

k —— 将商品出口到 i 国的国家；

l —— 商品的类别；

j —— 出口商品的类别。

计算结果为正，表示 ETB 存在正平衡，反之存在负平衡。从理论上讲，只要获得一国进出口商品的污染密集度，乘以同类商品的贸易数量，即可获得环境与贸易平衡的数量。但由于进口涉及多个国家，各国污染密集度难以准确获得，受数据制约，目前污染密集度方法主要用于研究一国的出口问题。

（二）能值分析计算方法

能值（energy，embodied energy）概念由生态学家 H.T Odum 于 1981 年提出，指流动或贮存的能量中所包含的另一种类别能量的数值。作为生态系统分析的重要工具，能值分析在我国得到了广泛应用。在利用能值分析 ETB 时，最重要的是得到某种商品的能值转换率 t。在统计可更新与不可更新资源的能值，太阳能、风能、雨水化学能、雨水势能、波浪能、地球循环能，以及采石、表土损失都可以参考 Odum（1996）的著作。在 t 已知的情况下，计算环境与贸易平衡的计算公式为：

$$ETB_i = IMM - EXM = \sum_l \sum_k IM_{kl} \times t_{kl} - \sum_j EX_{ij} \times t_{ij}$$

式中，IMM —— 进口商品的能值；

　　　EXM —— 出口商品的能值；

　　　t —— 能值转换率；

　　　其他同上。

李金平等（2006）对澳门的进出口能值进行分析，并对能值转换率提供了一个较为详细的列表。计算结果表明，澳门 2003 年进口物质按重量计算 98.4% 来自内地，而出口产品按重量只有 27.9% 返销内地。进出口贸易对澳门物质的净输入高达 5.89×10^{10} kg，ETB 为正的 8.4×10^{21} sej（太阳能焦耳），这股庞大的负熵流是维持澳门城市发展的主要动力。

（三）物质流分析方法

物质流分析是在工业代谢理论和社会代谢理论的基础上提出的，是对某个区域的物质出入量进行分析的一种方法。它的基本思想是：人类活动所产生的环境影响在很大程度上取决于进入经济系统的自然资源和物质的数量与质量，以及从经济系统排入环境的资源和废弃物质的数量与质量（陈效逑等，2000）。

Eurostat 于 2001 年发表了国民经济范围中物质流账户和计算指标的方法导则，奥地利、丹麦、德国、芬兰、意大利、日本、荷兰、瑞典、美国和英国都建有国家物质流账户，中国、埃及和捷克也在进行这方面的工作。物质流账户包含 TMR（物质需求总量）、DMI（直接物质输入）和 TDO（国内输出总量）等一系列指标。为研究物质流的贸易问题，定义了 PTB（实物贸易平衡）指标。PTB 等于进口减去出口，也可以定义为包含隐流的进出口差额；其中，隐流（或称为生态包袱）是人类为获得有用物质和生产产品而动用的没有直接进入交易和生产过程的物料。目前只能建立商品的 PTB，在此意义上，PTB 等同于 ETB。

陈效述和乔立佳（2000）主要计算了中国经济环境系统的物质需求总量；徐明和张天柱（2004）计算了我国 1990—2000 年经济系统中化石燃料的物质流分布，根据计算结果，1999 年我国化石燃料的进口流为 6 232.96 万 t，出口流为 6 355.20 万 t，PTB 为负平衡。

当考虑到隐流（生态包袱）时，刘敬智等（2005）指出，计算进口和出口产品的生态包袱首先把进出口商品折算成原料吨当量 RME（raw material equivalent），然后计算原料吨当量的生态包袱。进出口商品的 RME 是指把商品本身的重量折算成相应的原材料投入量。如进出口的汽车的重量需要换算成相应的铁矿石、橡胶、各种金属矿石等汽车生产所需的原料的重量，然后计算这些原料在来源国（开采地）的生态包袱。

各种商品对应的生态包袱系数，国际上主要采用德国的 Wuppertal 能源、环境和气候研究所的结果，国内东北大学对铁矿、铜和铜矿、铝和铝矿的生态包袱系数进行了研究。此外，Eurostat 在"方法导则"的附录 4 中列出计算进口物质量时，包含的商品类型和海关税号，即下标 j 的范围，出口与此类似。

根据定义，利用物质流分析方法，ETB 或 PTB 的计算方式为：

$$\text{ETB}_i = \text{PTB}_i = \sum_l \sum_k \text{IM}_{kl} - \sum_j \text{EX}_{ij}$$

$$或 \text{ETB}_i = \text{PTB}_i = \sum_l \sum_k (\text{IM}_{kl} + \text{IF}_{kl}) - \sum_j (\text{EX}_{ij} + \text{IF}_{ij})$$

式中，IF —— 隐流或生态包袱，可以通过商品物质量乘以生态包袱系数获得，下标同前。

（四）虚拟水计算方法

虚拟水概念，最早源自 Fishelson 在 1994 年研究以色列农业时使用的"内含水"（embedded water）概念。

研究指出，如果以色列出口水资源密集型的农作物，这些农作物内含水的出口将是不可持续的。英国学者 Tony Allan（1994）首次提出了虚拟水概念，并将其定义为生产农产品所需要的水资源量。虚拟水可以从生产或从消费两个角度进行定义，从生产角度来看，虚拟水就是生产该种商品使用的真实水量，受生产条件，如生产的时间、地点和当地用水效率制约；从消费角度来看，虚拟水受使用商品的地域制约，即生产该商品需要的水量。

Chapagain 和 Hoekstra（2003）的研究表明，全球国际贸易的虚拟水含量为每年 1 031 Gm^3，农作物贸易占 685 Gm^3，动物及动物制品贸易中含有 336 Gm^3。虚拟水最大的净出口国为：美国、澳大利亚、加拿大、阿根廷和泰国；最大的净进口国为：日本、斯里兰卡、意大利、朝鲜和荷兰。据估算全球农作物利用总水量约为 54 000×10^8 m^3，这意味着 13% 的农业用水不是用于国内消耗而是以虚拟水的形式出口。

为计算贸易中的虚拟水平衡，需要计算贸易中各产品的虚拟水含量，主要是针对粮食作物和动物产品计算。其中，粮食作物国际贸易的虚拟水计算方法，使用 FAO 的 CROPWAT 模型计算，模型所需气候数据可使用 FAO 的 CLIMWAT 数据库，参考作物蒸散使用 Penman-Monteith 公式计算。动物产品的虚拟水含量使用生产树法计算。

若已知贸易商品的虚拟水含量 VW 时，EBT 的计算公式如下：

$$ETB_i = IMV - EXV = \sum_l \sum_k IM_{kl} \times VW_{kl} - \sum_j EX_{ij} \times VW_{ij}$$

式中，IMV —— 进口商品的虚拟水含量；

EXV —— 出口商品的虚拟水含量；

其他同前。

此外，考虑到其他工业产品和服务对水资源消费，Guan（2006）扩展了虚拟水的概念，使用虚拟洁净水和虚拟废水覆盖所有类型的商品（农产品、工业产品和服务），对华北、华南等地区的区域虚拟水贸易和流动进行研究。结果表明，华北地区虚拟洁净水呈负平衡，而广东省的虚拟洁净水呈正平衡，虚拟废水的平衡状况与此相似。

与虚拟水的概念类似，可使用内涵能源的方法计算贸易中的能源含量。国合会课题组的初步研究表明，中国 2006 年在净出口的产品中，相当于出口了 6.68 亿 t 标煤，占当年中国一次能源消费量的 27.6%；中国"十五"期间每年因对外贸易造成的二氧化硫排放量约为 150 万 t。Tyndall 气候变化研究中心的研究结果显示，2004 年中国净出口量产品生产所排放的二氧化碳占排放总量的 23%，相当于日本二氧化碳排放总量。

二、基本结论

综合比较四种方法（表1），可以看出，污染密集度计算方法的优点体现在数据来源和模型扩展上：数据主要靠统计获得，按照部门、产业分类，比较系统全面，便于在投入产出模型或 CGE 模型中应用。计算的核心指标污染密集度，对已有统计数据进行再处理，计算简便、数据基础良好。缺点是计算中将污染物简单加总，不利于单项的波动分析，在国家层面使用较多，未形成全球贸易统计的数据平台，扩展性较差。

表 1　四种分析方法比较

方法分类	污染密集度	能值	物质流	虚拟水
数据来源	+++++	++	++++	++++
模型计算	++++	+++	++++	++
模型扩展	++++	+++	++	+++
误差分析	++++	++	+++	++++
使用范围	+++++	++	++++	++++

注：表中用"+"表示方法可行性的高低，越多则越高。

能值分析计算方法从生态系统角度，利用抽象的能量计量单位对贸易中的能量平衡作为判断，并应用在旅游等服务领域，扩展成可持续发展指标。但作为转换的关键，能值转化率存在时间、空间上的差异性，如果逐一对号入座则程序繁琐、工作量大，如果采取有限的资料，将造成计算结果误差较大。此外，对生态系统能量流、信息流、物质流等方面的认知程度，将制约其分析的深度和范围。

物质流分析计算方法的最大优势是方法确定、体系完整，在全球和国家层面应用广泛，有良好的指标体系和数据支持，基本数据依靠统计获得；缺点在于计算需要巨大的数据支撑，长期的数据统计，短期难以实行；当考虑隐流计算时，采纳的生态包袱系数因国家、时间而不同，但现有资料不足以支持所有计算，造成计算结果误差较大。

虚拟水分析计算方法在全球、国家层面应用广泛，并延伸至可持续发展、资源战略等领域，作为目前水资源领域研究相对成熟的计算方法，提供了较为科学、系统的技术支持。但它的缺点体现在数据获得上，与前三者不同，数据主要依靠模型模拟而不是真实统计，数据真实性难以得到保证。且研究对象多集于粮食作物和动物产品，核心指标虚拟水含量的精度较差。

综合本研究的目的，考虑到方法选择为我国"十一五"规划的节能降耗目标服务，建议选择如下两种计算方法开展系统研究：一是污染密集度计算方法，除了上述分析的优点，该方法也能专门针对二氧化硫、COD，按照产业或产品分类计算，相对而言最为符合本研究的实际需求；二是虚拟水分析计算方法，从虚拟的概念可以延伸出虚拟碳等计算方法的思路，可以进一步丰富、扩充污染密集度研究结果的内涵。

综上所述，这四种方法各有利弊，最大的相同点是提供了单一的换算指标，为认识环境与贸易平衡提供了新的视角。方法只是理论探索的铺垫，这些指标体系的建立，更多是为环境经济学，特别是为环境与贸易问题的理论探讨打下基础。今后将在本分析的基础上，进一步加深方法论的应用框架和理论探讨。

贸易顺差背后的环资逆差[①]

胡　涛　吴玉萍　沈晓悦　李丽平　俞　海　毛显强

一、外贸顺差，资源环境逆差

我国对外贸易飞速发展，取得了重大成就，成为拉动我国国民经济发展的三大引擎之一。自改革开放以来，尤其是 2001 年我国加入 WTO 之后，我国对外贸易以平均每年 20%～30%的速度增长，成为全球对外贸易增长最快的国家。目前我国每年对外贸易顺差超千亿美元，外汇储备达到万亿美元，成为世界上最大的外汇储备国。同时，在华外商直接投资发展迅速，2003 年已超过 500 亿美元，2006 年超过 600 亿美元，中国成为世界第一引资大国。

然而，我国目前的贸易增长方式在拉动经济增长的同时也对资源环境带来了巨大压力。面对对外贸易发展的巨大成就和国内经济发展的资源环境约束，我国政府应该高度关注我国目前贸易增长的资源环境代价，探讨贸易增长方式的可持续性。

贸易不仅是货物或服务的价值交换过程，而且是载体，既承载着一定的经济价值，又承载着一定的资源消耗与环境污染。无论是货物还是服务类的产品，在其生产与消费过程中都会消耗资源、排放污染，因此对外贸易的进出口产品中都隐含着生产与消费过程中所产生的一定量的资源消耗与污染排放，进而会对本地区的资源环境状况有所影响。这些进出口产品对本地资源环境状况的影响可以进行定量平衡核算。如果对外贸易对本地的资源环境状况有所改善、产生正面影响，则是资源环境顺差；如果对外贸易对本地的资源环境状况有所恶化、产生负面影响，则是资源环境逆差。

目前对贸易的度量，仅以价值量来衡量，而非从资源环境的视角度量。贸易的价值量仅涵盖了货物或服务产品的市场名义价值，而忽略了资源消耗与环境污染的成本。

[①] 原文刊登于《WTO 经济导刊》2007 年第 8 期。

国家环保总局环境与贸易专家组初步研究表明：虽然我国对外贸易价值量顺差但资源环境却在产生"逆差"。长期以来，我国以资源环境密集型产品出口为导向的、以量取胜的粗放型外贸增长模式在我国对外贸易中占有很高的比例，而这一外贸增长模式成为我国目前粗放式的、不可持续生产和消费方式的加速器，加剧了我国资源环境压力，给我国环境保护工作提出了严峻挑战。

根据我们运用国务院发展研究中心的 DRC-CGE 模型计算结果表明：我国"十五"期间 SO_2 污染物排放量中，如果忽略生产结构与贸易结构的差异性，那么由于外贸拉动 SO_2 每年平均排放量约为 150 万 t，即我国"十五"期间每年对外贸易造成的 SO_2 逆差约为 150 万 t，占我国每年 SO_2 排放总量的近 10%。如果考虑生产结构与贸易结构的差异性，由于贸易增速远高于生产增速，外贸拉动的 SO_2 逆差将更高。

二、造成资源环境逆差的主要原因

综合分析表明，我国对外贸易的资源环境逆差主要来源于以下三个方面：

1. 进出口结构不合理

对外贸易一直是我国国民经济的重要支柱，曾是换取外汇的重要途径。为了追求贸易利益，长期以来，我国对外贸易发展走的是一条以量取胜、以资源和环境为代价的道路，对外贸易结构不尽合理。我国对外贸易结构不合理体现为"四多"和"四少"，即资源消耗高、环境污染强度大的产品出口多，资源消耗低、环境污染强度小的产品出口少；产业链低端产品出口多，产业链高端产品出口少；传统产业出口多，高新产业出口少；货物贸易出口多，服务贸易出口少。

具体来说，在我国出口贸易结构中，传统出口优势产业中高污染、资源密集型产业占有相当比重，如纺织、皮革及制品、化工、食品和农产品、水泥建材、焦炭、钢铁等。在国际产业分工体系中，我国位于产业分工链条的低端，我国出口贸易额的 55% 以上来自加工贸易，高新技术产品 90% 以加工贸易形式出口，其中，位于高新技术产品出口前列的大宗商品如笔记本电脑、等离子彩电及 DVD 等商品 95% 以上也是以加工贸易形式出口。而我国进口的产品多以技术含量高的产品、服务类产品为主，如金融保险等无污染的服务业产品。我国服务贸易出口明显低于货物贸易，1997—2003 年我国服务贸易出口年均增长 11.3%，同期，货物贸易出口年均增长 30.2%。2005 年，我国货物贸易出口位居世界第三位，服务贸易出口居世界第八位。

我们初步计算结果表明：在"十五"期间，我国 SO_2 高、中污染行业产品的出口约占总出口额的 40%，而 COD 高、中污染行业产品的出口占总出口额的 44%。

世界银行的研究显示：全球 7 个主要污染行业的结构贡献在过去的半个世纪里几乎没有大的变化，变化的只是从一个地方转移到另外一个地方。这也间接说明我国污染物不仅来源于国内生产与消费，而且也来源于全球产品生产与消费。

2．出口产品的环境效率低下

我国出口产品（包括货物与服务产品）的平均资源消耗污染强度大，而我国进口产品的平均资源消耗污染强度小。目前我国贸易的绝大多数产品的单位出口产品的污染强度均比发达国家高。

以纺织行业为例，我国每生产 100 m 棉布大约要消耗 3.5 t 水和 55 kg 煤，同时要排放 3.3 t 废水，产生 2 kg COD 和 0.6 kg BOD_5。再如，对我国焦炭行业的环境损失进行粗略估算结果表明，我国 2003 年、2004 年和 2005 年的焦炭产量分别为 1.78 亿 t、2.06 亿 t、2.43 亿 t，按吨焦排污环境损失 76 元推算，2003 年、2004 年和 2005 年全国的焦炭生产环境损失分别达 135.28 亿元、156.56 亿元、184.68 亿元，均占各年度工业增加值的 0.3%左右。在焦炭主产区山西省，焦炭生产的环境损失占该省份工业增加值的比例则高达 5%左右。

3．出口总量增速快

我国出口总量大并以每年 20%～30%速度快速增长。这种高速增长大大拉动了相关产业的快速发展，特别是高污染、高耗能产业的发展。

根据运用国务院发展研究中心 DRC-CGE 模型初步估算结果表明，"十五"期间，如果忽略生产结构与出口结构的差异性，出口总量增速对 SO_2 排放的贡献占 20%左右，而出口结构变化的贡献为 5.5%，但生产效率提高贡献了−5%。只有生产效率的提高减少了 SO_2 排放。

三、减少并扭转资源环境逆差，改善我国的资源环境状况

面对资源环境的严峻挑战，近期国务院采取了一系列加快转变贸易增长方式的重大举措，2006 年 9 月 14 日财政部等五部委下发了《关于调整部分商品出口退税率和增补加工贸易禁止类商品目录的通知》，这是继 2004 年年初出口退税全面下调之后，我国又进一步下调或取消了"两高一资"产品出口退税，并增补"两高一资"加工贸易禁止类和限制类产品目录。这些贸易政策明显抑制了"两高一资"产品出口过快增长势头。2006年秋季中国对外贸易形势报告显示，2006 年前三季度，我国原油、成品油、煤炭、未锻轧铝出口量分别下降 21.8%、21.1%、11.9%、5.8%。

我国"两高一资"产品贸易政策调整对抑制"两高一资"产品出口过快增长势头、

扭转资源环境逆差初见成效，但贸易结构调整是一项长期而艰巨的任务，需要多方面的共同努力，更需要在进出口贸易管理各环节中强化运用贸易与环境综合手段，在这方面需要进一步的深入研究和不断探索。特别是需要从环境保护的角度，进一步扭转资源环境逆差的态势，改善我国的资源环境状况。

国家环保总局 WTO 专家组初步研究建议，在进出口环节增加一个可调节的环境保护"阀门"，限制资源环境密集产品出口，鼓励资源环境密集产品进口。"阀门"可设置在以下三个环节：进出口环境关税、市场准入与准出环节、投资环节。

四、以环境保护优化贸易增长

转变贸易增长方式是我国实施资源节约型、环境友好型和社会和谐型可持续发展战略的必不可少的重要环节。我们应切实把握环境保护工作历史性转变的关键时期，以环境优化贸易增长，综合运用贸易手段加强环境管理，促进可持续贸易，减少并扭转对外贸易的资源环境逆差态势，将贸易的环境管理效果通过市场价格机制传递到生产与消费环节，从而改变目前不可持续的生产与消费模式，并最终实现全方位转变经济增长方式。

研究表明，目前我国应该综合运用产品出口关税、市场准入与准出、投资等贸易手段，加强环境管理，以环境保护优化贸易增长，促进贸易增长方式转变，具体政策建议：

1. 扩大出口关税征收范围，加征高污染产品出口环境关税

建议国务院在目前征收出口关税商品目录基础上，考虑扩大出口关税加征产品范围，有针对性地对纺织、化工、造纸、食品加工等高污染行业中的高污染产品加征出口环境关税。

在征收出口关税时，建议采用从量计税方式，以出口货物的数量和重量计征关税。这样做的目的就是要对低价量多的出口产品加以限制，旨在扭转我国对外贸易发展中长期以来难以摆脱的以量取胜的困境，抑制环境污染严重、产能过剩、自相杀价严重和贸易摩擦比较多的商品出口，从而减少环境逆差，推动产品结构优化和产业升级。

征收出口关税应借鉴国家纺织专项基金的做法和经验，以征收出口环节环境关税的税金设立环境保护专项基金，用于相关行业环境设施建设投资、企业技改和清洁生产，全面提升产业综合竞争力。同时可设立外贸企业环境友好奖励基金，对环境行为良好的出口企业，对其实施 ISO 14000、环境标志或清洁生产审计等给予资金补贴。

2. 设计和实施以环境保护为目的的市场准入和准出制度

建议国家环保总局会同商务部、税务局、海关总署、国家发展改革委、质量监督检验检疫总局、国土资源部、林业局等部门，深入系统研究建立完善基于资源环境保护目

的的市场准入准出制度；可从以下方面着手，侧重从市场准出方面强化资源环境保护政策手段的运用：

（1）扩大与多国"环境标志"体系的互认，以差别关税税率、出口退税、直接补贴、纳入政府采购计划等措施鼓励"环境标志产品"出口；

（2）设定环境友好型企业"白名单"，对"白名单"企业予以出口退税、通关优惠等待遇鼓励出口；以获得"环境友好型企业"称号、通过"环境管理体系认证"等作为建立企业"白名单"的基本依据；以纳入政府采购、直接补贴、税率优惠等待遇，鼓励企业进入"白名单"；

（3）以"重点污染企业"数据库为依据设定企业"黑名单"，并以强征环境关税、禁令等手段限制其进出口行为；

（4）实施更加有利于资源环境保护的产业政策，对"两高一资"行业，以配额、许可、禁令、限价、信贷等贸易调控手段加以抑制；

（5）限制资源环境密集型产业在国内的投资，鼓励资源环境密集型产业到海外投资；

（6）将"环境影响评价制度"延伸至国际贸易活动领域，针对贸易协定、贸易政策乃至具体订单等，实施不同层级的环评措施，并根据环评结论，实施包括禁止进出口、限制进出口、鼓励进出口在内的分级分类管理。

3．提高外商直接投资环境准入门槛，吸引我国企业的海外投资活动

建议国家环保总局从国家宏观层面、从外商直接投资行业结构与区域分布的调整着眼，在战略上根本解决外商直接投资带来的环境问题。具体策略如下：

（1）国家环保总局应尽快对现行《外商投资指导目录》提出修改建议方案，从强化环境管理，提高外商投资的环境准入门槛出发，扩大外商投资的禁止和限制类范围；

（2）明确界定和细化《指导外商投资方向规定》中产业指导分类中的环境要求，提出具体的标准和适用行业范围，作为《指导外商投资方向规定》补充细则；

（3）充分利用环保部门的环境影响评价有力工具，对外商直接投资中潜在环境风险较大的项目从严评价审批；

（4）环保部门尽快制定"绿色投资指南"。

4．健全进口废物贸易政策，有效防范废物贸易环境风险

建议国家环保总局提高我国进口可用作原料的废物的资源战略意义的认识，切实把握环境保护工作历史性转变的关键时期，加强进口废物环境政策法规建设，强化进口废物处理处置环境管理，提高监管能力，严格执法。具体建议：

（1）完善进口废物环境管理部际协调会机制，强化环保、海关等相关部门政策的协调，环保部门要加大相关法规、政策的建立健全，并强化执法能力；海关部门则要牵头其他有关部门联合协作，打击非法废物贸易；

（2）将进口废物贸易列入当地环境影响评价的内容，未经环境影响评价的，一律不予审批；

（3）关口提前，对可能对环境造成影响的废物进口，预征排污费。排污费由进口商承担，将环境损失的补偿列入成本；

（4）加强从进口、流通、再加工利用等多方面环境监控力度，严格执法，确保进口废物流向具备加工利用能力的企业，有效实施进口废物全过程环境管理；

（5）充分利用《巴塞尔公约》等国际公约控制非法废物贸易。加强相关国际法、国际公约的研究，运用法律手段，维护我国在进口废物中的环境安全。

"入世"十年我国对外贸易的宏观环境影响研究[①]

胡　涛　吴玉萍　庞　军　郭红燕　宋鹏

一、"入世"十年我国对外贸易发展状况

自 1978 年改革开放以来，我国对外贸易发展迅猛，取得了很大的成就。尤其是自 2001 年加入 WTO 之后，我国参与国际经济的深度和广度迅速提升，对外贸易飞速发展，连上新台阶，并呈现出以下几个鲜明特点。

（一）对外贸易强劲增长，贸易规模迅速扩大

无论是贸易总额还是出口总额，近年来我国外贸增速均保持世界第一。自 2002 年起，我国连续 6 年的贸易总额都实现了 20% 以上的增长。2001 年我国的对外贸易总额为 5 000 亿美元，到 2004 年就突破了 10 000 亿美元，进出口总额从 1 000 亿美元到 10 000 亿美元，美国用了 20 年，德国用了 26 年，而我国只用了 16 年。更令人惊奇的是，此后我国仅仅用了 3 年时间就实现了从 10 000 亿美元到 20 000 亿美元的又一历史性突破。此外，出口总额也经历了高速增长，出口总额从 2001 年的 2 660.98 亿美元迅速增长到 2008 年的 14 306.93 亿美元，年均增速超过 20%（图 1）。随之而来的，我国出口总额在世界贸易中的排名也不断提升，先是由 2001 年的第 6 位上升为 2007 年的第 2 位，紧接着到 2009 年就一举超过德国跃居世界第 1 位。2010 年我国外贸进出口总额更是达到了 29 734.76 亿美元，比上年同期增长 34.7%。目前我国是世界第一货物出口大国，第二进口大国。

[①] 原文刊登于《环境与可持续发展》2011 年第 36 期。

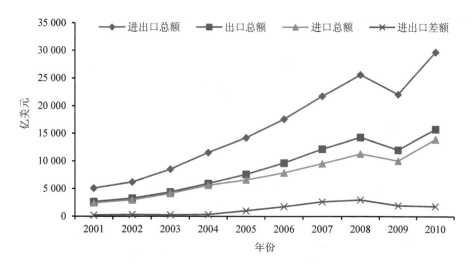

图1 2001—2010年我国进出口总体情况

资料来源：中华人民共和国商务部网站。

（二）出口增速大于进口，贸易顺差大幅增加

2001年我国对外贸易顺差仅有225.45亿美元，但到2005年，贸易顺差已经突破1 000亿美元，到2007年突破2 000亿美元，2008年接近3 000亿美元（图1）。即使是2009年对外贸易受到全球金融危机的严重影响，我国仍存在1 956.89亿美元的贸易顺差。

（三）外贸顺差大幅增加，导致外汇储备的大幅增长

截至2010年年末，我国外汇储备已经超过2.85万亿美元，连续四年稳居全球首位。根据中国人民银行最新统计，2011年3月末我国外汇储备已突破3万亿美元，达到30 446.74亿美元。巨大的外汇储备，使得我国抗击国际金融风险的能力大幅度提高，任何国际游资都难以撼动人民币币值，在一定程度上确保了我国的国际金融稳定。

二、贸易的环境核算方法：虚拟污染物与环境逆差

国际贸易的平衡核算既可以从经济价值量的角度也可以从重量、体积等角度进行平衡核算。目前对贸易的度量，仅从价值量的角度来衡量，而非从资源环境的视角度量。贸易的价值量仅涵盖了货物或服务产品的市场名义价值，并没有考虑资源消耗与环境污染的成本。环境保护部环境与贸易专家组从资源环境角度探讨了国际贸易的平衡核算（胡涛等，2008）。

贸易不仅是货物或服务的价值交换过程，而且是载体，既承载着一定的经济价值，又承载着一定的资源消耗与环境污染。无论货物还是服务类的产品，在其生产与消费过程中都会消耗资源、排放污染，因此对外贸易的进出口产品中都隐含着生产与消费过程中所产生的一定量的资源消耗与污染排放，进而会对本地区的资源环境状况有所影响，可以称之为虚拟污染物（virtual pollutant）。例如，虚拟水、虚拟 SO_2、虚拟 CO_2 排放等。这些进出口产品对本地资源环境影响，可以通过对这些产品所隐含的污染物进行定量核算来衡量。

从流量的角度看，我们将出口 1 t 虚拟污染物（即本地区生产的产品对当地资源环境的贡献率）定义为负值，而从生产替代角度将进口 1 t 虚拟污染物（即相应产品对当地资源环境的贡献率）则定义为正值。如果出口值与进口值的和大于零，则为顺差；出口值与进口值的和小于零，则为逆差；出口值与进口值的和等于零，则为平衡。例如，我国出口 1 t 钢消耗了 500 m^3 水、排放了 0.12 t SO_2，对我国资源环境的贡献定义为 -500 t 水资源、-0.12 t SO_2。如果某年进口了 100 万 t 钢而出口了 200 万 t 钢，则从资源环境的角度进行核算，逆差为 $-50\ 000$ 万 m^3 的水资源、-12 万 t SO_2。

从存量的角度看，如果对外贸易对本地的资源环境状况有所改善、产生正面影响，则是资源环境顺差；如果对外贸易对本地的资源环境状况有所恶化、产生负面影响，则是资源环境逆差。正如增加外汇储备的贸易是贸易的价值量顺差，减少外汇储备的贸易是贸易的价值量逆差。

三、"入世"十年我国对外贸易的宏观环境影响的评估结果

运用中国"能源—经济—环境"投入产出及 CGE 模型分析了 2002 年、2005 年、2007 年的投入产出表，初步研究表明（胡涛等，2008）：通过对我国外贸环境影响的重要指标 SO_2、CO_2、COD 等排放量的分析，我国"入世"以来外贸对污染物排放与能耗的影响非常惊人，外贸巨大的价值量顺差背后孕育着巨大的资源环境逆差。

（一）净出口产品虚拟 SO_2 排放约占全国排放总量的 1/4

产品出口对我国 SO_2 排放的拉动效果很大。图 2 是关于 2002—2007 年对外贸易对我国虚拟 SO_2 排放的影响，我国出口和净出口虚拟 SO_2 的年均增长率要低于外贸出口额和净出口额的年均增长率，但远高于全国 SO_2 排放总量 5.07% 的年均增长率，高出约 10 个百分点，这说明出口行业在我国的 SO_2 污染排放方面贡献率很高，外贸行业的污染减排问题应该得到充分重视。

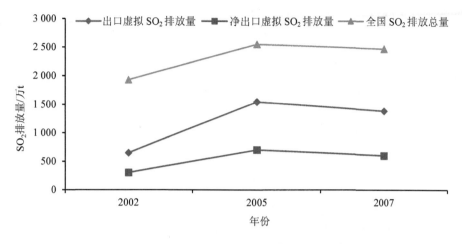

图 2　2002—2007 年外贸行业虚拟 SO_2 排放情况

从排放量看，其增长主要发生在 2005 年以前，而在 2005 年以后，无论是外贸进出口 SO_2 排放量还是国内排放总量，均出现下降。主要由于"十一五"期间，我国节能减排政策取得了较好成效，在保持经济快速发展的同时，也遏制了 SO_2 的增长势头。这一趋势在外贸行业也得到体现，且从减排量上来看，净出口减排量为国内减排量的 1/4～1/3（净出口减排为 702.56 万 t–602.98 万 t，国内总量减排为 2 549 万 t–2 468.11 万 t），说明外贸对国内总体的节能减排发挥了重要作用。从出口和净出口虚拟污染物排放占国内排放总量比重来看，该比重在 2002—2005 年大幅增长之后，在 2007 年出现小幅减少，但截至 2007 年，出口引致的 SO_2 排放量已占总排放量一半以上，净出口的 SO_2 排放量占总排放量比重也接近 1/4（图 3）。出口品成为我国 SO_2 排放增加的重要来源之一。从万元产值的虚拟 SO_2 排放角度看，出口虚拟 SO_2 排放强度在 2002—2005 年出现小幅增长之后，在 2007 年出现减小趋势，但变化不大；而净出口虚拟 SO_2 排放强度，2005—2007 年出现大幅下降之后，但仍高于出口虚拟 SO_2 排放强度。

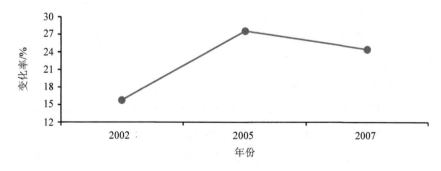

图 3　2002—2007 年净出口虚拟 SO_2 排放占全国排放总量比重的变化

总体看外贸虚拟 SO_2 排放的增长出现在 2002—2005 年期间，2005—2007 年期间呈下降趋势，并与国内 SO_2 排放总量的变化趋势一致，说明"十一五"期间，国家节能减排工作已取得明显进展。

（二）净出口产品虚拟 CO_2 排放占我国 CO_2 排放量比重超过 30%

产品的出口对我国 CO_2 排放的拉动效果也很大。图 4 是关于 2002—2007 年对外贸易对我国虚拟 CO_2 排放的影响，从中可以看出，出口和净出口虚拟 CO_2 的年均增长率要低于外贸出口和净出口总额的年均增长率，但远高于国内 CO_2 排放总量 12.48% 的年均增长率，高出 9~12 个百分点；高于出口虚拟 SO_2 和国内 SO_2 排放的年均增长率。这说明，出口产品的能源密集和碳排放密集程度更高，而且相对于虚拟 SO_2 排放，外贸对虚拟 CO_2 排放的拉动起着更大的作用。

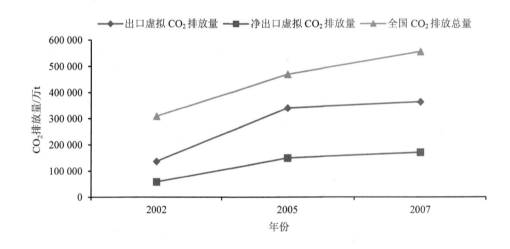

图 4   2002—2007 年外贸行业虚拟 CO_2 排放情况

从排放量看，外贸净出口虚拟 CO_2 排放量的增长主要发生在 2005 年以前，2005—2007 年增长较慢，而国内排放总量五年内增速基本相同。与其变化趋势类似，出口、净出口占国内排放总量的比重在 2002—2005 年大幅增长之后，在 2007 年也出现小幅下降，但是截至 2007 年，出口引致的 CO_2 排放量已占总排放量 65% 以上，而净出口虚拟排放占总排放量的比重也接近 1/3（图 5）。出口产品的拉动已成为我国 CO_2 排放的主要来源之一。如果按照欧洲碳交易市场平均交易价格 10 欧元/t 计，2007 年净出口拉动的碳排放相当于我国损失了 171.28 亿欧元，即我国替其他国家生产产品释放了碳却没有获得应有的收益。

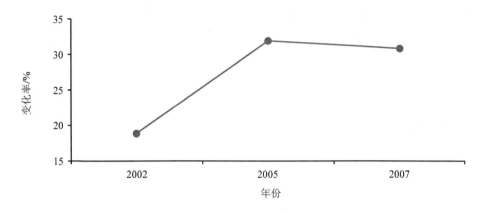

图 5　2002—2007 年净出口虚拟 CO_2 排放占全国排放总量比重的变化图

另外，从万元产值的虚拟 CO_2 排放角度来看，出口虚拟 CO_2 排放强度在 2002—2005 年小幅增长之后，在 2007 年出现下降，变化较大；而净出口虚拟 CO_2 排放强度，2002—2005 年几乎保持不变，但是 2005 年后出现大幅下降，说明"十一五"前两年，我国单位产值能耗下降，节能减排取得较大成效，但是经济的快速发展，使国内 CO_2 排放总量仍在逐年增加。

（三）净出口产品 COD 排放占全国排放总量的 20%以上

产品的出口，不仅对全国的 SO_2、CO_2 排放贡献大，对 COD 排放的贡献也较大。图 6 是关于 2002—2007 年对外贸易对我国虚拟 COD 排放的影响。图中数据显示，2002—2007 年，出口和净出口虚拟 COD 排放的年均增长率远远低于外贸出口和净出口总额的年均增长率，但远高于国内 COD 排放总量 0.22% 的年均增长率。这一结果表明，外贸产品的 COD 强度在降低，但外贸部门对 COD 排放总量的贡献上仍扮演着很重要的角色。

在排放量方面，2005 年是转折点。2005 年之前，出口、净出口虚拟排放量是在增加的；2005 年之后，由于"十一五"节能减排措施的实施，2007 年的净出口虚拟排放量则出现回落，但出口虚拟排放量增速要快于进口。同时，国内 COD 排放量 2002 年与2007 年相差不大，增长也主要发生在 2005 年之前，2005 年之后呈现负增长，这在一定程度上得益于"十一五"期间国家对 COD 的硬性约束。

从出口虚拟 COD 排放占国内排放总量的比重来看，该比重在 2002—2005 年大幅增长之后，在 2007 年出现小幅下降，这与 COD 的出口和净出口虚拟排放量的变化趋势一致。截至 2007 年，出口引致的 COD 排放量依然占总排放量 40%以上。净出口虚拟排放量占全国排放量的比重相对于出口虚拟排放量所占比重增速稍缓，并在 2005 年后保持稳定，约为 1/5（图 7）。外贸拉动虚拟 COD 排放比重虽低于虚拟 SO_2、CO_2 的拉动作用，但依然是我国 COD 排放的主要来源之一。

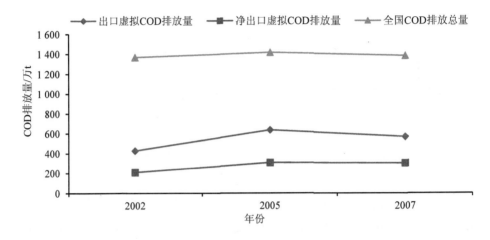

图 6　2002—2007 年外贸行业虚拟 COD 排放情况

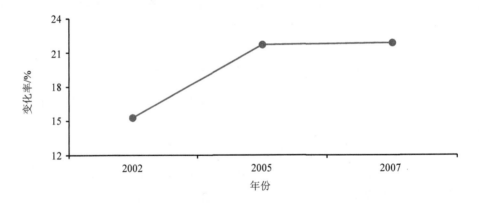

图 7　2002—2007 年净出口虚拟 COD 排放占全国排放总量比重的变化

从万元产值的虚拟 COD 排放角度来看，出口、净出口虚拟 COD 排放强度逐年下降，变化较大，原因在于"十五"和"十一五"期间控制 COD 的政策措施发挥了很好的作用，另外与产品生产中技术进步、实施清洁生产也有关系，使得单位价值量产品生产的污染排放强度降低。

总的来说，出口拉动的虚拟污染物，包括 SO_2、CO_2、COD 的排放量占国内污染物排放的比重，在 2002—2005 年大幅增加，达到高峰后，从 2005 年之后开始小幅回落；而万元出口、净出口虚拟 CO_2、COD 的排放强度，逐年下降，万元出口虚拟 SO_2 的排放强度例外，2002—2005 年小幅上升，之后较大幅下降。这表明"十一五"期间的节能减排政策已经取得较为显著的效果。

四、未来我国对外贸易的宏观环境压力

在总结"十五""十一五"期间外贸对能耗和污染排放贡献的基础上，本研究运用中国"能源—经济—环境"CGE 模型进一步模拟计算了 2010—2030 年我国对外贸易的可能环境影响。

具体地，按照目前的经济发展和技术进步趋势，如果延续目前的节能减排政策而不采取其他进一步措施的情况下，未来 20 年我国对外贸易发展所带来的虚拟能消耗和各种虚拟污染排放的变化情况如图 8 所示。我国对外贸易对污染物排放和能耗的压力会逐步减少，但直到 2030 年才能基本达到贸易的环境平衡（到 2030 年时贸易导致的 COD 排放仍有一定的逆差）。

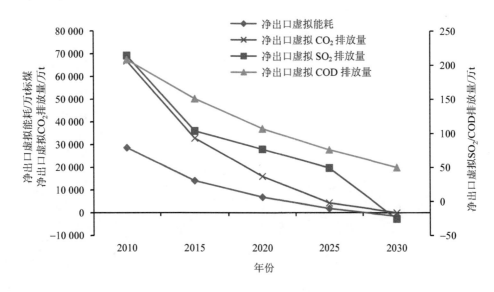

图 8　未来 20 年我国外贸虚拟能耗和虚拟污染排放情况

从图 8 可知，"十二五"期末，外贸对污染物排放与能耗的贡献依然很大。净出口可能带来的能耗及 SO_2、COD、CO_2 排放量分别为 14 077.05 万 t 标煤、103.40 万 t、150.61 万 t 和 32 831.6 万 t。在不采取新的更强有力的节能减排措施情形下，"十二五"我国对外贸易仍将产生巨大的环境逆差。

五、结论

从以上分析可以看出，"入世"以来我国取得巨大贸易价值量顺差是以牺牲大量资源环境为代价的。本文针对贸易环境影响所运用的虚拟污染物核算方法，对定量测度对外贸易的环境逆差提供了较好的思路和视角。本文研究表明，"入世"十年以来，我国净出口产品虚拟 SO_2 排放约占全国排放总量的 1/4；净出口产品虚拟 CO_2 排放占全国排放总量超过 30%；净出口产品 COD 排放占全国排放总量的 20% 以上。如果仅延续目前的节能减排政策而不采取其他更强有力的措施的情况下，我国在未来 20 年仍将处于巨大的贸易环境逆差之中。因此，转变外贸发展方式，实现绿色贸易转型，应成为我国环境保护的重要抓手，成为转变我国经济发展方式的重要组成部分和优先领域。

加入 WTO 对中国环境的影响及对策初步研究[①]

李丽平　毛显强　刘峥延　宋　鹏　原庆丹　张　彬

加入世界贸易组织（WTO）是我国改革开放进程中的重要里程碑，对我国政策制度、经济发展等都产生了重大和深远影响。一是我国坚持以开放促改革、促发展，社会主义市场经济体制逐步完善。全面履行加入 WTO 承诺，逐步扩大市场准入，关税总水平由15.3%（2001 年）降至 9.8%（2011 年），不断削减非关税壁垒，取消了 424 个税号产品的进口配额、进口许可证和特定指标，贸易投资自由化和便利化水平显著提高。大规模开展法律法规清理修订工作，中央政府共清理法律法规和部门规章 2 300 多件，地方政府共清理地方性政策和法规 19 万多件。二是对外开放呈现崭新局面，国民经济持续健康发展。"入世"极大地拉动了我国的经济增长，2001—2011 年，国内生产总值（GDP）保持了年均 10.3%的增长速度，远高于世界年均 3%的水平，现经济总量已达全球第二。其间，中国占世界 GDP 比重由 4.4%上升到 9.5%，是世界经济增量的第一大贡献国。2001—2010 年，进出口贸易额年均增速超过 20%，出口规模增长了 4.9 倍，成为世界第一大出口国，出口对我国国民经济增长的年均贡献率达到 20%；进口规模增长了 4.7 倍，跃居全球第二大进口国。

那么，"入世"和开放对我国的环境保护又产生了怎样的影响？未来，我国将"实行更加积极主动的开放战略"，进一步扩大开放形势下环境与贸易政策应该做什么样的路径选择？这些都是亟待回答和解决的问题。

一、加入 WTO 对我国环境影响理论基础及评价方法

环境与贸易相互影响，相互支持。国际贸易一方面对自然环境产生破坏，例如引起空气污染、水质恶化、土地沙漠化、森林面积锐减、全球气候变暖等；另一方面，国际

[①] 原文刊登于《中国人口·资源与环境》2014 年第 S2 期。

贸易可以通过环境友好产品贸易的扩大、环境保护和技术援助与转让，更好地配置有限的自然资源，提供资源的利用效率，减少环境污染程度。由于经济发展与环境之间的关系细微而复杂，评价贸易对环境的影响一般把可能导致环境污染发生变化的根本性因素分解为规模效应、结构效应和技术效应三种效应。

本文通过识别和筛选具体环境影响因子，界定评价范围，从 WTO 规则和"入世"后贸易变化两方面，遵循 WTO 规则—$\dfrac{贸易政策}{环境政策}$—（经济活动）—环境影响的环境政策链式反应逻辑关系，考察其中的压力-状态-响应过程，特别运用投入产出等模型方法针对宏观整体、重点、行业及重点地区对"入世"后贸易变化产生的环境影响开展定量评价，运用 GTAP 等模型对出口退税等主要政策的环境影响开展定量评估，最后基于评价结果提出政策建议。

关于 WTO 贸易规则对环境的影响，本文通过环境影响因子筛选，运用专家评价、文献总结、实地调研等方法，从 WTO 宗旨、对环境的规定、贸易与环境机构的设立、具体条款、相关原则、谈判机制、争端解决机制和贸易政策审议机制等方面系统梳理和分析了其对我国环境的影响。

关于"入世"后贸易变化对环境的影响评价，本文在投入产出基本模型基础上进行拓展，引入污染物排放系数，建立环境投入产出的比较静态分析模型，定量评价宏观对外贸易、重点行业、重点地区对外贸易对污染物排放的影响。同时运用 GTAP 模型等方法对重点贸易政策对我国污染物排放量影响进行定量评估。基础数据主要来自 2002 年和 2007 年《42 部门投入产出表》《中国统计年鉴》《中国环境统计年鉴》、Economy Prediction System（EPS）数据库、海关进出口统计等。

二、加入世界贸易组织后 WTO 规则对我国环境管理的影响

加入 WTO 后，WTO 关于可持续发展的宗旨、对环境的规定、贸易与环境机构的设立、具体条款、相关原则、争端解决机制和贸易政策审议机制等无不对我国环境管理产生了深刻影响。

（一）WTO 协定对环境的规定及环境例外原则确立了贸易活动中保护环境的法律地位

1994 年 WTO 建立时明确将环境保护作为其基本宗旨，强调"依照可持续发展的目标，考虑对世界资源的最佳利用，寻求既保护和维护环境，又以与它们各自在不同经济

水平的需要和关注相一致的方式,加强为此采取的措施"。对世界贸易最具约束力的 WTO,将可持续发展作为自身的基本宗旨,表明了环境保护在国际贸易中的重要地位。同时,也确保了在处理贸易与经济活动时,保护环境的法律地位,为我国开展相关环境保护工作提供了法律依据和国际参考。此外,WTO《农业协议》《实施卫生与植物卫生措施协议》《技术性贸易壁垒协议》《服务贸易总协定》等有关专项协议、协定关于环境的规定。

(二) "入世"加速了我国环境政策和规章制定的国际化和规范化进程

"入世"对我国环境法治及政策制定产生了巨大而积极的影响。"入世"后,环境政策制定理念、依据和原则、制度、内容等都按照国际规则作出了相应调整,对规范环境政策和环境管理制度建设发挥了积极作用。一是按照 WTO 规则,废止或修订了多项环保规章,环保政策加速制度化、规范化和国际化。自加入 WTO 以来,遵照世界贸易组织规则和所做承诺,环保部全面系统地清理了现有规章中与其他部门规章和政策相冲突、与市场经济相违背的政策,共废止或修订了 56 项部门规章。二是按照 WTO 规则,所有新制定规章中都有"遵循公开、公平和公众的原则"具体条款,保证环境政策的公开和透明。"入世"后,我国所有新制定或新修订的环境规章都遵循 WTO 相关原则和规章,一般都有"遵循公开、公平和透明的原则"等具体条款。

(三) "入世"促进了全社会参与环境保护制度建立及良好风尚形成

"入世"后,我国新制定的环境规章完全体现和遵循了 WTO 透明度等相关法律原则。根据 WTO 要求及"入世"承诺,我国新制定了《立法法》《行政法规程序条例》等法律、法规,使立法公开进一步制度化、规范化,公开和透明已成为国内立法活动必须遵循的一项基本原则。这些法律和法规特别要求在立法过程中通过书面征求意见、召开研讨会、座谈会、听证会等多种形式和通过新闻媒体、国际互联网等多种途径,公开征求社会各方面的意见,多种渠道反映利益相关者的利益。基于这些背景和要求,我国建立起相关制度、采取相关措施积极推动环境信息的公开和透明。一是建立了《环境信息公开办法(试行)》等相关制度。二是制定了《环境保护行政许可听证暂行办法》。三是所有环境法律和政策制定过程中,都通过书面征求意见、召开研讨会、座谈会、听证会等多种形式和通过新闻媒体、互联网等多种途径,公开征求社会各方面意见,给予社会公众和各利益方充分发表评论的机会。

(四) 加入 WTO 对我国环保产业的健康发展提供了开放和公平的竞争环境

WTO 奉行市场开放原则,我国"入世"时承诺进一步开放环保产业市场。在环境货物贸易中承诺，加入后一年内，提供对化学品进行评定和控制的环境法律、法规的制定和实施情况，保证完全的国民待遇，并保证完全符合国际惯例；加入后一年内，修改《化学品首次进口及有毒化学品进出口环境管理规定》，提供完全的国民待遇。在环境服务贸易中承诺，开放以下环境服务：污水处理服务、固体废物处理服务、废气清除服务、噪声消除服务、自然和风景保护服务、其他环境服务等。但是，环境质量监测和污染源监测的环境服务未承诺开放；允许外国服务提供者仅以合资企业形式从事环境服务；允许外资拥有多数股权。对外资实施国民待遇，取消相关限制。除了对外资实施国民待遇和市场开放，也进一步推动了国内民营企业参与环境污染治理。总之，WTO 国民待遇原则和市场准入大大促进了国外环保企业及国内民营企业参与污染治理，促进了环保产业市场公平发展的良好环境。

综上所述，WTO 规则对我国环境的影响是广泛的、积极的、深远的，从 WTO 的宗旨、机构设立、专门文件到具体条款均对我国的环境管理体制、政策制定、产业发展、市场开放等产生了重要的积极影响。但是，需要指出的是，我国在加入世界贸易组织时，由于经验不足，放弃了若干有利于环境保护的"例外"条款权利，导致后来贸易争端中不能利用环境例外条款，这些教训是需要总结和吸取的。

三、"入世"后贸易变化对我国环境的影响评估

WTO 的宗旨是促进贸易自由化。"入世"十年来，我国对外贸易发生了巨大变化。本文分别从国家宏观整体、重点行业、重点地区等角度评估了贸易增长的环境影响，并对"入世"后我国重点贸易政策的环境影响进行了评估。

（一）出口贸易整体影响："出口隐含污染物"量极大，呈先升后降趋势

2001—2010 年，全国"出口隐含污染物"排放量极大，"出口隐含污染物"累计排放量占全国污染物累计排放量的 25%～40%，如表 1 所示。

表 1 "入世"十年"出口隐含污染物"累计量及其占全国污染物累计排放量的比重

污染物	"出口隐含污染物"累计量/亿 t	全国污染物累计排放量/亿 t	"出口隐含污染物"累计量占全国污染物累计排放量的比重/%
废水	1 313.4	5 211.70	25.20
二氧化硫	0.89	2.26	39.38
烟粉尘	0.64	1.79	35.75

"出口隐含污染物"中废水、二氧化硫、烟粉尘等指标值基本上呈现先升后降的变化趋势，各项指标于 2005 年达到峰值，随后出现回落，呈现"倒 U 型"变化，表明"入世"后出口贸易对我国环境的影响是先恶化后逐渐有所缓解。

（二）重点行业出口贸易产生的环境影响与整体趋势相似，与其行业性质、贸易状况密切相关

本文从我国重要外贸行业、重点和支柱产业、高污染行业等方面综合考虑，最终选取化工、纺织、冶金、水泥、焦炭五个行业作为重点行业进行案例研究。

从"入世"十年出口隐含污染物累积量来看，5 个行业的情况因其贸易规模及污染排放强度不同呈现一定的差异。化学工业、冶金工业、纺织业出口隐含大量废水、二氧化硫、烟粉尘，出口累计隐含废水排放量分别为 1 509 433.5 万 t、442 240.9 万 t 和 888 581.2 万 t。其出口给环境带来较大压力，而水泥、焦炭行业出口规模与上述三个行业相比较小，其出口隐含物量也相对较小，出口累计隐含废水排放量分别为 1 654.6 万 t 和 5 105.2 万 t。

（三）重点区域出口贸易产生的环境影响负效应较大

通过压力-响应关系识别，选取外贸规模居全国领先的广东省和江苏省作为案例，研究重点区域出口贸易的环境影响。结果显示，广东省、江苏省出口贸易的发展带来的环境影响负效应较大。广东省出口隐含废水、二氧化硫、烟粉尘量占全国出口隐含污染物的 8%～22%，占全国排放总量的 3%～7%；江苏省出口隐含污染物量占全国出口隐含污染物的 7%～18%，占全国排放总量的 2%～5%。

由于广东省、江苏省为我国较发达地区，除单位产值废水排放量与全国平均水平相似外，其他污染物单位产值排放强度均远小于全国平均水平，使其单位出口产品隐含污染物量比全国宏观整体小。此外，"入世"十年来，我国出口贸易中重污染行业所占比重从 47.3%下降到 35.1%，而广东省、江苏省的这一比重分别从 38.2%和 45.3%下降到 26.8%和 25.6%，可以看出"入世"十年来我国出口贸易结构不断改善，且广东、江苏两省的出口贸易结构优于全国平均水平。但广东省和江苏省"入世"十年来出口总额占全国出口总额约 30%和 16%，出口规模较大，"入世"以来两省以出口为导向的经贸发展仍对环境产生了一定压力。

（四）绿色贸易政策对削减部分环境逆差发挥了重要作用

"入世"后，为应对扩大贸易对环境产生的不利影响，相关部门发布直接针对外贸领域的调整出口退税、扩大进口等绿色贸易政策。比较我国对外贸易行业净出口隐含二

氧化硫排放量与全国排放量，可以发现对外贸易净出口隐含二氧化硫减少量占到了我国"十一五"二氧化硫减排目标量的将近一半。根据测算，仅取消所有重污染行业产品出口退税（在 2010 年基础上）一项政策手段即可减排 11.65 万 t 二氧化硫，约占目标减排量的 6.4%。可见绿色贸易政策对污染物减排发挥了重要作用。本文以出口退税和扩大进口两项典型政策为例进行评估。

1. 出口退税政策

"出口退税"是我国鼓励出口创汇，扩大出口贸易的重要贸易促进政策手段。"入世"后，我国出口退税几次改革。在这一政策作用下，2001—2010 年，我国出口退税总额从 1 071.5 亿元上升至 73 280 亿元，年平均增长率为 23.8%。出口退税占 GDP 比重由 2001 年的 0.98%增至 2010 年的 1.83%。

研究表明，在 2010 年基础上取消现存的"重污染行业产品出口退税"，将会使 GDP 和工业增加值分别上升 0.03%和 0.08%，导致二氧化碳、工业废水、二氧化硫等污染物排放量下降 0.36%~1.85%。取消现存的"重污染行业产品出口退税"能够进一步获得经济效益和环境效益的双赢，是近期出口退税政策调整的优先选择。

2. 扩大进口政策

积极"扩大进口"是我国促进对外贸易平衡中的重要政策。研究结果表明，2001—2010 年我国通过进口所规避的污染物累计值分别为：废水 1 101.05 亿 t、二氧化硫 0.85 亿 t、烟粉尘 0.57 亿 t，占全国污染物累计排放量的 21%~38%，表明我国"入世"后通过进口规避了大量污染物排放。

总体上，进口贸易带来的环境利益较为显著。扩大"两高一资"产品进口有助于进一步缓解我国的环境压力，确保我国环境、资源、经济的可持续发展。

四、结论和政策建议

基于以上评估和分析，我们认为"入世"对我国环境影响已是不可回避的现实，在扩大开放形势下，应善于利用开放中环境保护红利，建立环境与贸易相关机制规避环境风险，维护环境利益。

（一）结论及分析

总体上，无论是 WTO 规则还是"入世"带来的贸易变化都对我国的环境保护产生了广泛而显著的影响。WTO 规则对我国的环境法律地位、政策制定、公众参与、环境管理体制、环保产业、人员队伍等都产生了广泛的积极影响；而"入世"后出口贸易隐含废水、二氧化硫、烟粉尘等污染物排放量极大，出口导致的负面环境影响不容忽视，但可以通过实施绿色贸易政策，有效缓解出口贸易带来的环境压力。

具体而言，一是 WTO 规则中的国民待遇、透明度等基本原则及贸易政策审议等三大机制加速了我国环境政策、规章的国际化和规范化进程，促进了环境信息公开、公众参与等制度的建立。二是"入世"十年来"出口隐含污染物"量呈先上升后下降趋势，隐含废水、二氧化硫、烟粉尘等污染物量占实际总排放量的 25%～40%。三是通过加强环境监管和绿化贸易政策等措施，能有效缓解由贸易带来的环境压力。例如，由于近年实施取消或降低"两高一资"产品的出口退税政策，2010 年对各污染物产生 1.27%～3.13% 的减排效应，而未实施这一政策前的 2004 年出口退税对各污染物产生 0.05%～1.48% 的增排效应；另外，2001—2010 年通过进口规避的污染物总量占总排放量的 21%～38%。

导致上述影响的根本原因：一是加入 WTO 对我国的影响是广泛和深远的，包括法律、贸易、市场等多个方面的变化，这些变化必然会涉及环境，如 WTO 要求立法程序透明，为此我国颁布了《立法法》，其中要求立法过程中必须公开透明并征求各利益相关者意见，这样，环境相关政策和法律必须按照法律要求制定。另外，WTO 规则中有很多直接涉及环境政策，这就要求国内环境政策必须与国际保持一致。因此，WTO 规则或者直接对环境政策及环境管理产生影响，或者通过影响我国总体立法或贸易政策产生间接影响。二是"出口隐含污染物"随时间变化呈先升后降趋势，主要原因是贸易对环境的影响是规模效应、技术效应和结构效应三种效应的综合效应。"入世"之初，我国出口贸易快速增长，但增长方式相对粗放，单位出口产品的污染强度高，贸易结构集中在纺织、化工、钢铁等高污染和资源密集型产业，对环境压力逐渐增大。也就是说，这一阶段规模效应突出显现，而技术效应和结构效应的正效应不明显。随着时间推移，我国贸易结构逐步优化，环境管理和污染治理水平稳步提升，单位污染排放强度有所降低，结构效应有所改善，技术效应逐渐加强，缓解了"入世"带来的环境压力。而2008 年国际金融危机的爆发及随后全球经济总体下滑导致的出口疲软等因素则强化了这一趋势。

（二）政策建议

1. 逐步建立绿色贸易的政策体系，继续降低直至取消重污染行业出口退税，进一步扩大"两高一资"产品进口

通过评估，"出口退税"和"扩大进口"政策对我国节能减排发挥了重要作用，应进一步优化并加大实施力度。一是将出口退税调整政策适用对象扩大范围，涵盖所有重污染行业、产品，以避免"污染泄漏"或"污染转移"，分批次逐步完全取消制药原药、

纺织、服装、皮革制品、纸制品、化工橡胶塑料制品、其他金属、金属制品等重污染行业产品的出口退税。二是进一步鼓励"两高一资"产品进口，例如大力进口石油、铁矿砂、铜精矿以及粮食等，具体手段可包括降低进口关税、放宽进口配额、增加补贴等；扩大技术贸易、服务贸易和高附加值产品贸易比重。

2. 建立贸易政策的环境影响评价制度

发达国家如加拿大、欧盟等已经建立了贸易政策环境影响评价机制，对所有自贸区协定都进行环境影响评价。为了从源头避免贸易规则及政策对环境的不利影响，需要在项目环评和规划环评之外，拓宽环境影响评价范围，建立贸易政策环境影响评价制度。一是在拟修订的《环境保护法》中包含政策环评内容，确立政策环评的法律基础或依据；二是确定实施贸易政策的单位资质；三是明确贸易政策环境影响评价的主管部门；四是明确贸易政策环境影响评价的范围，例如在双边或区域自由贸易区协定签订之前进行环境影响评价，对 WTO 等相关贸易政策对我国的环境影响定期进行评估、对国内出口退税等贸易政策开展环境影响评价；五是制定贸易政策环境影响评价指南或方法手册。

3. 借助贸易和海外投资之"外力"将污染向国外转移，实现产业结构优化和升级

抓住深化对外开放的机遇，借助贸易和海外投资等"外力"将污染向国外转移。在行业层面，将化工、焦炭、水泥、冶金等高污染行业生产逐渐向原材料产地转移，在原料地投资建厂，就地生产，然后进口成品到国内，减少生产过程和流通过程污染。地域层面，传统外贸优势省区如广东和江苏等继续加大产业转移和升级力度，但在转移过程中要避免向我国西部欠发达地区转移污染，转移过程中要严格环境标准，借转移之机淘汰落后产能，提高生产技术水平、污染治理水平。

4. 学习和吸取加入 WTO 以来的经验教训，建立积极的环境与贸易谈判策略，在自贸协定中设置促进环境保护的条款或章节

WTO 规则对我国的环境政策制定和环境管理产生了重要积极影响，但是，由于早期对 WTO 规则的认识、理解不足，环境例外条款没有被充分利用，也导致一些教训。为此，我们应全面总结加入 WTO 以来的经验教训，用好用足环境"权利"。建议在未来的自贸协定谈判中：一是积极主动推动在自贸协定中设立单独环境章节或附属环境协定；二是设定对贸易政策开展环境影响评价的具体条款。

中日韩经济一体化的环境影响初步分析[①]

俞 海

随着东亚区域经济联系的日益紧密，中日韩三国经济一体化程度不断加深，主要体现在三国之间贸易规模不断扩大，对外投资持续增长，相互间的经济依存度不断提高。当前，中日韩经济一体化过程出现了一个重要趋势，即自由贸易协定（Free Trade Agreement，FTA）。从亚太周边国家看，日本与韩国的 FTA 谈判于 2003 年 10 月启动，有望在可预见的未来若干年内签署正式协议。同时，日韩也正试图和东盟建立更紧密的经济联系，FTA 也是其一种重要的战略选择。在中国方面，中国已经和东盟就建立中国-东盟自贸区达成协议，同时也和亚太地区的其他国家如新加坡、澳大利亚、新西兰等磋商建立双边的自由贸易协定。从中国经济发展的需求以及中国与日本、韩国的经济联系和地缘关系角度看，积极参与和推动中日韩三国建立 FTA 是中国在区域或双边自由贸易中的一个重要的政策和战略取向。

在区域经济一体化过程中，由贸易引发的环境问题或者区域贸易自由化带来的环境影响无论在广度和深度上都日益增强，识别和评价中日韩三国经济一体化可能带来的环境问题和环境影响，提出相应的对策措施，对于促进国内的环境管理，减少和预防区域贸易自由化可能产生的环境损害，为中国在区域经济一体化中提供环境策略支持具有重要意义。

从已有的研究来看，日韩两国已就双边 FTA 谈判的环境影响评价做了比较深入的研究工作，基本建立了环境影响评价的方法论和指南，并就部分环境问题如空气质量变化做了案例研究。

本文的目标是借鉴日韩 FTA 以及其他国家和地区 FTA 的环境影响评价经验和方法论，评价中日韩经济一体化潜在的环境影响，为中国政府提出政策建议，预防和减少经济一体化可能导致的环境损害，促进中国内部的环境管理、环境改善和贸易增长。

---

① 原文刊登于《环境经济》2007 年 Z1 期。

一、中日韩三国贸易量、基本贸易结构及其他经济联系

从经济和贸易总量看，2004 年中日韩三国 GDP 之和超过 7 万亿美元，占世界经济总量的 1/5。三国外贸总额超过 2 万亿美元，其中 58%来自三国之间的区域内贸易，高于北美自由贸易区的 55%，低于欧盟的 65.5%。

在贸易方面，迄今中日韩之间已形成了十分紧密的经济联系。按照中国海关统计数据，从 1993 年以来，日本连续 7 年成为中国的最大贸易伙伴，对日贸易占中国对外贸易的比重保持在 20%上下。2001 年以来，日本在中国对外贸易的地位略有波动，2004 年下滑至第 3 位，比重约在 15%。但是中国近几年来已经成为日本的第二大出口国、第一大进口国。

中韩之间的贸易比较稳定，从 2001 年以来，韩国一直是中国的第六大贸易伙伴，对韩贸易占中国对外贸易的比重为 7%左右。2004 年韩国最大的出口国仍是中国，对中国的出口占韩国出口总额的 19.6%。从进口看，2004 年中国是韩国的第二大进口贸易伙伴，占韩国进口额的比重为 13.2%。

日韩贸易关系也十分密切，目前日本是韩国的第二大贸易伙伴，而韩国是日本的第四大贸易伙伴。2004 年，日本是韩国的第一大进口贸易伙伴，占韩国进口额的比重为 20.6%。

从贸易结构看，三国在自然资源、贸易结构等方面具有很强的优势互补性。如中国对日本、韩国的农产品、纺织品等劳动密集型产品，日本、韩国对中国的机电产品、化工产品等技术和资金密集型产品。日本和韩国对中国的贸易结构较为相似。按照中国海关的数据统计分类，中国的初级产品中的食品及活动物、矿物燃料和润滑油以及家具、服装等杂项制品具有一定的比较优势，而日本和韩国的工业产品中的化学产品及有关产品、机械及运输设备等对中国具有一定的比较优势。

从吸收外商投资规模看，2004 年，日本和韩国企业分别向中国投资 54.52 亿美元和 62.48 亿美元，2005 年，则分别达到 65.29 亿美元和 51.68 亿美元，居外国对华投资的前 5 位。从投资方向看，重点集中在制造业领域，约占投资的 70%，主要行业包括通信设备、计算机及其他电子设备制造业、专用设备制造业、通用设备制造业、交通运输设备制造业以及化学品制造等。服务贸易领域约占 30%。

总体上看，中国、日本和韩国均互为重要的出口市场和投资对象，经济依存度不断提高，合作潜力巨大。东亚区域贸易自由化将对中日韩三国经济、社会等产生更为深刻的影响。因此，中日韩三国加强经济合作，促进东亚双边或区域贸易自由化，对推动整

个东亚地区的经济发展乃至对全球经济发展都具有重要意义。

二、中日韩经济一体化环境影响评价问题筛选

(一) 中日韩经济一体化的可能情景判断

中日韩经济一体化的程度和发展趋势是环境影响评价的主要对象,判断可能的经济一体化情景是进行环境影响评价的前提和关键。可以把三国经济一体化的可能情景假设为基础情景、中间情景和最终情景。

1. 基础情景

当前三国经济一体化的程度可以作为环境影响评价的基础情景。假定目前三国的贸易状况和条件是未来经济一体化发展的最低情景,即相互间的贸易状况和条件等至少不会发生倒退。

中国当前的贸易条件:根据"入世"承诺,中国已先后 4 次对关税进行大幅削减。目前,关税总水平已经从"入世"前的 15.3%降到 2002 年的 12.7%、2003 年的 11%和 2004 年的 10.4%,2005 年进一步降到 9.9%(提前达到 10%以下水平的目标)。其中农产品平均税率更是从"入世"前的 23.2%降至 2005 年的 15.3%。工业品平均税率将由 9.5%降低到 9.0%。2006 年中国根据世贸组织议定书有关农产品和工业品关税减让表规定进一步履行了"入世"承诺。

日本当前的贸易条件:2004 年日本关税平均水平为 2.4%。但是,日本仍对部分产品征收过高的关税或实施一些不合理的关税措施。日本的农产品、水产品关税普遍高于工业品,约 80%的农产品、水产品需要征税,其中相当多的大宗产品税率超过 15%。据 WTO 秘书处测算,2004 年日本农产品平均关税税率为 16.1%,远高于工业品 3.8%的平均水平。同时,日本在通关环节壁垒、技术性贸易壁垒以及卫生与植物卫生检疫等方面的措施比其关税壁垒要严重得多,特别是进口动植物产品的检验检疫。在服务贸易方面,日本对服务业领域管理进行了一些改革,放宽了限制,服务贸易准入环境总体有所改善,但仍存在一定的问题,包括建筑与工程服务中劳务引进、运输服务以及金融服务中的限制等。

韩国当前的贸易条件:韩国的平均关税税率在 8%以下。在乌拉圭回合谈判中,韩国承诺对 91.7%的关税税目进行约束。在非关税壁垒方面,韩国在进口限制、通关环节、农产品抽检、技术性贸易措施、卫生与植物卫生措施等方面的要求非常严格,特别是针对农畜产品。在服务贸易方面,建筑、金融服务、通信、教育、法律服务等方面有较多

的限制。

概括地说，在基础情景下，中国的状况是实现所有"入世"承诺后的贸易条件，包括关税和非关税措施等。日本、韩国基本保持其现有的贸易条件。

2. 最终情景

所谓最终情景是一个相对的概念，主要指在可预见的将来，三国经济一体化现实可能达到的一种状况，或者说三国贸易条件现实可能的变化情况。

根据以往其他各国或地区经济一体化的经验，中日韩三国未来经济一体化的程度最有可能是达成一个自由贸易协定。在此协定下，货物贸易的关税可能下降为零，但是特殊的敏感产品可能例外，如日本的大米或其他农产品。服务贸易可能比目前更为开放，但不会完全开放。知识产权保护可能比现在更为严格。

在非关税措施方面，贸易和投资的便利化程度可能有所提高，但也要看 WTO 在此问题上的谈判情况。在技术性贸易措施和卫生与植物卫生措施特别是在环境要求方面，从目前情况看，日本和韩国具有加强的趋势，不会因经济一体化程度加深或者达成自由贸易协定而有所减弱。

简单地说，在最终情景下，我们假定三国达成自由贸易协定，在此协定下，货物贸易关税下降为零，但部分敏感产品除外；服务贸易限制进一步减弱；非关税措施特别是关于环境的要求或措施总体上趋向更为严格。

3. 中间情景

中间情景是三国贸易条件介于基础情景和最终情景之间的一种可能的状况，中间情景可能有多种假设组合。

以上分析了中日韩经济一体化的三种可能情景。本文将重点分析基础情景和最终情景下的环境问题或影响，得出一个区间，中间情景只是此区间内的一种可能状况。

（二）中日韩经济一体化环境影响的来源

中日韩经济一体化进程会直接带来三国货物、服务贸易以及知识产权保护的变化。以下简单地定性分析了这些变化可能产生的环境影响。

1. 货物贸易带来的环境影响

中日韩三国经济一体化的直接环境影响主要来自三国的货物贸易，直接体现了经济一体化中环境影响的规模、结构、技术和运输效应等。

对中国来说，货物贸易带来的环境影响主要包括进口产品替代以及最终消费产生的环境影响、出口产品生产加工过程中产生的环境影响以及货物贸易运输产生的环境影响等。

在总量上，中国出口的货物越多，那么可能产生的污染或其他环境问题就越多，包括自然资源的耗竭、温室气体的排放、土壤的污染与退化、水体污染等。而进口越多的产品，至少在生产环节上，相当于进口环境质量，减缓国内的环境压力，如进口更多的粮食、相当于"虚拟水"的交易等。但另一个问题是这些产品的最终消费所产生的环境问题可能还要由国内自身来承担，如废旧电子电气产品、化学品的废弃物等。

在货物贸易中对环境影响比较大的行业或产品可以分为两类，一类是贸易总量大的产品，如机电产品、纺织品等；另一类是贸易总量不大，但存在明显的比较优势的产品而且对环境影响比较突出，如矿物燃料等一些初级产品。

在货物贸易中，很重要的一类产品是环境产品，这些产品在生产和消费环节中对资源的消耗、环境的污染程度都比较低，扩大此类产品的贸易份额有利于缓解各方的环境压力。

2. 服务贸易带来的环境影响

服务贸易带来的环境影响大多是间接的，可能有两个层次。首先，服务贸易在贸易总量中份额的扩大总体上有利于环境的改善；其次，服务贸易本身衍生的经济活动对生产和消费过程产生作用而引发的环境影响，这需要对不同的行业或部门进行具体分析。简单举例，如果中国金融业开放，外国优质的金融服务可能对产业结构调整的引导朝环境更为友好的方向发展；而旅游业的开放，则可能对自然环境特别是旅游区带来较大的环境压力。

3. 知识产权保护带来的环境影响

在三国经济一体化过程中，知识产权保护将更加严格。在 WTO《与贸易相关知识产权协议》（TRIPs）框架下，关于环境的问题主要是生物遗传资源以及生物多样性的保护。尽管这些议题还没有进行正式谈判，但是对中国来说有较大的利益空间可以争取，特别是在生物多样性保护以及防止生物遗传资源流失方面。

此外，TRIPs 协议强调发达国家应以较低的价格或门槛向发展中国家提供更多的环境友好技术。在此框架下，三国经济一体化更有利于日本或韩国的环境友好技术向中国转移。

4. 投资带来的环境影响

前面提到，目前日韩对中国的投资主要集中在制造领域，特别是通信设备、计算机及其他电子设备制造业。这些投资所产生的环境影响可能主要体现在固体废物方面。另外，随着中国服务贸易的开放，日韩在此方面的投资可能会增加，投资结构的改善有利于减轻中国的环境压力。

在三国经济一体化过程中，引发环境问题或影响的来源很多，本文将重点分析由货物贸易引起的直接的环境影响或问题，在此方面，国内政策的调整和制定可能更加容易和明确。

三、中日韩经济一体化

对中日韩经济一体化环境影响评价的重点行业和环境问题识别主要依靠现有的贸易数据，在不同的情景下，根据贸易总量和贸易结构作简单的定性分析。

（一）重点行业和产品识别

1．基础情景下的识别

在基础情景下，即日韩两国保持现有的贸易条件，中国完全履行"入世"承诺减让表，中日韩三国的贸易结构基本保持稳定。在此情景下，识别重点行业和产品的准则主要是贸易总量。

根据商务部规划财务司的数据，中国对日本出口贸易总量较大的行业集中在机电产品、纺织品、矿物燃料等初级资源产品、钢铁及钢铁制品、水产品以及蔬菜等农产品、化学品。

从日本向中国出口的产品看，贸易量居前位的行业或产品主要是机电产品、钢铁及制品、光学、照相、医疗等设备及零附件、有机化学品、塑料及其制品等。

在基础情景下，中日韩经济一体化环境影响评价的重点行业或产品应主要集中在机电产品（特别是电子电气产品）、纺织品、矿物燃料等初级资源产品、钢铁及钢铁制品、水产品以及蔬菜等农产品、光学、照相、医疗等设备及零附件、化学品等。

2．最终情景下的识别

由于缺乏详尽的数据和基本的模型模拟预测，因此对于自由贸易协定下环境影响评价的重点行业和产品辨识仅是一种基本的和粗略的逻辑判断。这里，我们主要分析关税变化带来的贸易变化以及可能的环境影响。

除了部分敏感产品，如日本的大米，目前日本和韩国的货物产品关税比中国低很多。这意味着，如果三国达成自由贸易协议，中国关税下降的程度比日本和韩国要快得多，对中国来说，货物进口的规模扩张速度可能比出口快。在此情景下，识别重点行业和产品的准则包括贸易总量和贸易结构变化。

在货物贸易和服务贸易中，二者总量都将会增长，在结构上，服务贸易的份额可能要加大，这对于缓解环境压力具有积极意义。

对于中国出口产品，机电产品和纺织品仍将可能是贸易规模最大的行业或产品；从进口看，机电产品、光学照相、医疗等设备及零附件以及化学品将可能是贸易量最大的行业或产品。机电产品对于中日韩都互有进出口，但是具体的产品结构不同，日韩出口的可能多是高端产品，而中国出口的可能多是较为低端的产品。

在 FTA 框架下，除了贸易总量的增加，货物贸易结构的变化可能是一个更为明显的特征。在一定时期内，中国具有一定比较优势的产品的出口增幅可能较大，日本和韩国具有相对比较优势的产品对中国的出口也可能增加。中国具有较明显的比较优势的行业或产品主要包括农产品、纺织品、矿物燃料等初级资源产品以及其他一些劳动密集型产品；而日本和韩国具有明显比较优势的是电子电器产品、机械设备以及化学产品等技术密集型和资金密集型的产品。这些行业产品在各国出口总量中的比重可能会上升。

在最终情景下，环境影响评价应重点关注那些贸易比重上升较快的行业或产品，可能包括农产品、纺织品、矿物燃料等初级资源产品、机电产品、化学品。

根据以上的简单定性分析，我们可以大体确定在三国经济一体化进程中环境影响评价应关注的重点行业或产品（表1）。

表1 三国经济一体化环境影响评价的重点行业或产品

中国出口		中国进口	
规模增加	比重上升	规模增加	比重上升
机电产品	纺织品	机电产品	机电产品
纺织品	矿物燃料等初级资源产品	钢铁及制品	光学、照相、医疗等设备及零附件
矿物燃料等初级资源产品	水产品以及蔬菜等农产品	光学、照相、医疗等设备及零附件	化学品
钢铁及钢铁制品		有机化学品	
水产品以及蔬菜等农产品		塑料及其制品	
化学品			

（二）主要环境问题识别

中日韩经济一体化环境影响评价所要关注的主要环境问题可以用因果链分析法进行定性识别。下面我们根据前面识别的重点行业或产品分别予以分析。

1. 中国出口可能带来的主要环境问题

中国出口所需关注的重点行业或产品可归纳为制造业、采掘及加工业、农业等三个部门（表2～表4）。

表2　制造业在最终情景下可能产生的环境问题

原因	预计发生的变化	可能的环境影响
1. 机电产品出口增加	钢铁需求增加	大气污染，如 SO_2、CO_2 等； 自然资源消耗，如铁矿石； 能源消耗，如煤炭、电力等
	稀有金属需求增加：如汞、铅等	金属冶炼造成水污染、土壤污染、对人体健康的影响等
2. 纺织品出口增加	纺织品印染规模扩大	偶氮染料对水的污染
	棉花种植面积增加	化肥、农药施用造成的面源污染； 棉花灌溉对地下水的消耗
	转基因棉花的扩张	农药施用的减少； 对农业生物多样性的影响
3. 钢铁及制品出口增加	铁矿石开采增加	矿山周围自然环境的破坏； 自然资源的消耗
	煤炭消耗增加	SO_2、CO_2 的排放增加
	电力消耗增加	能源消耗、大气污染
4. 化学品出口增加	化学原料投入增加	造成污染，特别是 POPs 污染

表3　采掘及加工业在最终情景下可能产生的环境问题

原因	预计发生的变化	可能的环境影响
1. 焦炭出口增加	煤炭需求增加	自然资源的消耗； 煤炭开采时生态环境的破坏
	焦炭冶炼规模扩张	大气污染，如 SO_2、CO_2 排放
2. 其他初级资源性产品出口增加	类似焦炭出口	类似焦炭出口

表4　农业在最终情景下可能产生的环境问题

原因	预计发生的变化	可能的环境影响
1. 大米出口增加	大米种植面积扩张	农药、化肥施用增加带来的面源污染； 灌溉用水的消耗增加； 土地的退化； 温室气体的排放增加
	农民提高大米的品质	减少农药、化肥的使用
2. 水产品出口增加	水产品养殖面积扩张	对养殖海域的水污染
	养殖户提高水产品品质	减少激素等物质的使用； 促进养殖海域环境的改善
3. 蔬菜出口增加	蔬菜种植面积增加	农药、化肥施用增加带来的面源污染； 灌溉用水的消耗增加
	其他作物用地转为蔬菜用地	土壤肥力的可持续性
	蔬菜品质的提高	减少农药、化肥的使用； 促进土壤环境的改善

原因	预计发生的变化	可能的环境影响
4. 畜产品出口增加	养殖业的扩张	畜禽粪便造成污染； 牧场草地的退化
	与饲料相关产业的发展	农药化肥施用等造成的面源污染

总体来看，在制造业和采掘加工业领域，前面提到的重点行业所产生的环境影响基本上是负面的。对于农业来说，环境影响可能有两方面：一方面，在短期，随着出口量和产量的增加，农民施用化肥和农药的数量增加，带来更多的面源污染；另一方面，从长期看，日本和韩国的环境标准、要求较高，特别是在农药残留、畜禽检疫等卫生和植物卫生措施方面，如果中国农产品想占领更多的市场份额，以更高的价格销售，就必须严格遵守农产品、水产品以及畜产品生产的每个环节和工序的环境标准，包括土壤、水、农药施用等生产过程的环境管理，这样有利于促进农村环境的改善、中国自身食品安全的进步以及对人体健康的关注，这种正面的影响可能要大于前面的负面影响。

2. 中国进口可能带来的主要环境问题

中国进口在最终情景下可能产生的环境问题详见表 5。

表 5　中国进口在最终情景下可能产生的环境问题

原因	预计发生的变化	可能的环境影响
1. 机电产品进口增加	国内生产的替代效应	相应减少国内的环境污染和压力
	废弃物增加	固体废物对土壤、水体的污染； 危险废弃物造成的污染
2. 钢铁及制品进口增加	国内生产的替代效应	减少能源消耗和环境污染
	废旧钢铁回收	减缓资源压力
3. 光学、照相、医疗等设备及零附件进口增加	国内生产的替代效应	减少能源消耗和环境污染
	废弃物增加	造成对土壤、水的污染
4. 化学品进口增加	国内生产的替代效应	在生产环节减少对水的有毒有害物质及有机物污染
	化学品废弃物	在消费环节对环境的污染

总体来看，进口贸易规模增加主要有两类环境影响：一类是在生产环节的替代效应，可以减轻国内生产同样产品带来的环境和资源压力；另一类是进口产品消费中产生的环境影响，有些具有积极意义，如废旧钢铁的回收循环使用等，但大部分产品消费后的废弃物可能带来较大的环境压力，如废旧电子电气产品以及化学品废弃物等，特别是在国内电子废物以及危险化学品环境无害化回收利用技术不成熟、环境标准和环境监管缺位的情况下尤为突出。

以上分析仅是简单的、线性的和静止的定性分析，考虑到在经济一体化进程中环境影响的规模、结构、技术和政策效应等，负面的环境影响不会呈现简单的线性或几何增长，其速度通常会低于贸易扩张的速度。需要重点关注的环境问题是废旧电子电气产品的处置、化学品废弃物的处置、纺织行业产生的水污染、钢铁行业产生的大气污染以及初级资源产品的消耗等。

四、应对中日韩经济一体化环境影响的政策建议

按照当前的形势判断，中日韩经济一体化程度不断加深甚至最终签署自由贸易协定是未来的基本趋势。相对于日本和韩国，中国作为发展中国家，在经济一体化中面临的环境压力和挑战更大，一方面是造成的环境问题更为广泛和严重，另一方面是国内政策在制定和执行方面都较弱。因此，对三国经济一体化的环境影响进行前瞻性的研究，提出可能的政策和措施来缓解潜在的环境压力，其意义不言而喻。对于中国国内环境管理来说，需要预防经济一体化带来的负面环境影响，扩大其可能产生的积极环境影响，从而促进国内环境的改善。主要的加强或减弱措施可以包括以下几点：

（1）国家整体战略调整。在国家层面整体战略上，以科学发展观为指导，从根本上改变单纯追求贸易增长，忽视资源约束和环境容量的发展模式，建立环境友好型贸易发展模式，改善贸易结构，限制高污染、高耗能以及初级资源产品的出口，平衡贸易和环境利益。对贸易政策进行环境影响评价，避免潜在的环境风险。

（2）扩大环境影响的政策效应和结构效应。日本和韩国的环境标准较高，自由贸易协定谈判不可能降低他们的环境标准和要求，中国应借助这种外部压力，结合实际，不断提高自身的环境要求和标准，促进国内产品、产业和贸易结构的改善和升级，提高服务贸易和环境产品贸易的比重，扩大对外的市场准入，缓解国内环境压力，同时较高的环境要求或标准也可以更好地防止进口产品可能带来的对国内环境和人体健康的潜在风险。

（3）扩大环境影响的技术效应。通过各种可能的方式和途径，尽可能多地促进环境友好型技术向中国的转移以及中国环保产业的发展，促进清洁生产和循环经济发展，使能耗更低、资源使用效率更高、污染排放更少。

（4）建立区域环境协调机制。针对三国经济一体化所产生的环境问题，三国政府应在已有的三国环境部长机制下建立合适的区域环境协调机制，采取联合措施，共同解决区域以及各自国内所产生的环境问题。

（5）加强国内环境管理。中国环境部门应针对三国经济一体化进程中潜在的环境问

题，分析差距和政策缺陷，尽快制定完善相关法律及其细则管理办法，对重点行业和产品提出具体的环境污染预防和治理要求，例如，对电子废物的越境转移、回收利用的环境标准和环境监管体系的建立；危险化学品的运输、使用、处置；外商投资产业目录的调整；限制或禁止进出口产品目录的调整等。

国际社会的绿色投资指南实践[①]

李　霞　贲　越　姜　琦

健全的环境管理是可持续发展的重要组成部分。近年来，国际社会广泛认为环境管理既应是一种企业责任，又是一种商业机会，而国际企业可以在二者中发挥重要的联系作用。现阶段，国际社会已有一些有关环境责任的高层宣言，并也有众多关于社会责任的单个项目和倡议。

目前，国际上有许多国际机构，如联合国环境规划署、世界银行、经济合作与发展组织（OECD）以及其他双边机构均在积极推动企业社会责任，金融服务业也在推动企业环境可持续管理以及参与制定具体资源型行业的管理指南，并获得了发达国家的广泛支持和发展中国家的认同。而这些"绿色"指南主要分为两类，一类是企业环境责任管理领域，另一类是金融与可持续管理领域。

一、企业环境责任领域

（一）OECD 跨国公司指南

1976 年，OECD 制定的《跨国企业指南》（以下简称《指南》）是规范全球跨国公司行为的一份重要文件，2000 年《指南》进行了重新修订，成为《经济合作与发展组织国际投资与跨国企业宣言》的重要组成部分。《指南》要求跨国公司应该充分考虑到他们经营所在国的既定政策，并且考虑到其他利益相关者。《指南》具体包括：一般政策、信息披露、就业和劳资关系、环境、禁止贿赂、消费者利益、科学和技术、竞争、税收等诸多内容。《指南》把环境放在了很重要的位置，而且专门用一章来讨论企业环境绩效。这也广泛地体现了包含在《里约宣言》和《21 世纪议程》中的原则和宗旨。

[①] 原文刊登于《环境与可持续发展》2010 年第 4 期。

《指南》在准则中鼓励所有企业提高其保护环境的能力，包括：在生产经营中充分考虑健康与安全的影响。其特点包括了对有关环境管理体制提出的具体建议，同时希望在对那些存在严重破坏环境风险的地区采取预防措施。

《指南》在准则中除要求企业在财务信息的披露、会计和审计方面采用高标准外，还鼓励企业在非财务信息方面也执行高标准，包括环境和社会报告。其要求涉及社会、环境风险等报告范围应包括跨国公司分包商以及合资企业伙伴活动信息。

这份《指南》是 OECD 各国政府共同向跨国企业提出的建议，企业遵守《指南》是自愿并且非法律强制性的，同时《指南》鼓励企业，不论在何处考虑东道国特定条件的同时，遵守《指南》。

（二）ISO 企业社会责任指南

ISO 消费者政策委员会于 2001 年首次向 ISO 提出了制定一项社会责任标准的需求。2003 年，由 ISO 技术管理局建立的、由多个利益相关方参与的 ISO 社会责任特别工作组完成了对世界范围内的社会责任倡议和相关问题的全面纵览。2004 年，ISO 就是否应开展社会责任方面的工作举行了国际会议。会议的积极建议促使了 ISO 社会责任工作组于 2004 年成立。该工作组的任务是在 2008 年完成 ISO 26000 标准制定工作。

ISO 26000 标准将提供自愿性的社会责任（SR）指南标准。但 ISO 26000 仅包含指南而不包含要求，因此，它将不用作类似 ISO 9001：2000 和 ISO 14001：2004 那样的认证标准。ISO 26000 将通过以下方式为现有的社会责任工作增值：就社会责任的含义和组织需处理的社会责任主题达成国际一致；为理念转化为有效的行动提供指南；精选现有的最佳实践向全球推广，以促进国际社会的福祉。

目前，已达成一致的关于标准制定工作的"设计规范"确定了 ISO 26000 将包含标题、前言、适用范围、规范性引用文件、术语和定义、所有组织运行的社会责任背景、与组织有关的社会责任原则、关于社会责任核心主题（问题）的指南、组织关于实施社会责任的指南、指南附录、参考文献等。在 ISO 成员巴西技术标准协会和瑞典标准化委员会的联合领导下，54 个国家和 33 个联络组织参与了社会责任工作组的工作。

（三）全球契约

1999 年 1 月在达沃斯世界经济论坛年会上，时任联合国秘书长科菲·安南正式提出"全球契约"（The United Nations' Global Compact）计划，并于 2000 年 7 月在联合国总部启动。全球契约计划号召各公司遵守十项基本原则，包括人权、劳工标准方面、环境方面、反贪污等方面。

企业参与"全球契约"获得的好处可以概括为：成为负责任的公民的表率；与有共识的公司及组织交流经验，相互学习；与其他公司、政府组织、劳工组织、非政府组织以及国际组织建立合作关系；与联合国各机构建立合作伙伴关系；通过实施一系列负责的管理计划与措施，将公司发展视野扩大到社会范畴，从而使商业机会最大化；参与旨在寻找解决世界重大问题的方法的对话。

该契约实施方式包括：全球政策对话、地方网络、互相交流学习、伙伴关系项目。全球合约鼓励公司参加同联合国机构和民间社会组织为实现联合国全球发展目标而合办的伙伴项目。

此外，全球契约还与联合国环境规划署共同发起"责任投资原则"，在履行受托人职责时，环境、社会和公司治理（ESG）因素会影响投资组合的回报。这些原则的应用能够将投资者与更广泛的社会发展目标联系起来。

二、金融与可持续管理领域

（一）国际金融公司的社会和环境绩效标准

世界银行下属的国际金融公司（IFC）关于社会和环境可持续性政策与信息披露政策的一整套规范（IFC Performance Standards）已于 2006 年 4 月 31 日开始生效。这套绩效标准标志着国际金融机构在加强社会和环境政策方面迈出了重要的一步，通过采取一种侧重成果的方法，从规则体系转变到对客户绩效和项目成果具有明确要求的原则体系；要求通过向公众披露信息提高透明度，强化了问责制。该标准框架由六个文件组成。前三个文件已经由 IFC 的董事会批准，这三个文件主要涉及 IFC 的政策及其客户，规定了 IFC 在与客户合作时支持项目绩效的责任、客户在项目管理中的作用和责任、获得和持续得到 IFC 支持的要求，以及 IFC 作为一个机构披露自己的信息和活动的义务。另外三个则为辅助性文件，主要为实施建议的"可持续性政策"和"绩效标准"的 IFC 工作人员和客户提供指导。

（二）赤道原则

赤道原则（the Equator Principles，EPs）是 2002 年国际金融公司和荷兰银行在伦敦召开的国际知名商业银行会议上，提出的一项企业贷款准则。赤道原则属于非官方的自愿性规定，这项准则要求金融机构在向一个项目投资时，要对该项目可能对环境和社会的影响进行综合评估，并且利用金融杠杆促进该项目在环境保护以及周围社会和谐发展方面发挥积极作用。

宣布实行赤道原则的银行必须制定与该原则相一致的内部政策和程序，并对项目融资中的环境和社会问题尽到审慎性审核调查义务，只有在项目发起人能够证明项目在执行中会对社会和环境负责并会遵守赤道原则的情况下，才对项目提供融资。截至 2007年 1 月 15 日，宣布实行赤道原则的金融机构（EPFI）已有 45 家，它们来自五大洲 16个国家，包括 1 家出口信用机构（丹麦的 EKF）和 5 家来自发展中国家的银行（分别来自南非和巴西）。我国尚无银行参与"赤道原则"。

虽然目前赤道银行的绝对数量并不多，但是它们都是国际上领先的大型金融机构，在全球项目融资领域的业务量和影响力都非常巨大。据估计，实行赤道原则的银行 2003年在全球项目融资联合贷款市场的总份额大约为 80%，截至 2007 年 1 月，赤道银行在全球项目融资中的份额占到 90%以上。

（三）联合国环境规划署可持续金融计划

联合国环境规划署可持续金融计划（UNEP Financial Initiative，UNEPFI）是环境规划署下设的金融专业机构，其前身是设立于 1991 年的联合国环境规划署金融计划（由一些小型的商业银行发起的研究组织）和 1995 年成立的联合国环境规划署保险业计划，这两个计划于 2003 年进行了最终合并，形成了现在的计划模式。其目标是通过合作将有关环境、社会和公司治理标准引入金融部门的运作和服务中。

截至 2006 年，共有 168 家机构，包括银行、保险公司和基金公司参与其中。而按地域划分，欧洲占其中的 55%，亚太地区占 27%，北美洲占 11%。按行业划分，银行占其中的 71%，保险业占 18%。中国企业在其中数量极少，仅有上海银行、北京商业银行等几家企业，中国的招商银行于 2007 年正式加入该计划。该战略工作计划主要是协调金融机构与环境保护的可持续发展问题，其主要层面包括：气候变化、保险业、投资、可持续管理与报告制度、促进全球报告计划的发展、开发可持续管理和经济报告制度的商业案例、促进生物多样性和生态系统服务、金融与环境意识的提高等。

（四）重要的可持续管理专项领域

世界上有 50 多个发展中国家，35 亿人口依赖于采掘业获得经济发展利益。采掘业（油气业和矿业）透明倡议（Extractive Industries Transparency Initiative，EITI）是在 2002年 9 月约翰内斯堡的世界可持续发展峰会上发起的。该项倡议认为对自然资源财富的开发是可持续经济增长的基础，收入分配和资源致富的透明化可以使自然资源财富，以更有效和更公平的方式加以使用，同时有利于政府进行财政规划和宏观经济规划。

在 EITI 2005 年伦敦会议上，EITI 的参与者还通过了实施标准，鼓励世界各国在条件允许的情况下超越这些最低标准要求。与会者对采用国际货币基金组织的《财政透明度良好行为守则》和《财政透明度手册》中的良好行为指导条款表示赞同。会议还接受将 2005 年发布的 EITI 资源手册作为实施行动的补充和说明性文件。

目前，阿塞拜疆、刚果共和国、尼日利亚、圣多美和普林西比、东帝汶、特立尼达和多巴哥等均已开始阐释并实施该倡议，在促进 EITI 发展方面起到了国家层面的重要作用。这些国家均按照 EITI 原则，将 EITI 与国内其他原有制度相结合，形成了工作计划。EITI 已发展成为一个新确立的国际机制，其秘书处即国际行动小组的总部于 2006 年 12 月正式设在挪威奥斯陆，挪威政府制定了一个 4 000 万美元的三年预算，以促进各国政府和企业，共同提高管理能源收入的水平。

三、结语

根据对上述国际环境责任指南或金融行业在环境管理方面的发展认同趋势的汇总，这些管理指南在制定与实施过程中主要呈现出如下特点：

（1）指南或计划基本属于非强制性措施，与发达国家政治与经济利益挂钩。由于多数国际机构由发达国家占据主导位置，发达国家多将这种环境管理指南或合作计划与人权、反腐败挂钩，形成一套符合自身利益的政治与经济工具。

（2）多数发展中国家的环境意识提高，推动环境管理指南或国际合作技术在本地的应用。现阶段，非洲国家和亚太地区的资源型贫困国家是部分指南或计划的积极簇拥者。例如，涉及矿业可持续利用的"采掘业透明倡议"、可持续金融管理的"赤道原则"都获得了像加纳、尼日利亚、吉尔吉斯斯坦、印度尼西亚等众多非洲和亚洲国家的支持。

（3）"中国态度"日趋重要和敏感化。中国企业目前由于受经济实力和地域发展范围的限制，参与的国际环境管理指南或合作计划寥寥无几，且基本仅参与联合国框架内一些宽泛的协议，如全球契约、联合国环境规划署可持续金融计划等。但不能忽视的是，在涉及资源开发的重要领域，"中国政府和中国企业的态度"已成为西方发达国家和部分发展中国家关注的"一极"，如中国在非洲、亚洲木材和矿产资源开发上的可持续利用问题在许多国际场合都成为一个"区域环境问题"加以讨论。

鉴于上述形势，我们应加快促进我国成为未来国际环境管理手段制定与执行的主要力量，加强中国政府与中国企业在其中的发言权，落实党的十七大报告中强调的"在环保上相互帮助，协力推进，共同呵护人类赖以生存的地球家园"的参与国际合作精神，为推动我国企业环境管理进程以促进企业"走出去"战略服务。

政策篇

构筑我国绿色贸易体系的对策研究[①]

李丽平　胡　涛　吴玉萍　沈晓悦　毛显强　俞　海

保护环境和发展贸易是促进社会经济发展的两个重要方面。环境与贸易紧密联系相互影响。不可持续的贸易将导致生态环境恶化，而恶化的生态环境将影响贸易增长；环境保护将优化贸易结构和绿化贸易增长，绿色贸易将缓解资源环境压力和有利于环境保护目标的实现。因此，实现优化贸易增长和减缓生态环境恶化的双重目标，需要构筑绿色贸易体系。

一、我国现行贸易体系给资源环境带来了很大压力

我国现行贸易体系总体上存在贸易结构不合理、贸易顺差过大、贸易的环境效率低下等问题。贸易结构不合理主要表现在"四多"和"四少"，即资源消耗高、环境污染强度大的产品出口多，资源消耗低、环境污染强度小的产品出口少；产业链低端产品出口多，产业链高端产品出口少；传统产业出口多，高新产业出口少；货物贸易出口多，服务贸易出口少。贸易顺差总量大且增速过快，总量已超千亿美元。2005年贸易顺差为1 020亿美元，2006年贸易顺差达到1 774.7亿美元，增速高达74.1%。贸易的环境效率低下主要是由于环境标准等环境因素对贸易增长产生的不利影响。例如，由于不符合欧盟严格的茶叶农残标准，2002年，我国对欧盟茶叶出口额减少29%，直接损失1 046万美元。

由此可见，我国现行的贸易体系不仅使贸易不可持续，而且直接对生态环境造成巨大的负面影响。从贸易结构来看，在我国出口贸易结构中，传统出口优势产业中高污染、资源密集型产业占有相当比重，如纺织、皮革及制品、化工、食品和农产品、水泥建材、焦炭、钢铁等。这样高污染、资源密集型产业的出口结构和比较优势导致的直接后果就是过量消耗国内的资源，加重国内环境污染。从内涵能源〔所谓"内涵能源"（embodied

---

① 原文刊登于《中国人口·资源与环境》2008年第2期。

energy 或 embedded energy）是指产品上游加工、制造、运输等全过程所消耗的总能源]的角度来讲，出口产品附带了内涵能源的出口。而高耗能产品大多是严重污染环境的产品，焦炭生产过程中排放的废气、废水，电解铝生产过程中产生的氟化物，铁合金生产过程中产生的粉尘等都严重污染环境。据统计，2004 年中国出口的未锻轧铝、钢坯和钢材、铁合金以及黄磷四种产品生产环节消耗电能 490 亿 kW·h，相当于全部电力缺口的 82%。国家环保总局 WTO 专家组初步计算结果表明："十五"期间，我国 SO_2 高中污染行业产品的出口约占总出口额的 40%，而 COD 高中污染行业产品的出口占总出口额的 44%。据中国社会科学研究院的研究，近年来，中国已经成为内涵能源的净出口国。2001—2006 年，中国净出口内涵能源从 2.17 亿 t 标煤增长到 6.68 亿 t 标煤，呈现相对稳定的快速增长趋势。从部门分析来看，一些传统的出口优势部门由于出口总量较大而位居内涵能源出口的前列。在出口贸易总额中占前三位的服装及其他纤维制品制造、仪器仪表文化办公用机械、电气机械及器材制造业也是出口内涵能源最多的部门。以 2002 年为例，这三个行业分别占内涵能源出口量的 13.4%、12.2%、12.5%。此外，化学原料及制品制造业、黑色金属冶炼及压延加工业，尽管在贸易总额中所占比例不高，分别为 3.5%、1%，但其出口商品是典型的能源密集型产品，在内涵能源出口中的比例分别为 7.1%、2.3%，大大高于其贸易额的比例，如果扣除进口中间产品的影响，该比例将进一步提高，分别为 8.0%、2.8%，这说明加工出口能源密集型产品主要消耗国内的原材料，对国内能源和环境影响较大。能源消耗的同时会造成大量的污染物和碳排放。从贸易顺差方面来看，为片面追求出口增长，掠夺性开采资源在一定程度上对我国生态和环境造成了消极影响。例如，1982—1993 年我国出口发菜 799 t，创汇 3 126 万美元，由此直接导致二连浩特周围 200 多 km^2 的土地已沙化或严重沙化。另外，国家电网北京经济技术研究院副院长兼总经济师胡兆光在《经济参考报》撰文指出"中国是能源间接出口大国"。我国历年贸易顺差商品的生产中所需要的能源，即间接能源出口量，1980—2005 年年均增长 14.22%，2005 年达到 3.3 亿 t 标油。

总而言之，现行贸易体系导致了大量的"污染泄漏"和"碳泄漏"。具体而言，就是不合理的出口贸易结构和贸易顺差间接导致了国内大量廉价的石油、矿产品、农产品、初级工业加工产品等输出，而大量污水、废气、废渣等污染物被留在国内，造成石油、矿产资源和水资源不断减少，农田土壤质量普遍下降，草原退化等一系列资源和生态环境恶化的严重后果。

改变这种贸易和环境"双负"的状况，形成环境和贸易相互促进的"双赢"局面，需要一定的环境管理政策手段来绿化或优化贸易结构、调控贸易总量、提高贸易的环境效率，也就是要构筑绿色贸易体系。

二、贸易环节创新设计环保"阀门"是构筑绿色贸易体系的关键

构筑绿色贸易体系的指导思想是以科学发展观为指导，以促进经济增长方式转变、环境绿化贸易增长、加快环保工作三个历史性转变和确保环保目标实现为目标，以环保手段绿化贸易增长和绿色贸易手段缓解资源环境压力，构筑减少并扭转我国贸易的资源环境逆差和促进绿色贸易发展的环境管理政策体系。

遵循如上指导思想，改变现有贸易体系和状况，减少由于贸易导致的环境污染和生态破坏，有必要运用环境管理手段，在贸易环节设计环境保护"阀门"，即综合制定并运用环境关税、基于环保目的的市场准入与准出制度、绿色投资等措施。

1. 环境关税

运用出口退税结构性调整措施促进出口和资源利用相协调，扩大出口关税征收范围，加征高污染产品出口环境关税。在现有出口退税、调节出口税率等贸易政策的基础上，考虑有针对性地对出口额大而又高污染行业中的高污染产品加征出口环境关税，如纺织品、化工产品、纸制品等，逐渐减少高能耗、高污染和资源性产品的出口比重，以缓解资源和环境方面的压力。有关部门应该开展深入研究，列出环境关税征收产品清单，该清单必须考虑环境关税征收与国家宏观经济政策及环境保护政策的衔接。该清单是动态清单，而非固定清单。随着产业结构升级，产品的征税政策可以进行相关调整。环境关税应以从量计税方式加征，具体以出口货物的数量和重量征税，旨在扭转我国对外贸易发展长期以来难以摆脱的以量取胜的困境，推动产品结构优化和产业升级。

2. 基于环保目的的市场准入与准出制度

具体可以通过许可证管理、环境标准管理、环境审计及环境认证等方式来实现。以产品贸易为例，按照环境管理的要求，根据产品本身以及产品生产过程对环境污染的程度，将产品分为对环境造成危害的产品或珍贵濒危物种资源、不利于环境的、对环境友好的产品等几个层次，对这些产品的进出口贸易实施禁止进出口、限制进出口、一般进出口贸易政策和鼓励进出口等许可证管理。同理，对于企业和行业的贸易行为也可以实施许可证管理。环境标准可以作为产品、企业或行业进入贸易领域、参与贸易行为的"入场券"和"出门券"，只有符合环境标准的产品、企业或行业才允许贸易。环境认证包括环境管理体系认证和环境标志产品认证，环境认证不仅可以激励企业改善环境行为，促进其市场竞争力，同样可以作为产品、企业或行业参与贸易的环境"门槛"。从国际贸易角度来看，环境审计可以理解为从产品、企业和行业三个层面对环境成本费用、环境损害费用进行审计。

3．绿色投资手段

国务院发布的《指导外商投资方向规定》及国家发展和改革委员会与商务部共同发布的《外商投资产业指导目录》中对外商投资产业进行了如下分类：鼓励类、允许类、限制类和禁止类。它将"新技术、新设备，能够节约能源和原材料、综合利用资源和再生资源以及防治环境污染的"列为鼓励投资类、将"不利于节约资源和改善生态环境的"列为限制类、将"对环境造成污染损害，破坏自然资源或者损害人体健康的"列为禁止类。同时，制定规范引导我国资源环境密集型行业到海外投资的绿色投资指南。这是构筑绿色贸易体系的不可忽视的重要环节。

三、尽快建立健全绿色贸易体系的政策框架

初步研究表明，我国应该从以下方面创新设计绿色贸易体系的政策框架。

从具体政策措施来看，主要包括产品出口的资源环境关税、市场准入与准出环境要求、投资的资源环境导向等手段。

从政策的作用点来看，主要包括产品、企业、行业三个层面。从政策的分类管理来看，依据环境影响程度，采取禁止、限制、许可、鼓励等手段类型。

本文从政策的作用点出发，结合具体政策及政策分类管理构筑的贸易体系政策框架见图1。

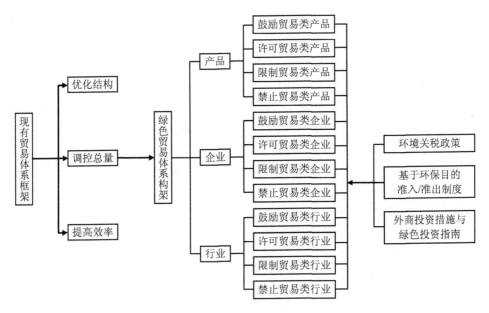

图1　绿色贸易体系政策框架

（一）产品

依据贸易的四个层面：鼓励贸易、许可贸易、限制贸易和禁止贸易，绿色贸易体系可以将产品分为鼓励贸易类产品、许可贸易类产品、限制贸易类产品和禁止贸易类产品。

鼓励贸易类产品指生产过程及产品本身节约能源和资源，并对环境友好的产品，如环境标志产品/生态标志产品、绿色食品等。具体措施：对于取得环境标志的产品，通过提高出口退税率等政策措施，鼓励和扩大其出口规模；加强这些产品的许可证管理和环境标准管理，提高这些产品的贸易效率；另外，在投资政策方面，可以加大对这些产品生产的投资规模。

允许贸易类产品是指非鼓励贸易类、限制贸易类和禁止贸易类产品。大多数产品属于这一类型。对于这一类产品，要结合环境管理的需要和国内经济发展的需要，征收出口关税及调节出口关税税率，适当加征出口环境关税；加强这些产品的许可证管理、环境标准管理，强调环境审计，提高贸易环境效率；按需确定投资规模。目的是引导其进出口贸易。

限制贸易类产品是指不利于节约资源和改善生态环境的产品，如一些高能耗产品。具体措施是：对于此类产品，征收出口关税及调节出口关税税率，而且要在征收出口环节关税基础上加征出口资源环境关税，使环境成本内部化，限制其出口规模；加强这些产品的许可证管理、环境标准管理，强调环境审计，适当缩小该类产品的贸易规模；在投资政策方面，缩小对这些产品生产的外资规模。

禁止贸易类产品是指对环境造成污染损害、破坏自然资源或损害人体健康的产品，如"两高一资"产品。对于这类产品，要禁止准入和准出，禁止任何外商投资。

（二）企业

在企业层面可以将企业分为鼓励贸易类企业、许可贸易类企业、限制贸易类企业和禁止贸易类企业。

鼓励贸易类企业是指其产品质量符合环境标准和要求，其环境管理通过环境管理体系认证的企业。这类企业包括"国家环境友好企业""绿色"企业等。由于这类企业已经达到环境污染物排放指标，单位产品综合能耗和水耗等达到国内同行业先进水平，内部建立了完善的环境管理体系，企业产品达到了质量和环境标准，因此，其对外贸易行为也会产生较好的示范作用。对这些企业的出口应在政策上进行鼓励。具体措施应该实施一定的税收、信贷等优惠政策，设立"绿色"出口通道，鼓励和扩大出口规模；根据市场需求加大这类企业的投资规模。

许可贸易类企业是指非鼓励、限制和禁止贸易类企业，大多数企业属于此类企业。对这类企业的具体措施是通过进出口税收政策、投资政策，设定出口配额，增强企业领导干部和职工的环境意识、实施企业环境管理员制度等加强企业环境管理，引导其出口方向和规模。

限制和禁止贸易类企业一般指严重污染企业，对于这类企业，除依照环境法律法规予以"关、停、并、转"外，从贸易方面也要给予取消许可证、外贸经营权，通过主要媒体和政府网站陆续公布它们的名单（所谓"黑名单"）等措施，禁止这些企业的产品出口；限制这类企业的投资规模，禁止外商投资该类企业。

（三）行业

根据行业综合污染水平、产值量及贸易额等指标，在行业层面构筑绿色贸易体系同样可以分为鼓励贸易类行业、许可贸易类行业、限制贸易类行业和禁止贸易类行业。这里的贸易额作为一个参考指标而非约束指标。因为现实的贸易总量并非代表未来的贸易总量。产值量才是决定未来贸易量的约束因素。

对不同类型行业采取不同的政策措施"绿化"行业贸易：对于鼓励贸易类行业，如低污染行业，通过出口退税等政策措施，鼓励出口，加大该行业投资规模；对于限制贸易类行业，如高污染高产值行业，则要通过加强环境管理及出口退税等政策，引导其出口和进口规模，限制投资；对于禁止贸易类行业，如高污染低产值行业，可以通过降低进口关税等政策措施，设立"绿色"进口通道，鼓励该行业产品进口，另外，还要禁止外商投资该行业。

促进环境与贸易协调构建绿色贸易体系①

李丽平

"十二五"环保规划进一步强调了加强环境与贸易协调的重要意义以及对于实现可持续发展目标的重要作用，同时提出了更加具体的要求和责任落实及保障机制，增加了目标实现的可行性。

《国家环境保护"十二五"规划》将促进环境与贸易协调作为实现"十二五"环保目标需要完善的重要政策措施，提出要"积极参与环境与贸易相关谈判和相关规则的制定，加强环境与贸易的协调，维护我国环境权益。研究调整'高污染、高环境风险'产品的进出口关税政策，遏制高耗能、高排放产品出口。全面加强进出口贸易环境监管，禁止不符合环境保护标准的产品、技术、设施等的引进，大力推动绿色贸易"。同时，对不同主管部门提出了相关要求，例如，"环境保护部门要加强环境保护的指导、协调、监督和综合管理。商务部门要……推动开展绿色贸易，应对贸易环境壁垒。海关部门要加强废物进出境监管，加大对走私废物等危害环境安全行为的查处力度，阻断危险废物非法跨境转移"。

与《国家环境保护"十一五"规划》和《国家环境保护"十五"计划》相比，"十二五"环保规划关于环境与贸易协调的相关内容既延续和继承了前两者的相关内容，如强调积极参与环境与贸易相关谈判，又适应时代要求有了较大发展，如由"十一五"环保规划中的积极应对绿色贸易壁垒，到"十二五"环保规划中的积极研究制定相关政策。

具体而言，针对环境与贸易协调的有关内容，"十二五"环保规划具有如下几个特征：第一，目标定位更加明确，强调从环境保护的角度，加强环境与贸易协调的重要目标是要维护我国的环境权益，是服务于节能减排目标实现的重要途径；第二，指导原则更加清晰，加强贸易与环境协调就要主动参与国际环境公约与贸易规则的制定而非被动参与，主动制定相关协调环境与贸易的政策而非被动应对和调整；第三，政策措施更加

---

① 原文刊登于《环境经济》2012 年第 6 期。

具体，"十二五"不是简单提出笼统的原则，而是具体提出调整"两高"（高耗能、高环境风险）产品的进出口关税政策，具有很强的可操作性，方便落实；第四，规划内容更加全面，不但对准入政策，而且对准出政策予以明确规定，一方面完善准入政策，禁止不符合环境保护标准的产品、技术、设施等引进，另一方面，建立遏制高耗能、高排放产品出口的准出政策；第五，责任落实更加到位，首次对相关责任主体，如环保部、商务部、海关等部门，提出了加强环境与贸易协调的具体分工要求。总之，"十二五"环保规划进一步强调了加强环境与贸易协调的重要意义以及对于实现可持续发展目标的重要作用，同时提出了更加具体的要求和责任落实及保障机制，增加了目标实现的可行性。

一、"十二五"以前我国加强环境与贸易协调的主要工作和进展

自 20 世纪 90 年代以来，随着全球生态环境恶化和人们环境意识不断增强，贸易保护主义不断抬头，环境与贸易的冲突日趋激烈。反映到世界贸易组织（WTO）多边贸易体制中，有三个基本变化：一是 2001 年多哈回合谈判设立了唯一一个新议题——贸易与环境议题；二是法律体系内制定了与环境有关的规则，例如将"可持续发展"纳入WTO 宗旨中，提出"应依照可持续发展的目标，考虑对世界资源的最佳利用，寻求既保护和维护环境，又……"，将环境保护作为 WTO 基本原则的一般例外，在部长决定和宣言中做出决议，如《关于贸易与环境的决议》《关于服务贸易与环境的决议》等；三是相关的环境与贸易争端不断涌现，例如 1998 年加拿大诉欧盟石棉案、2000 年马来西亚诉美国虾龟案等。

我国自 2001 年成为 WTO 成员以来，不可避免地开始受到国际环境与贸易问题的影响，同时必须适应和应对国际社会环境与贸易的相关要求。具体体现在：第一，随着"入世"后我国对外贸易的飞速发展，贸易顺差也带来了巨大的"环境逆差"。到 2010 年，我国贸易顺差达到 1 831 亿美元，成为世界第二大经济体和出口总量第一大国。而根据环境保护部环境与经济政策研究中心环境与贸易专家组与国务院发展研究中心的联合研究，2007 年我国净出口产品虚拟 SO_2 排放量约占全国排放总量的 24.43%；净出口产品虚拟 COD 排放占全国排放总量的 21.85%；净出口产品虚拟 CO_2 排放占全国 CO_2 排放量的 30.82%。第二，我们有权利，也有责任有义务参加相关环境与贸易谈判。第三，我们必须接受相关政策审议和监督，必须应对美、欧等就原材料出口退税等问题在 WTO 对我国的起诉。

成为 WTO 成员，对我国而言，既有机遇也有挑战。为应对国际社会环境与贸易的

影响和压力，我国采取了积极措施，加强环境与贸易协调。

首先，我国重视并积极参与 WTO 贸易与环境相关谈判及环境与贸易规则制定。具体包括：一是我国派代表团积极参加 WTO 环境与贸易委员会历次会议及服务贸易委员会相关会议。二是在谈判中积极发言并提交相关提案，引导谈判进程。例如，在 2011 年 1 月 10—14 日举行的 WTO 贸易与环境委员会谈判特会和小范围磋商会上，我国指出新成员普遍在环境服务上做出了广泛承诺，应在今后谈判中纳入考虑。2011 年 4 月 15 日，为反映发展中成员在 WTO 环境产品与服务谈判中的诉求，中国和印度联合向 WTO 秘书处提交了名为"解决发展问题，实现三赢目标"的提案。三是我国在入世时做出开放环境服务市场的承诺，承诺水平与部分发达成员相当，树立了我国负责任的形象。四是环境保护部成立了环境与贸易谈判支持领导小组，并成立专门的环境保护部环境与贸易谈判支持专家组，作为环境与贸易谈判的支持力量。

其次，相关部门协同推进，积极制定相关环境政策，促进环境与贸易协调。具体工作包括：一是积极制定出口退税等相关贸易政策，抑制"高耗能、高污染、资源性"产品的出口，促进经济增长方式转变和经济社会可持续发展。例如，2007 年 6 月 18 日财政部和国家税务总局商国家发展改革委、商务部、海关总署发布《财政部 国家税务总局关于调低部分商品出口退税率的通知》，规定自同年 7 月 1 日起，调整部分商品的出口退税政策，包括进一步取消 553 项"高耗能、高污染、资源性"产品的出口退税；降低 2 268 项容易引起贸易摩擦的商品的出口退税率等。另外，财政部和国家税务总局 2010 年 6 月 22 日联合下发《关于取消部分商品出口退税的通知》（财税〔2010〕57 号），明确从当年 7 月 15 日起，取消包括部分钢材、有色金属加工材、化工产品等在内的"两高一资"产品，包括 406 个税号的产品出口退税。制定并修订更新《"高污染、高环境风险"产品名录》，包括 500 余种"高污染、高环境风险"产品、40 余种环境友好工艺和 10 余种环境保护专用设备，已被纳入相关行业政策和出口退税等贸易政策中。二是制定和调整针对具体产品的政策，加强管理，避免生态环境风险，与 WTO 规定保持一致。例如，为避免稀土生产对生态环境的破坏，国家颁布了相关规定和指导意见：《国务院关于促进稀土行业持续健康发展的若干意见》（国发〔2011〕12 号）、《关于逐步建立矿山环境治理和生态恢复责任机制的指导意见》（财建〔2006〕215 号）、《关于加强稀土矿山生态保护与治理恢复的意见》（环发〔2011〕48 号）、《关于开展稀土企业环保核查工作的通知》（环办函〔2011〕362 号）、《稀土工业污染排放标准》（GB 26451—2011）等。三是其他相关环保措施。例如，开展 ISO 14000 和环境标志认证，建立绿色包装体系，加强进出口商品的检验和检疫，等等。

二、当前我国在环境与贸易协调问题上面临的严峻形势

尽管我国在环境与贸易协调方面做出了巨大努力，但毕竟环境与贸易协调本身是新事物，而且我国成为 WTO 成员的时间不长，所以在环境与贸易协调问题上仍然面临着严峻的形势。

（一）环境与贸易协调成为我国对外贸易谈判焦点问题，谈判任务日益繁重，谈判难度日渐增大

首先，作为 WTO 成员，既有义务接受政策审议，也有审议其他成员相关政策的权利和义务。政策审议需要对所有颁布新政策进行梳理、评价，既要求熟悉 WTO 规则，又要求了解国内政策形势和其他国家的政策规定，工作难度和强度都非常大，对于中国是很大的挑战。其次，我国环境与贸易谈判任务日益繁重。例如，除上面提到的 WTO 贸易与环境议题以外，WTO 服务贸易议题谈判也将环境服务贸易谈判作为重点谈判议题，中国正在开展政府采购协定（GPA）谈判，环境服务是 GPA 参加方对我国要价中的重点关注部门和主要要价，截至 2011 年 5 月，所有 14 个 GPA 成员中，10 个成员对我国明确提出了开放环境服务政府采购市场的要价，我国面临很大的出价压力；亚太经合组织（APEC）正在开展环境产品清单谈判，要求 2012 年制定清单，各经济体酌情但必须在 2015 年年底前将环境产品关税水平降至 5%或以下；中国正在与五大洲的 28 个国家和地区建设 15 个自贸区，环境与贸易问题，特别是环境服务业市场的进一步开放一直是中国双边和区域自贸区谈判面对的重要要价，甚至成为中国能否得到更多海外利益的关键，例如，在中国-新西兰自贸区谈判中，环境服务贸易谈判一度成为能否顺利按时完成整个自贸区谈判的筹码。在这种谈判情况下，一是由于谈判任务量大，被动应对的成分更多些；二是 WTO、GPA、APEC 和 FTA 谈判主管属于不同部门，不同政策属于不同部门主管，相互间沟通协调需要进一步加强。

（二）中国在 WTO 争端解决机制中被起诉案件所占比例越来越高，环境争端日益凸显

"入世"后，中国开始遭受其他成员在国民待遇、知识产权和数量限制等问题上的起诉，在 WTO 中被起诉案件的比例和数量都呈上升趋势。自 2001 年来，WTO 一共受理了 185 起贸易纠纷，中国已经占了被诉方的 12%。最近两年，WTO 一半案件与中国有关。这些案件中，中国以被动参与为主，以主动申诉为辅。例如，2009 年 6 月 23 日

美国、欧盟向 WTO 申诉中国限制部分工业原材料出口，称中国对矾土等 9 种原材料，采取出口配额、出口关税和其他价、量控制，违反了加入 WTO 时的承诺和 WTO 规则，造成世界其他国家在钢材、铝材及其他化学制品的生产和出口中处于劣势地位，要求与中国在 WTO 争端解决机制下展开磋商。由于磋商未能找到解决方案，进入争端解决机制，2012 年 1 月 30 日，WTO 发布最终裁决报告，称中国限制九种原材料出口关税和配额措施不符合 WTO 规定和"入世"承诺，且未满足环境例外条款，中国败诉。该案只是欧美在 WTO 诉中国的"问路石""敲门砖"，现在已经开始进行稀土磋商，以后还有可能面临其他方面的诉讼。

（三）我国遭受的绿色贸易壁垒日渐增多，影响越来越大，对国内环境标准造成很大挑战

在新的贸易形势下，关税、配额、许可证已不是主要关注点，反倾销、反补贴、技术性贸易壁垒、绿色贸易壁垒以及劳工和社会标准，特别是以技术贸易壁垒和绿色贸易壁垒为核心的新贸易壁垒越来越成为影响我国出口贸易的最主要因素。2010 年，中国遭受技术性贸易壁垒与绿色贸易壁垒 520 起，占遭受总贸易壁垒的 55%。从国别来看，遭受的绿色贸易壁垒主要来自美国、欧盟和日本，其中，美国最多，为 207 起，占 40%。从行业来看，机电产品和其他产品是受技术性贸易壁垒与绿色贸易壁垒影响最严重的两个行业。从产品来看，事件涉及的产品种类很多，覆盖面广。例如，2010 年 9 月 2 日，欧盟通报中国产冷冻鱿鱼爪，通报原因是检查出含有金属镉；2010 年 6 月 17 日，美国消费品安全委员会与 Target 公司联合宣布对中国产儿童腰带实施自愿性召回，召回原因为该腰带扣表面涂料铅含量超标，违反了美国联邦含铅涂料标准。数据显示，近几年，我国已成为世界绿色贸易壁垒的最大受害国，每年绿色贸易壁垒造成的出口损失占到当年出口总额的 20% 左右，因不满足国际环保标准而损失的出口商品价值近 400 亿美元。

（四）中国现有环境政策与贸易政策不协调，特别是某些"绿色贸易"政策，可能与 WTO 规则不一致

我国近年来出台了一系列针对限制"两高一资"产品出口的宏观调控政策，对促进我国产业结构调整和优化升级，改善环境质量，促进经济"又好又快"发展发挥了积极作用。以焦炭政策为例，2004 年年底取消了焦炭出口退税；从 2006 年年底开始对焦炭开征 5% 的出口关税；2007 年 5 月 21 日进一步将焦炭出口关税提高 10 个百分点至 15%；2008 年开始，焦炭出口关税再度提高 10 个百分点，达到 25%。焦炭出口配额逐年减少，获得焦炭出口配额的企业则趋向集中。这些政策措施实施后取得了明显的成效，我国焦

炭出口量大幅减少，直接带来了一些地区环境质量的改善。焦炭生产和出口大省山西，2008 年省内各地环境空气质量明显改善，11 个省辖市环境空气质量优良率达到 90%以上，其中有 8 个省辖市及 35 个县（市、区）环境空气质量达到二级标准。虽然环境效益明显，但是我们的一些政策可能与 WTO 规则不一致，包括出口配额、部分"两高一资"产品的出口关税等。例如，GATT 第十一条规定，WTO 成员不得维持除关税、国内税或其他费用外的出口限制措施（即"普遍取消数量限制原则"）。我国采取的出口配额措施、最低出口价格、出口经营权等违反了这个规定。

三、加快环境与贸易政策协调，服务"十二五"节能减排目标实现

做好环境与贸易协调工作对于维护国家利益，加强环境保护具有十分重要的意义。一是有利于贯彻第七次全国环保大会提出的"坚持在发展中保护，在保护中发展"方针，通过协调环境与贸易工作实现环境与发展综合决策，进一步以环境保护优化经济发展；二是将绿色贸易作为减排手段，为节能减排、结构调整做出重要贡献，可最大限度地减少"十二五"期间新增氨氮、氮氧化物两项约束指标的减排压力。

从理论上讲，环境与贸易不协调的根源不是贸易本身，而是环境成本没有被内部化，从而加剧了环境方面的市场失灵。所以，环境成本内部化是协调贸易与环境发展的最佳途径。但现实操作中问题并非如此简单。促进环境与贸易协调是一项系统工程，除了要考虑环境成本内部化，还要考虑发达国家向发展中国家转移污染、环境政策制定阻力、各国产业保护政策等因素。因此，需要加强认识，高度关注和重视环境与贸易的协调问题，加强国际合作，从政策和实践出发，结合我国国情，共同推动环境成本由外部化向内部化转移，从而最终解决贸易与环境的协调问题。

为实现"十二五"环保规划中关于促进环境与贸易协调的相关目标，结合《"十二五"全国环境保护法规和环境经济政策建设规划》，"十二五"期间，建议我国从以下方面着手促进环境与贸易协调工作。

（一）积极参与环境与贸易相关国际谈判

"入世" 10 年来，中国在 WTO 及其他区域组织或双边自贸区协定谈判中主要有三个阶段：一是学习，学习贸易协定的相关规则；二是被动应对，主要是应对其他成员的要求；三是主动参与，提出提案，利用机制，提起诉讼。但目前仍然以学习和被动应对为主。建议未来积极参与环境与贸易相关国际谈判，更多过渡到第三阶段；积极参与 WTO 对华贸易政策的环境议题审议，以及中国对 WTO 其他成员方贸易政策的环境议题

评议。当然，这就需要打牢基础，做好人才、体制、机制、经费等保障：一是进行能力建设，下大力气培养人才。"十二五"期间要加紧集中培养一批精通 WTO 规则、懂法律和国际贸易、知晓环境政策、善于谈判、精通英文或其他联合国语言、了解中国国情、有国际视野、具有团队精神的复合型国际高端人才和专家队伍。二是进行体制建设，恢复原环境保护部环境与贸易领导小组，加强领导。三是进行机构建设，环境保护部相关司局成立环境与贸易处，并作为环境保护部环境与贸易领导小组秘书处；以原环境保护部环境与贸易专家组为基础，成立环境与贸易专门研究室，为环境与贸易谈判和政策制定提供技术支持。四是加大资金投入，为环境与贸易国际谈判、人才培养和机构建设拨付专项资金，提供保障。只有这样才能在环境与贸易相关谈判中变被动为主动，积极主动提出对案，参与相关规则制定，从源头上既防范对我国不利的条款制定，又可充分考虑和最大限度维护我国利益。

（二）积极制定相关环境与贸易协调政策，构建绿色贸易体系

一是绿化对外经济贸易计划、规划以及战略体系，制定对外贸易的可持续发展战略，加强贸易政策和规划的战略性环境影响评价，实现环境与贸易的综合决策。二是完善环境与贸易协调政策，完善准入和准出政策，避免违反 WTO 规则，例如推动修订取消出口退税的商品清单和加工贸易禁止类商品目录，采取禁止、限制、允许、鼓励等手段，减少由于贸易导致的环境污染和生态破坏；取消有些原材料的出口配额限制、出口经营权、最低出口价等政策措施，将不允许使用的产品出口关税改用边境调节税；大幅度提高征收原材料生产环节的资源环境税（费），对加工过程中造成的环境污染，征收高额超标排污费；加强海关环境监管。三是严格环境标准和法规，建立和完善我国的环境壁垒体系，例如可以借鉴欧盟经验，通过立法机构发布具有法律约束力的指令保护国内产业和环境，以协调贸易与环境之间的相互联系。

（三）加强环境与贸易相关协调理论和政策研究

一是加强环境与贸易协调的基础理论研究，包括环境成本、经济本质、制度分析、方法论等；二是加强贸易政策的环境影响评价研究，例如开展加入 WTO 对环境影响的后评估，中国加入自贸区的环境影响评价研究等；三是开展国内环境政策和措施的贸易影响分析；四是推动对外投资和对外援助的环境保护研究工作，研究制定中国企业境外投资环境行为指南，强化境外中资企业和对外援助机构的社会责任；五是研究制定既充分考虑我国自身的贸易利益，又尽可能地拓展出口市场的环境服务和产品清单。

（四）建立环境与贸易的有效协调机制，加强信息沟通

环境与贸易协调涉及环境保护部、商务部、海关、国家发展改革委、工业和信息化部等多个部委，既涉及环境利益，又涉及贸易利益、经济利益和产业利益。对外环境与贸易谈判中使环境与贸易相协调，首先需要建立国内的环境与贸易协调机制，未来应进一步加强内部沟通协调，为我国争取更多的利益。一是建立信息交流和沟通机制，如委托环境与贸易专门研究室定期编制环境与贸易政策和信息专报；二是建立部门间沟通和协调机制，定期举行部门间的环境与贸易政策对话会等。

全球化背景下我国绿色贸易转型展望①

胡　涛　吴玉萍　玮　娜　张　淼

全球化背景下国际贸易与全球环境相关联的本质在于世界产业格局的变化决定了环境污染排放格局的演进。全球的污染产业转移路径基本上是从西方国家到东亚及中国的发展中国家和地区。在当今全球化时代，污染产业的转移发生在国家层面与企业层面。

中国20%～30%的污染物及碳排放都是由外贸拉动的。改革开放以来，特别是加入世界贸易组织后，中国力图走可持续发展的道路，实现科学发展观，减少隐含污染物的出口，以便今后逐步摆脱"污染避风港"的地位。但是中国的努力却与现行的国际贸易与环境法规存在潜在冲突。这是由目前的国际贸易与环境制度存在缺失造成的。要解决全球污染产业转移所带来的环境问题，中国必须一方面与其他国家一起共建国际环境与贸易协调制度，另一方面实施绿色贸易战略，加快改善自身的经济结构、生产方式与消费模式。

一、全球性污染转移及其对我国的环境影响

20世纪七八十年代，随着全球的经济格局发生转变，由于西方发达国家重点发展高新技术，能源密集型和劳动密集型的大宗传统化工产品及其加工制成品的生产，开始转向发展中国家。随后，快速发展的新兴工业国家或地区，如韩国、中国台湾等，也开始致力于发展技术密集型化工产品，而逐步将劳动密集型的加工产品向中国大陆、印度等相对落后的国家和地区转移。中国大陆已成为目前国外化工企业转移传统生产能力的主要地区。同时美国、日本等发达国家将化工、冶金、印染等严重污染企业，相继转移到中国的珠三角和长三角地区。

发达国家在经济结构、产业结构调整过程中，将污染较大的劳动密集型产业转移至

---

① 原文刊登于《WTO经济导刊》2012年第12期。

发展中国家，而欠发达国家则以资源环境为代价承接这些污染产业，以发展其经济。当今世界，污染产业的主要转出国为欧美日等发达国家，包括中国在内的亚洲以及拉丁美洲发展中国家则为转入国。世界银行研究表明：在过去的几十年内，全球大气和水中的污染物主要来自七个污染行业。这七个行业对污染的贡献率随时间变化不大，主要变化的是空间分布。即污染物随着污染产业从一个地方转移到另外一个地方。具体数据如表1所示。

表1　全球7个主要污染行业的贡献　　　　　单位：%

年份	钢铁	炼油	食品	工业化学品	纸及纸制品	有色金属	水泥	总计
大气污染（PM$_{10}$）								
1960	29.0	1.4	8.5	1.6	2.2	0.7	52.5	96.0
1970	27.6	1.4	8.5	1.8	2.0	0.7	53.9	96.0
1980	25.5	1.5	8.6	2.0	1.9	0.7	55.8	96.0
1990	21.8	1.0	7.9	1.8	2.0	0.7	60.3	95.4
大气污染（SO$_2$）								
1960	18.4	25.2	3.2	10.2	6.9	13.0	11.4	88.4
1970	17.6	25.2	3.2	11.2	6.4	12.9	11.8	88.3
1980	15.8	25.3	3.1	12.7	5.8	13.3	11.9	88.0
1990	15.3	19.5	3.2	12.3	6.8	15.0	14.5	86.6
大气污染（有毒化学物质）								
1960	5.8	6.8	0.7	36.6	7.3	5.7	1.5	64.4
1970	5.3	6.6	0.7	38.9	6.5	5.4	1.5	65.0
1980	4.6	6.4	0.7	42.7	5.7	5.4	1.5	67.0
1990	4.3	4.8	0.7	40.1	6.5	5.9	1.7	64.1
水污染（BOD）								
1960	0.1	2.4	32.7	21.7	28.2	7.5	0.1	92.7
1970	0.1	2.4	32.9	23.8	25.8	7.4	0.1	92.5
1980	0.1	2.4	32.1	26.9	23.2	7.6	0.1	92.4
1990	0.1	1.7	31.2	24.5	25.9	8.1	0.1	91.6
水污染（有毒化学物质）								
1960	10.8	2.7	1.1	67.5	9.7	1.2	0.1	93.1
1970	9.8	2.6	1.0	70.5	8.5	1.1	0.1	93.6
1980	8.2	2.4	0.9	74.5	7.1	1.1	0.1	94.4
1990	8.0	1.9	1.0	73.0	8.6	1.2	0.1	93.8

资料来源：Dasgupta，et al.，2004。

污染密集产业的企业为追求利益最大化，倾向于转向环境标准相对较低或环境管理较为宽松的国家或地区。中国经济一个非常明显的特点，就是大量地接收海外直接投资和对接全球化产业化大转移，这使中国成为"世界工厂"，并承接了大量的高耗能、高污染产业。从 1979 年第一家外商进入中国在带来投资的同时，外国企业也将难以在本国立足的重污染产业投资在中国。特别是"入世"后的十年，也正是中国资源消耗和污染物产生量增长最快的十年。作为"世界加工厂"的中国，是目前主要的污染外包国。自 2009 年，中国已经超越了美国与德国，成为世界第一大货物贸易国。在成为世界第一大货物贸易国的同时，中国也是第一大污染物和碳排放国。中国产生的污染物及碳排放 20%～30%是对外贸易拉动的。在过去的 30 多年里，中国 GDP 以年均 9.9%的速度增长的同时，对外贸易则以 16.3%的年增速增长，远远超出 GDP 的增长速度。大量出口所产生的巨额环境逆差日益凸显，形成"产品输出国外、污染留在国内"的尴尬局面。

二、我国应对环境污染严峻挑战急需绿色贸易转型

2008 年国际金融危机打破了以中国为主的东亚出口模式、欧美高消费模式和资源供给国的经济模式组成的三角循环，国际市场总需求发生了重大变化：中国产品总供给能力越来越强，但全球总需求水平在金融危机后大大下降，欧美发达国家市场有可能持续低迷。那么未来全球市场在哪里？是否依然可以依赖全球市场为中国"十二五""十三五"经济发展提供足够的增长动力？可以说，此次国际金融危机其实形成了促使中国外贸转型的外部力量，今后不能继续依赖外部市场支撑中国经济发展，而必须考虑扩大内需。

此外，支持出口导向型贸易政策的比较优势正在迅速变化。随着中国进入中等收入国家行列，改革开放之初形成的廉价自然资源时代已经逐步为进口自然资源模式所替代。原有粗放的出口模式导致国际贸易摩擦加剧，贸易摩擦的政治化倾向有可能进一步加大，将对国际贸易活动构成障碍。因此，随着支撑中国出口导向型贸易政策的低成本劳动力、资源、环境等要素的比较优势的丧失和加工贸易的出口产品的逐步萎缩，传统的出口导向型经济增长模式必须发生根本转变。

同时，外贸大幅顺差造成外汇储备持续增长，巨额外汇储备已成为众矢之的，不仅美欧压迫人民币升值，连巴西、墨西哥这样的发展中国家也敦促人民币升值。国际货币基金组织、世界银行等国际机构也不断暗示人民币汇率需要更灵活的调整。

三、我国绿色贸易转型的挑战

虽然贸易转型势在必行，但其中阻力不小。由于促进贸易与保护全球环境是两种体制下的不同基点，因此在一些原则和规则上就会发生冲突，出现如何履行义务和如何解决争端的问题。WTO 对一些国家利用国家政策来保护环境的做法是认可的，它允许采取贸易措施，只要这些措施不对国际贸易构成严重限制和造成扭曲，从这种意义上讲，WTO 是尊重国家主权的。多边环境协议的规定并不考虑国家主权问题，许多多边环境协议都允许贸易强制和贸易歧视的措施，这就造成了 WTO 与多边环境协议间的冲突。为处理和解决这些冲突，这些问题已经提到了 WTO 的议事日程上并将在多哈回合中讨论和处理。随着全球化及经济的迅速发展，环境保护已经成为各国政府持续关注的问题。在国际环境法规的发展中，与贸易相关的措施已纳入环境法律体系中，这对促进多边环境协议目标的实现发挥了重要作用。多边贸易体系与保护及可持续利用生态系统和自然资源所承担的共同义务和责任之间的相互作用是极为复杂的。随着多边环境协议与贸易相关措施越来越多地使用，WTO 与贸易相关的措施将会与多边环境协议（MEAs）出现冲突或潜在的冲突。在过去十年中，WTO 与 MEAs 之间的关系已经引起国内外专家们的关注。新一轮谈判将要探索 WTO 与 MEAs 的关系。

贸易转型的阻力还来自国际环境管理体制的缺失。国际环境管理体制自身存在严重的问题，特别是碎片化现象非常严重。在联合国下有专门负责环境事务的联合国环境规划署（UNEP），同时还有与环境相关的联合国开发计划署（UNDP）、联合国经社理事会（UNDESA）、联合国可持续发展委员会（UNCSD）以及联合国的各个区域机构，如联合国亚太经社理事会（UNESCAP）、联合国欧洲经济委员会（UNECE）等。此外，还有超过一百个多边环境协议（MEAs）的秘书处，如联合国气候变化框架公约秘书处、生物多样性公约秘书处等。它们之间相互掣肘、制约、竞争，无法协调一致、相互合作地开展工作。事实上，这些国际机构的背后都是联合国的各个成员国。由这些相同的联合国成员国组成了不同的各种联合国机构的治理委员会（Governing Council）及其执行机构，在面临着贸易与环境的冲突时，这些机构根本无法协调，使得国际社会对于贸易与环境的冲突解决难成大事。

此外，中国旨在保护环境的绿色贸易与现行国际贸易规则的可能冲突。近年，中国采取了一系列措施落实科学发展观，包括加快推进对外经济发展方式转变，试图实现绿色贸易，以促进经济发展方式的整体转变。然而，改变这种状况的努力受到西方国家的反对。他们以 WTO 自由贸易为理由，反对中国试图改变现状的举措。

以焦炭出口为例，中国政府为确保国内稳定需求和保护资源与环境的要求，尤其自2006年以来，连续采用焦炭出口限制措施，为此引发与欧盟、美国等焦炭贸易摩擦。欧盟指责中国不适当地使用了出口配额，对欧盟企业有所歧视，违反了WTO非歧视原则。后经中欧多次紧急磋商达成了妥协协议。美国在《2007年度就中国履行WTO义务情况向国会提交的报告》（《USTR2007年报告》）中明确指出，对我国锑、焦炭、氟石、铟、碳酸镁、钼、稀土、硅、云母（滑石）、锡、钨和锌等12种原材料出口限制措施表示强烈关注，而焦炭列在12种原材料中。美国关注我国对焦炭实施出口配额许可证管理措施以及提高焦炭出口关税措施。因焦炭没有涵盖在我国"入世"承诺附件6中，即我国承诺取消附件6之外的适用于出口产品的全部税费，因而美国认为对焦炭征收出口关税是违反我国的"入世"承诺。美国表示将在2008年继续采取措施确保中国遵守WTO承诺，包括诉诸WTO争端解决机制。

世界钢铁工业持续快速发展拉动了对焦炭的强劲需求。焦炭是钢铁行业的主要燃料。国际钢铁协会（WSA）公布的预测数据显示，2007年全球消费钢材11.97亿t，比2006年增长6.8%；2008年预计将达到12.78亿t，增幅预计达到6.8%。全球钢材消费增长主要来自巴西、俄罗斯、印度和中国。其中，中国是全球最大的钢铁生产、消费和净出口国。中国钢铁协会预测，2008年中国粗钢产量预计5.2亿～5.4亿t，比2007年增长10%以上；2008年国内市场粗钢表观消费需求将比2007年的4.34亿t增长了11%左右。

国内外钢铁产量和需求的迅速扩张，导致焦炭市场需求强劲。中国是世界焦炭生产和出口大国，其生产量和出口量均占全球焦炭生产总量和贸易总量的50%以上。2007年中国焦炭产量为3.29亿t，出口量为1 530万t。中国为焦炭生产与出口付出了巨大的资源环境代价。焦炭产生的环境污染贯穿其生产链各个环节。首先是炼焦煤的生产造成巨大生态破坏，如地表塌陷、煤矸石堆积等；其次是焦炭自身生产过程中产生大量污染物。其中结焦中泄漏的粗煤气含有苯并[a]芘、酚、氰、硫氧化物、氯、烃等；焦炉煤气燃烧中产生二氧化碳、二氧化硫、氮氧化物等；出焦过程中排放一氧化碳、二氧化碳、二氧化硫、氮氧化物等；粗煤气冷却过程中还产生含有各种复杂有机和无机化合物，如氨水、酚、氰、苯等。中国目前焦炭生产工艺水平落后，尚存在一些土法炼焦。因此焦炭生产会产生巨大的资源环境代价。

中国炼焦行业协会数据显示，根据目前平均生产水平计算，每生产1 t焦炭以消耗2 t煤、7.5 t水，产生400 m³左右煤气计算（以2004年数据进行比较），全年因出口焦炭消耗的煤就相当于当年河北和新疆全年生活用煤量的总和，而消耗的水相当于合肥市全年的新鲜水用量，排放的氰化物相当于全国电气行业排放的总量。

以太原钢铁（集团）有限公司为例，估算了焦炭生产造成的大气污染和水污染环境损失（该估算只计算最基本的环境防护成本，尚不包括环境污染带来的健康损失、植被损失、建筑物损失、造成酸雨的损失等），估算结果表明：如按吨焦排污环境成本 76 元推算，2003 年、2004 年和 2005 年全国焦炭生产环境损失竟分别高达 135.28 亿元、156.56 亿元和 184.68 亿元，均占各年度工业增加值的 0.3%左右。其中，山西省焦炭生产环境损失占该省工业增加值的比例则高达 5%。

焦炭案例可以说明目前中国的绿色贸易与国际贸易规则存在的可能冲突。发达国家为保护自身环境而逐步关闭其焦炭生产企业，而中国却迅速成为世界焦炭的生产和出口大国。中国焦炭产量和出口量均占世界的 50%以上。欧盟、美国等发达国家和地区，迫切需要中国开放焦炭出口市场，并希望以稳定的价格来供给，以满足其钢铁等行业需要。为此，中国承受了巨大的资源环境代价。然而，中国对世界的这种"贡献"，不仅没有得到西方国家的理解与认可，而且还遭遇到非议与责难。此外，WTO 已经审理的有关中国的"原材料案"以及即将审理的"稀土案"都说明中国的绿色贸易与目前的国际贸易体系存在严重的冲突。

四、我国实现绿色贸易转型的途径

随着对外贸易经济规模的不断扩大，中国的环境、资源与劳动力等面临较大压力，同时严峻的国际外部环境，也使中国的对外贸易面临转型的临界点，绿色贸易转型势在必行。随着中国传统比较优势逐步缩小、国际贸易摩擦的加剧、人民币升值和资源环境安全压力不断增大，转变出口导向型的外贸政策势在必行，必须朝着绿色贸易转型。解决污染产业转移给中国带来的环境问题、进行外贸转型、实施绿色贸易，其途径包括：

第一，共建国际环境与贸易协调制度，要创造良好的国际法律制度，避免在全球产业转移过程中陷入被动。中国应当积极主动地与其他各国一道共建国际环境与贸易协调制度，改革联合国及世界贸易组织等相关机构及其法律体系。在当今国际社会中，没有哪个国家像处于工业化阶段的中国这样面临如此多的贸易与环境的冲突。中国应当是国际社会解决贸易与环境问题最主要的推动者。

第二，促进国内的绿色贸易战略，加快经济结构的调整。从短期来看，中国依然应当促进国内的绿色贸易与投资战略，以保护自己的环境为目标，平衡经贸利益与环境的利益。这当然还是应当优先在国际法的灰色与空白地带采取行动，尽量避免与现行国际法的冲突。

第三，应当建立并严格执行产业准入制度，不能再接受国际的污染产业转移。国际经验表明，国际分工带来的结构性污染也应靠国际产业结构调整来解决。在中国产业走出去的同时，我们应积极开展国际环境合作，在树立我良好国际形象的同时，帮助形成有利于中国企业的多边环境标准，并促进对外投资的环境法律体系的建立。

以上分析表明，近年来中国虽然为缓解环境问题付出了巨大努力，但是环境压力依然严峻，其根源在于发达国家以海外投资和跨国公司驻入为手段进行环境污染转移。在环境问题日益严重的当今世界，发达国家之所以纷纷达到环境期望值，就是因为将污染产业转移。而中国的污染物排放日益增多，是因为中国承接了全球污染产业转移的结果。全球化背景下污染产业转移的规律就是企业寻求价值高地、环境洼地，凸凹之落差越大，转移越容易。为了摆脱这一尴尬境地，中国必须进行并已经进行了对外贸易改革。但由于国际体制的缺失和某些国际势力的阻碍，中国的贸易转型还需要一个很长的历程。

外企造成环境污染问题的调查与思考[①]

夏 光

　　随着外商直接投资在我国经济发展中的影响逐步增大，人们对外商投资在国（境）内造成的环境污染问题给予了越来越多的关注和研究，并为此发生了争论，这些争论主要集中于"外商是否向我国大量转移污染密集型产业？"和"对外商投资是否应在环境管理标准上实行国民待遇？"等问题上。由于这些争论直接影响到国家在对待外商投资上采取什么环境保护管理政策，进而可能影响到我国引资招商的总体局面，所以加强有关的政策研究是必要和紧迫的。最近，我们就此做了一项专题调研，先后走访了国家经贸委、外经贸部、国家环保局、北京市环保局以及部分学者。总体上，各方面对外资引进中产生的环境问题都很重视，认为这是当前环境保护工作中一个应该重视的问题。但对如何看待这个问题，有一些不同意见，主要在以下几个问题上：

　　一是"外商向我国大量转移污染密集型产业"的判断是否成立或是否确切？污染密集型产业主要指化学、能源、橡胶塑料、制药、制革、印染、石化、洗涤品、电镀、造纸、冶金、建材、机械等工业部门。国家经贸委、外经贸部的同志提出，外商投资于这些行业（包括独资、合资、合作等），是否就等于向我国转移污染密集型产业？可能需要仔细斟酌。这个问题需从以下几个角度来看待，第一，这些产业在我国本来就存在，污染很严重。外商在这些行业投资主要是扩大了这些产业的生产规模，并不是带来新的污染型产业。第二，外商投资于这些行业，既有扩大生产规模引起污染加剧的效果（这一点在乡镇比较明显），也有带来新工艺、新技术和先进管理经验而减轻污染的作用（这一点在制药业比较明显，合资后的制药厂大都上了新品种，生产工艺很先进，管理很严格，污染也比原企业减轻甚至消除了）。如果认为只要是投资于污染密集型产业，就一定加重了污染，这可能是不全面的。"投资于污染密集型产业"与"污染严重"是两个概念，若考虑技术进步因素，两者不是同步的。退一步说，如果这些产业完全由国内自

---

① 原文刊登于《中国环境报》1996 年 12 月 31 日。

己来投资，达到同样的生产规模，产生的污染可能更大。

国家环保局的同志认为，在外商投资中，企业规模小，中小企业过多，环境管理难度大是普遍存在的现象，从经验上判断，外商企业增加的污染大于技术引进而减少的污染，但这只是粗略的判断，没有确切的监测或统计数据来证明。北京市引进外资中，环境污染问题还不是很明显，因为北京缺少资源，耗能高、耗水多的项目不易设立，开办的多是电子、计算机、生物工程、房地产等高科技方面的项目，化工、制药方面虽有一些，但管理较严，总之，还没有成为突出问题。但很显然，北京毕竟是科技力量很强的地区，引进外资的起点很高，这不同于其他省市，因此北京的情况不能代表全国一般情况。

二是是否要求外商投资项目在环境保护上采用母国标准或高于国内标准的标准？大家都赞同应对外商投资加强环境管理，但对采用什么标准进行管理，有各种意见。有的学者的意见是"应要求其尽量采用母国标准，目前也允许采用低于母国的环境标准，但应高于我国现行标准"。外经贸部和国家经贸委的同志则认为应实行国民待遇，对国有企业、乡镇企业、外资企业一视同仁，均采用我国环境标准。国家环保局同志的意见是区别情况而定，原则上都应执行我国法律规定的环境标准，但对某些特别的项目，如污染特别严重、环境风险很大的项目，或某些特殊污染物国内尚无标准的项目，应要求采用严于国内标准的标准或投资（母国）的标准。北京市环保局的同志亦认为，母国标准有的比我国严，有的比我国松，笼统地按母国标准，对我国并不一定有利，而且在当前努力吸引外资的形势下，强调对内、外搞两套环境标准也是不现实的。

三是是否要对外商投资企业制定专门的环境管理法规或政策？国家经贸委和外经贸部的同志都表示不需要，关键是要像对待国有企业、乡镇企业一样，把已有的环保法律严格执行好。国家环保局同志指出，1992 年，国家环保局与外贸部联合发出了《关于加强外商投资建设项目环境保护管理的通知》，但实际执行得不是很好，特别是外商投资项目的审批权层层下放，基层环保部门的审批能力与之不相称。有的学者也认为不需制定新的法规，可以对现有有关规定作适当修改，使之更具体以便操作。北京市环保局认为，单独对外商制定环境法规，目前时机未完全成熟，但可以专门列出外资重污染企业名单，实行重点管理。

上述面访后，我们又查阅了有关资料，在两者基础上作了一些综合思考：

1. 外商投资造成的环境污染已成为值得重视的问题

我国一直比较重视城市工业污染防治，后来又在乡镇企业污染防治方面采取了很多措施，现在外商投资企业的环境问题也日益突出起来。虽然外商投资企业大多数还属于国有企业、乡镇企业范畴之内，但毕竟有特殊之处，独资企业就更另属一类了。改革开放以来，在外商向我国的投资中，污染密集型产业占了很大比重，特别是来自韩国的外资企业，有相当一部分是由于难以满足原所在地的环境法规要求而转移到国（境）内来的。目前全国外商投资企业已近 30 万家，其污染问题主要反映在沿海地区，但内地也在加重。另外，在引进外资的前几年时间里，人们对外商促进经济发展和增加就业机会的成绩讲得比较多，总体上表现出积极乐观的情绪。近几年来，有关外商低价高报、逃税漏税、虐待工人、污染环境等反面情况的报道多了起来，使人们对引进外资打上了问号，国家有关部门也担心因这些问题而影响了积极引资的总体方向。在这个时候，把环境保护与引进外资协调起来就显得非常必要和重要。

2．应考虑外资与污染的客观背景

外商投资的环境污染实际上给我们提出了两难问题：一是不可能出现外资都在高科技、无污染领域的情况，那是一种理想状况，因此，就不能不面对外商在污染密集型产业发展的事实；二是污染密集型产业如果完全由国内自己来办，污染程度一般会比外商投资更重，因此，允许外商投资于污染密集型产业，是两害相权取其轻，是相对优化策略，而非最优策略；三是外商来华投资，是多种因素作用的结果，其中有劳动力成本低、土地价格低、产品市场大、环境标准相对较低（或管理较松）等原因，客观上很难确认某一污染项目是否就是仅为图环境标准的便宜而来，如果通过提高环境标准（或提出很高的环保要求）来阻止该类项目进入，那么同时就将因劳动力、土地、市场等因素而可能产生的利益也一起否定了，因此，想利用当地劳动力、土地价格低等优势来吸引外资而发展经济的地方政府就不会支持很高环保要求的做法（尽管他们不喜欢污染）。

在我国改革开放的初期阶段，外商投资中属污染密集型产业的项目比重较高，有一定客观必然性，第一，污染密集型产业基本上都属于第二产业，而且是第二产业的主体。第二产业是一国经济实力之支柱，是资金、技术投入强度最大的产业，一般而言，国际资本的流动总是以第二产业为主要对象的，因此，外商在我国投资以第二产业为主，包括大量投资于污染密集型产业，是符合一般规律的，从我国来讲，也是需要的。如果认为外商投资于污染密集型产业就是向我国转移污染密集型产业，那么逻辑上的结论就应该是制止外商向污染密集型产业投资，那么外商投资的大头就没有了。第二，我国经济发展水平低，接受外资的品位目前只能主要是定位在这一层次上（也许日本对美国的投资主要是在房地产、娱乐业等无污染的产业上，但要求日本也这样对中国，可能不实际），待将来我国经济发展到很高水平，我国成为比我们发展水平低的国家（如非洲）的"外商"，那时对它们的投资，也首先会是污染密集型产业。第三，从国内需求看，目前人们对环境的需求远不及对提高经济收入的渴望那么强烈，外商虽带来污染，但毕竟有发展经济之功能，人们趋之若鹜。作为一地或一国政府而言，考虑的就更多：且不说印度尼西亚、马来西亚等本来就与中国竞争外资的东南亚国家，只看近年来也在改革开放的印度、朝鲜、越南等国，吸引外资的条件放得很宽，而中国毕竟未达到对外资"有很好，没有也无妨"的从容地步，因此就不得不考虑在这种国际和地区局势中的适宜对策，这也是为什么国家经贸委、外经贸部的同志对从污染角度讨论外商投资问题非常敏感和谨慎的原因。第四，国（境）内的环境容量，相对于港、台等地，毕竟有很大的回旋余地，这是污染密集型产业得以发展的客观基础。

现在面临的一个突出困难是：目前我国还没有关于外商投资企业污染状况的统计数据，对现状不能作出准确的判断，过去乡镇企业也有这个问题，后来搞了两次污染源调查，又建立了乡镇统计渠道，才使情况改观。现在外资企业也提出了同样的问题。

3. 当前的关键是加强管理

应该说，我国对外商投资的环境管理是很重视的，《国务院关于当前产业政策要点的决定》（1989 年）中有关于"严格控制从国外引进严重污染环境又难以治理的原材料、产品、工艺和设备"等规定，1992 年国家环保局和外贸部联合发出了《关于加强外商投资建设项目环境保护管理的通知》，1991 年，国家环保局和海关总署发出了《关于严格控制境外有害废物转移到我国的通知》。仔细研究这些法规文件，看到其中的很多规定既体现了比较严格的环境保护要求，又考虑了当前我国经济发展的现实需要，在今天仍是适用的。例如，《关于加强外商投资建设项目环境保护管理的通知》要求：外商在我国境内投资建设必须遵守我国的环境保护法律、法规和有关规定。禁止引进严重污染、破坏环境又无有效治理措施并且污染物排放超过国家规定标准的项目。限制引进可能造成的严重污染、破坏环境或治理困难的项目。外资项目要执行环境影响评价、"三同时"制度等。

现在的问题是对外资企业在审批、监督和处理等各个环节上都不够严格，不排除有的地方以放松环境管理为条件吸引外资。因此，第一步是要把已有的法律、法规执行好。目前，严格执法的主要障碍，一是审批权下放后基层环保部门审查能力不适应；有的则是审批程序不畅（无环保审批，计委等部门照样批项目）；二是基层环保部门力量弱，面对大量对国有、乡镇、外资企业进行环境管理的任务，力不从心；三是外资企业常常受到有关部门的特别照顾，不服管理。这种种障碍，若没有全国统一采取一定的有力措施，是难以克服的。

4. 对外商投资的国民待遇问题要具体分析

外经贸部、国家经贸委的同志不赞同对外资企业适用母国环境标准（这里是指比我国标准更严的那部分标准）而主张实行国民待遇、一视同仁，他们的看法是可以理解的，但这一问题是环境保护中的一项重要原则，对今后外资发展影响深远，所以要深入研究，慎重决策。关于对跨国投资在环境管理方面是否实行国民待遇，国际上是有争论的，一些国际环保组织和非政府环保团体明确主张跨国公司执行母国环境标准，但很多跨国公司和一些发达国家政府反对。在 1992 年联合国环境与发展大会制定《21 世纪议程》的谈判中，曾为此事发生了持久的争论，意见无法统一，《21 世纪议程》最终文本没有列入"母国标准"的明确要求，只是提到"各国政府、商业和工业（包括跨国公司）应促进清洁生产，并且特别考虑到中、小型企业"。但关于"母国标准"的争论并未停止，近几年来呼声更大一些（当然反对的声音也上升了）。随着国际流动资本的不断增长和随之引起的环境问题不断曝光，关于跨国投资执行更严格的环境标准的要求会越来越明确地提出来。

我国除了要考虑国际上的这种趋势，更重要的是要考虑我国怎样既有较高的环境标准，又不影响外商前来投资的积极性。原则上，不加区别地提"国民待遇"是不适宜的，因为外商毕竟是外商，在环境保护方面达到更高标准是应该的，目前我国的态度可以是：外资项目基本上执行我国的环境标准，但对于某些特殊的行业或产品类别（如污染程度高，国内又无理想治理办法的项目），可提出较高的环境标准，以鼓励引进先进防治技术；对我国尚无环境标准的某些产品，则要求采用母国标准。同时，明确说明，今后这些特殊产业或产品的较高标准的名录还会扩大。

运用绿色贸易政策促进经济发展方式转变的国际经验及启示[①]

胡　涛　吴玉萍　沈晓悦　宋旭娜

当前我国处于经贸结构战略转型的关键时期，贸易手段正日益成为转变经贸增长方式，促进节能减排，实现经济又好又快增长的重要抓手。因此，今后应借鉴与吸纳工业化国家经贸转型节能减排的经验与教训，敢于和善于运用国际贸易中的政策空间，充分把握转变经济贸易增长方式和平衡对外贸易顺差的难得机遇，以绿色贸易促进节能减排目标实现，缓解资源环境压力，进一步实现我国经济增长方式的全方位转变，从根本上破解我国经济贸易发展的资源环境难题。

一、残酷的现实

传统工业化引致环境问题，而工业化国家借助于经济全球化和贸易自由化，主要靠污染产业转移，在全球范围内扩散了环境污染。

考察人类环境与发展历程不难发现，工业化是人类社会最重要的文明历程，但也是引致生态环境问题的根源。尤其是大量生产、大量消费、大量废弃的传统工业化发展模式，在启动人类飞跃发展历程的同时，也引爆了人类环境问题的炸弹。最初震惊世界的以伦敦烟雾事件为代表的八大环境灾难性事件，就是工业化国家传统发展模式引致环境污染的写照。

进入 20 世纪 80 年代，世界经济全球化和贸易自由化快速发展，使得工业化大规模生产得以在全球范围内配置资源，不仅包括劳动力、资本，而且包括自然资源与环境容量资源。因而，传统工业化发展模式带来的环境问题，也随着经贸全球化而从工业化国家扩展到全球范围内。

---

① 原文刊登于《WTO 经济导刊》2010 年第 11 期。

由于市场失灵问题在全球层面的存在，同时发展中国家拥有发展工业化的需求，尤其发达国家与发展中国家之间，环境与贸易管理体制与标准的差距等诸方面原因，在全球范围内形成了工业化国家污染产业，向环境要求最低的发展中国家转移的动力和势差，同时，也铸成了环境污染在全球范围内扩散的铁的现实。

从 2000 年和 2004 年世界主要区域国内生产总值（GDP）的产业构成看，高收入的工业化国家都是以服务业（70%以上）为主的经济结构，而拥有优良的环境质量；低收入国家的第一产业（近 30%）占很高比例；而只有尚在工业化进程中的中低收入国家第二产业比例（35%以上）高于世界平均水平，并正面临着严峻的环境挑战。我国尤其明显，2004 年第二产业占 46%；而经合组织（OECD）国家 2004 年服务业占其 GDP 比例达到 72.5%。

据有关估算，工业化国家 80%以上的污染物，是依靠经贸结构调整而转移出去的，而仅有约 20%是靠提高资源环境效率来实现的。因此，工业化国家主要靠污染产业转移和进口资源环境密集型产品，来满足其国内市场需求，促进经贸结构转型，达到节能减排改善环境的目标，而其自身资源环境效率提高对改善环境贡献率不大。

环境问题与工业化发展方式或经贸结构存在高度一致性，即污染物主要来自经济结构中的污染产业及其低下的资源环境效率。因此，调整经贸结构和提高资源环境效率，是节能减排和改善环境的根本所在。

二、主要工业化国家经验

合理的资源能源与环境定价、汇率、贸易措施，是工业化国家促进经贸转型实现经济发展方式转变和节能减排的具体而成功的政策手段。

1. 日本

及时抓住能源危机与日元升值的契机，成功实现经贸结构转型，并由此基本解决由传统工业化带来的环境问题。

20 世纪 70 年代能源危机与 80 年代日元升值，是促成日本经贸转型的最重要契机。日本正是及时抓住这一契机，成功实现经贸结构转型，并由此基本解决由传统工业化带来的环境问题。

随着能源危机与日元升值，日本出口急剧下降，尤其是高能耗、高污染、低效率的产品，几乎就不生产、不出口了。重化工产业，要么大幅度提高资源环境效率，要么转移到环境标准低的其他区域。例如，先是亚洲四小龙，进而向我国转移。而日本本土仅保留研发与市场销售部门。因此，促使日本经济结构从纺织、重化工、钢铁、水泥等工业，逐步转向建筑、银行、证券、卡通、娱乐业等现代服务业。日本经贸结构转型的成功，带来了环境污染排放的大幅度下降。从 20 世纪 80 年代开始，日本环境质量逐步得到显著改善，原本受到污染的大气、河流、土壤等得到了休养生息，并逐步恢复了原有的生态功能。因此，污染产业转移和资源环境效率的提高，成为日本环境大大改善的必要前提。

2．德国

把握马克升值，并借助于"结构调整"，化解其贸易顺差的同时，间接地转移了污染产业，并逐步而有效地解决了其环境问题。

与日本类似，"二战"后德国也曾经历了快速经济增长和庞大的贸易顺差以及不断恶化环境的历程。为了化解巨大的贸易顺差并解决环境问题，当时西德政府采取了所谓的"结构调整"（structure adjustment）政策。

在高额顺差刺激和推动下，德国马克均出现资产的重估和升值。德国马克逐步升值的过程，也是污染产业不断转移出境、重化工产品出口不断减少的过程，以至于原来作为传统重化工产品基地的德国，已开始大量进口重化工产品。例如，从中国进口焦炭、生铁以及化工原材料。其直接显著的环境效果，使原来被严重污染的莱茵河、易北河现在重新恢复了生机。德国是为数很少的几个《京都议定书》附件一国家，现在已经接近议定书规定的温室气体减排目标。

3．美国

鼓励发展信息经济和提升服务业比例，促进经贸结构转型缓解环境压力，但却一直延续着高消费发展模式，并承受着消费环节所产生的环境问题。

美国环境容量比欧洲与日本大，其经贸结构转型的重要手段，是借助于市场机制，鼓励发展信息经济，提升服务业比例。例如，在美国西部硅谷申办一家公司只需要一美元的注册费及若干小时就可注册成立新公司。特别是信息产业、生物技术，近年来取得了长足发展。目前美国服务业占 GDP 比例达到 76%。

美国还充分利用其美元作为主要外汇储备货币的地位，在国际范围内开展投资证券保险业务，金融业成为美国经济结构中最重要的组成部分。无论是摩根士丹利、美林、花旗，还是纽约证券、纳斯达克、芝加哥期货市场，都是国际金融界屈指可数的有重大影响力的重要机构。

此外，美国宏观经济政策导致了贸易赤字与财政赤字，鼓励大量进口廉价的资源环境密集型产品，鼓励高消费。进口制造业产品实际上隐含着污染外包，使得美国本土避免了很多污染。估计表明，如果美国进口产品在本土生产，则美国至少要增加 1/3 以上的碳排放。

美国鼓励发展信息经济、提升服务业比例以及大量进口廉价资源环境密集型产品，是促进经贸转型和缓解环境压力的成功经验，而推行高消费发展模式，使美国在总量和人均量上成为全球最高的碳排放大国，这则是深刻的教训。

三、未来取向

尽管主要工业化国家自主性地直接采用用于环保目的的贸易措施不多，但在当今经贸全球化和国际资源环境大循环的新态势下，贸易环节拥有促进经贸转型实现节能减排的不可忽略的政策空间。

随着经贸全球化的纵深发展，贸易手段也应是当今促进经贸转型节能减排不可或缺的重要抓手。以上国际贸易案例，已展示出贸易环节，拥有促进经贸结构转型和实现节能减排的重要不可忽略的政策空间。

1．鼓励进口资源环境密集型产品

出于保护本国环境的目的，工业化国家鼓励进口资源与环境产品。例如，美国封存本国油田而大量进口中东、拉丁美洲的石油；日本长期以来形成了进口东南亚木材而保护本国森林的政策；德国进口中国的钢材取代本国钢铁企业的产品。

2．鼓励海外投资建厂转移本国高耗能高污染产业

为了保护本国环境，工业化国家自觉或不自觉地鼓励企业到海外投资建厂，将本国高耗能高污染产业转移出去。例如，日本在我国秦皇岛等地投资兴建了水泥厂，松下、索尼将其制造业部分转移到我国以及其他东盟国家而将市场与研发部留在其国内。

3．禁止、限制对本国环境有害的产品进口

禁止、限制对本国环境有害的产品进口，一直是各国保护环境的必然要求。尤其是工业化国家，借助于环境管理优势，以环保名义或借口，采取进口限制措施，构筑绿色贸易壁垒，同时间接地调整了经贸结构实现节能减排。例如，2000年9月巴西以"国际贸易部长令"方式禁止翻新轮胎进口。

4．征收出口环节资源、能源与环境税

为了不使本国资源外流太多，一些国家征收出口环节的资源、能源与环境税。例如，俄罗斯对出口石油天然气征收出口税。有些国家对某些资源环境敏感产品，通过运用出口许可证、出口配额以及企业环境行为审核等手段，实行出口限制或禁止出口政策。

四、启示与机遇

工业化国家经贸转型实现节能减排的经验教训对我国具有重要借鉴意义和警示作用。在我国暂时还不具备调高能源与环境价格、允许人民币升值的情况下，运用绿色贸易措施，促进经贸结构转型实现节能减排，就显得尤为必要和急需。

"十一五"以来，根据国务院节能减排综合工作方案，各部门出台一系列政策措施，遏止高耗能、高排放行业的过快增长。尤其是中央财政 2007 年 235 亿元和 2008 年 418 亿元用于支持节能减排工作。《中国环境的危机与转机（2008）》指出，2007 年中国节能减排初见成效，呈现重要下降"拐点"。

但从总体上看，节能减排的推进力度和速度不平衡，主要表现为节能与减排的目标不协调，存在节能不减排、减排不节能现象，企业推进节能的动力和力度大于减排，节能减排任务依然艰巨。尤其我国长期以来出口导向粗放型贸易增长方式，引致贸易价值量顺差，并孕育着巨大的贸易的资源环境逆差或代价。

目前节能减排政策已成为我国转变贸易增长方式、控制外贸顺差过大的"一揽子"政策措施的重要组成部分。近期国务院采取了一系列控制"两高一资"（高耗能、高污染、资源性）产品出口、加快转变贸易增长方式的节能减排贸易举措，已取得一定进展和初步效果。但从政策的作用范围、作用点、作用力度、协调性、稳定性看，还存在着进一步完善的空间，具体有以下三个方面的内容：

1. 应着力填补贸易政策中相关有利于环保的政策等缺位

目前所采取的和环境与资源相关的贸易措施，如对"两高一资"产品的出口限制，双高名录等措施，对节能减排发挥了一定的作用，然而，仍然存在着一些有利于环境的贸易措施的缺位，有待于在今后政策制定过程中予以考虑，主要表现在以下几个方面：

第一，"两高一资"产品的名录范围不够宽，以考虑节能为主，对于减排考虑不足；特别是对于水污染物（COD）减排考虑缺口更大；

第二，所确定的退税减免、临时出口关税的力度不够大，还不能起到应有的扭转和控制"两高一资"产品出口的作用；

第三，以限制为主，相应的鼓励性政策配合不足；在管理上，应当分设禁止、限制、允许和鼓励等分类措施，区别对待；特别是鼓励有利于环保的产品和服务的贸易措施不足。

2. 减排目标在分解给地方政府的同时，也可以考虑给贸易部门和行业部门分解相应的减排指标

从政策的作用对象看，我们已经认识到应该从管理企业到管理行业和产品，从管理生产到生产、消费、贸易等全过程管理。因此，从政策目标的分解上，也应进行相应的调整，减排目标分解给地方政府的同时，可以考虑给贸易部门和行业部门分解相应的减排目标，以达到全社会各部门各行业为减排目标而共同行动的政策目的。

3. "走出去"的过程中，帮助投资目的地国家建立适当的环境管理体系，使我国对外投资在环境方面合法化

国际经验表明，国际分工带来的结构性污染也应靠国际产业结构调整来解决。在我国产业走出去的同时，我们应积极开展国际环境合作，在树立良好国际形象的同时，帮助形成有利于我国企业的环境标准，并促进对外投资的环境法律体系的建立。

用贸易手段支持环保，以环保促进贸易发展

——在中国当前同等发展阶段时的美国环境与贸易政策研究[①]

李丽平　张　彬

中国已经居于全球经济总量第二、货物贸易第一的地位。由于贸易与环境的相互关系，该发展阶段需要充分考虑环境与贸易的关系，学习发达国家在这个阶段的相关经验。当前中国的经济发展阶段和对外贸易水平相当于美国早期某个发展阶段，研究借鉴美国的环境与贸易政策，不但要研究美国现在的政策，更要研究美国在中国同等发展阶段的环境与贸易政策。

一、中美同等发展阶段的确定

研究美国在中国同等发展阶段的环境与贸易政策，确定中美同等发展阶段，既要考虑中、美两国经济发展水平，又要考虑中、美两国对外贸易特征。本文采用购买力平价人均国内生产总值（GDP）这一指标来衡量中美两国经济发展水平，同时考虑中美两国贸易总量、对外贸易依存度以及贸易结构三项贸易指标。结合经济发展水平以及贸易指标，最终确定中国当前发展对应的美国同等发展阶段为 20 世纪 80 年代初到 90 年代初。

（一）经济发展水平

由于中国经济发展有明显地域不平衡特点，单纯用购买力平价的全国人均 GDP 难以全面反映发展阶段特征，故本文采用国家统计局划分的东部、中部、西部和东北四大地区的概念。根据计算，2014 年中国东部、中部、西部和东北四大地区的购买力平价人均 GDP 分别约为 20 198 美元、10 659 美元、10 837 美元和 15 000 美元。由于中部和西

---

① 原文刊登于《环境战略与政策研究专报》2017 年第 11 期。

部数值相差很小，故直接称中西部地区。

20世纪后期美国经济发展较快，特别是20世纪70年代后，从1970年的人均GDP 5 000多美元，增加到1987年的人均GDP 2万多美元（图1）。

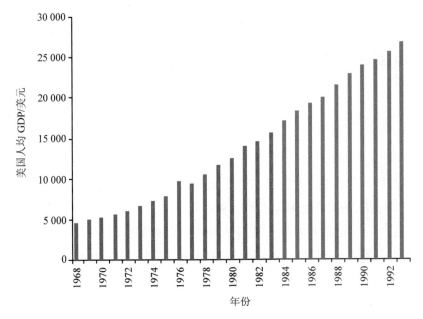

图1 1968—1993年美国人均GDP（PPP）

数据来源：美国统计局，www.census.gov。

比较中、美两国的经济发展数据可以发现，2014年中国中西部、东北部和东部的经济发展水平分别相当于美国1978年、1982年和1987年的水平。美国人均GDP在1978年、1982年和1987年数据分别为10 587美元、14 439美元和20 101美元（见表1）。

表1 中国与美国同等发展阶段人均GDP（PPP）

	中国中西部	中国东北部	中国东部
购买力平价指数的人均GDP	10 748 美元	15 000 美元	20 198 美元
与美国GDP等值相对应的年份（GDP值）	1978 年（10 587 美元）	1982 年（14 439 美元）	1987 年（20 101 美元）

比较中国与美国以购买力平价为基础的人均GDP，可以大致判断：中国现在中西部地区与美国20世纪70年代后期发展水平相当，东北部地区与美国20世纪80年代初期发展水平相当，东部地区与美国20世纪80年代后期发展水平相当。总体来说，中国当前经济发展水平与美国20世纪70—80年代的发展水平大体相当。

（二）贸易特征

改革开放后，中国全面参与全球产业分工，对外贸易得到快速发展。对比美国发展情况，可发现中国对外贸易具备以下特征：

1. 贸易总量大

目前中国对外贸易总额居世界第二，货物贸易额居世界第一。根据统计，2013年中国贸易总额占全球贸易总额的比重为9.98%。尽管该比重仍未超过美国同等发展阶段，但仅就货物贸易来看，中国已接近美国同等发展阶段，2014年中国货物贸易额占全球贸易比重已达到11.29%，与美国20世纪80年代水平基本持平（图2）。

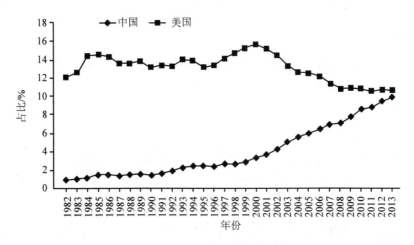

图2　1980—2013年中国、美国贸易总额占全球贸易总额比重变化图

数据来源：WTO数据中心。

2. 对外依存度高

目前可获得的数据表明，中国对外贸易依存度最高时曾接近70%，一直远高于美国。20世纪70—80年代美国对外贸易依存度始终维持在20%以下（图3）。也就是说，在拉动经济增长的"三驾马车"中，中国经济主要依靠对外贸易，而美国经济则更倚重投资和国内消费。

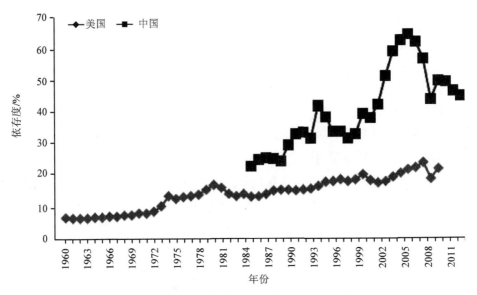

图3　1960—2013年中国、美国对外货物贸易依存度变化图

数据来源：美国统计局、中国统计局。

3．贸易结构偏"重"

尽管中美贸易额已基本接近，但是货物和服务贸易的构成还是有差异的。总体而言，中国货物贸易比重大，贸易结构偏"重"。相关数据显示，20世纪80年代美国服务贸易占全球比重的平均水平为18.07%，进入90年代后快速发展，1990年美国服务贸易出口额为1 025亿美元，居世界第一，此后长期保持世界首位，而2013年中国服务贸易占全球比重仅为11.38%。

（三）同等发展阶段的确定

由于贸易与环境之间存在内在逻辑联系："贸易需求 —带动→ 国内生产 —加剧→ 能源、资源消耗与污染物排放 —影响→ 国内环境"。为此，本文综合考虑经济发展和贸易特征来确定中美同等发展阶段。

首先，在经济发展水平相当的情况下，中国贸易依存度大，表明中国生产活动有较大部分是围绕贸易进行的，即中国面临更多的环境与贸易问题。

其次，在中美贸易总量接近的背景下，中国贸易结构更偏重于货物贸易，而货物贸易对环境的影响以及资源的消耗更大，即中国需要处理更为复杂的环境与贸易关系。

上述关系表明，尽管中国现阶段经济发展水平与美国20世纪70—80年代相当，但是基于贸易总量、贸易依存度、贸易结构等特征的考虑，中国需更加慎重对待环境与贸易问题,在研究环境与贸易政策上不仅需要关注经济发展水平上的同等阶段,还应适度超前。因此,本文在以购买力平价人均 GDP 为指标确定的同等发展阶段基础上,结合中美之间贸易指标所具有的特征,主要研究 20 世纪 80 年代至 90 年代初美国环境与贸易政策。

二、同等发展阶段美国环境与贸易问题及影响

20 世纪 80 年代到 90 年代初,美国环境与贸易问题主要表现为两个方面:一是贸易对环境的影响;二是环境对贸易的影响。

(一) 贸易对环境的影响

1. 通过出口转移危险废物

危险废物的越境转移既是贸易问题,也是环境问题。美国危险废物的产生者为逃避本国严格的环境法规和标准,许多将危险废物转移到其他国家。据美国环保局(EPA)估计,美国每年产生的危险废物数量高达 5 000 万~6 000 万 t,每年非法处置的危险废物(包括越境转移)达几百万吨。绿色和平组织称,美国公司通过或未通过主管当局向 44 个国家出口危险废物。1986 年,有两位美国商人被指控在墨西哥非法倾倒危险废物,并且在运输过程中在墨西哥当地采用了未经批准的设施处置这些危险废物,对当地环境造成了严重危害。

2. 通过直接对外投资将污染密集型产业转移至国外

跨国公司通过直接投资把许多污染密集型产业转移到其他国家。20 世纪 70—90 年代发生多起美国直接投资对当地环境产生严重污染的事件,如美国联合碳化物公司在印度博帕尔造成的灾难性事件(详见专栏 1)。

专栏 1　美国联合碳化物公司在印度博帕尔造成灾难性事件

美国联合碳化物公司在印度贫民区附近设有一所农药厂。由于没有采取严格的环境和安全标准,工人缺乏安全知识培训及安全意识,许多管理人员和工人对生产过程的潜在危险了解甚少。同时,该农药厂利润低,在整个公司的跨国业务中所占比重很小,公司高层管理人员对该厂关注不够,提供的资源和技术等也不能适应环保需要。1984 年 12 月 3 日,农药厂剧毒异氰酸甲酯发生泄漏,酿成灾难性后果:大量动植物死亡,5 000 多人死亡,20 多万人受到严重伤害,印度当地生态环境遭到惨重污染。

泄漏事件发生后,美国联合碳化物公司向印度政府赔偿 2.8 亿英镑,相关责任人被印度地方法院判刑。

（二）环境对贸易的影响

1．外国商品由于环境因素难进入美国市场

外国商品由于关税或非关税壁垒的影响难进入美国市场。美国根据相关法案对特定产品的进出口征收环境关税。例如，根据 1976 年《有毒物质控制法案》（TSCA）、1980年《超级基金法案》，美国对特定化学品的进口征收关税，税率依据不同化学品的类型而定，从 0.22 美元/t 到 4.87 美元/t 不等。1986 年美国根据《超级基金修正及再授权法案》规定对以有害化学品为原材料的进口产品征收进口边境调节税。又如，根据《国内税收法规》（IRC），美国环保局对破坏臭氧层化学物质（ODC）的进口商征税。相关统计显示，美国进口商品受非关税壁垒影响的进口额从 1966 年的 93.79 亿美元增至 1986年的 1 030.69 亿美元，20 年内增长了 10 倍。同期受到影响的进口额占美国总进口额的比重由 36.4%增至 45%，净增 8.6%。环境标志是非关税壁垒的一种形式。1993 年，基于环境利益需求，克林顿总统签署了一项联邦政府采购政策的执行法案，此后 36 个州纷纷联合立法，在塑料制品、包装袋等产品上使用环境标志。美国贸易代表办公室（USTR）也将环境标志作为限制外国产品进入美国市场的壁垒，无环境标志产品的进出口受到数量和价格上的严格限制。

2．环境产品和技术的出口增加

20 世纪 90 年代之后，美国政府开始利用出口手段、制定相关出口目标来开拓其环保产业的国际市场。1993 年 1 月克林顿政府公布环境技术出口战略，成立由商务部牵头的促进中心，专门研究各国出口机会及环境技术需求，以指导美国环境产品及服务出口。在该战略影响下，当年美国环境技术和产品出口额增加了 25 亿美元。美国政府通过放宽出口管制、积极参与国际贸易机构活动并施加影响、提高国际环境标准等措施为美国环保产业占据国际市场提供了有利条件。

3．引发国际贸易争端

20 世纪 80—90 年代，美国相关环境与贸易政策引发了许多国际争端。比较有影响的案例是 1982 年加拿大诉美国金枪鱼案、1995 年委内瑞拉诉美国精炼石油案等。金枪鱼案是《关贸总协定》（GATT）受理的第一起与环境有关的贸易争端。精炼石油案是第一起直接与环境标准挂钩的案件（详见专栏 2 和专栏 3）。

专栏 2　1982 年加拿大诉美国金枪鱼案

1980 年 1 月，加拿大向 GATT 提出申诉，要求解决美国禁止其金枪鱼及制品进口的问题。加拿大认为美国的禁运违反了 GATT 第 1 条、第 11 条第 1 款和第 13 条，而美国则认为其做法符合 GATT 第 20 条的一般例外。经专家组裁定，美国的进口禁令违反了 GATT 第 11 条第 1 款，也不能通过第 11 条第 2 款和第 20 条（g）款证明为合法。

加拿大诉美国金枪鱼案是 GATT 时期受理的第一起与环境有关的贸易争端。案件处理结果表明：GATT 处理与环境保护有关的贸易争端时，严格维护非歧视原则、国民待遇原则。GATT 第 20 条的适用也是极其严谨的，缔约国不可随意设置"绿色贸易壁垒"。

资料来源：王震. 美国金枪鱼案中的技术法规问题研究[D]. 重庆：西南政法大学，2015.

专栏 3　1995 年委内瑞拉诉美国精炼石油案

1990 年，美国国会修订了《清洁空气法案》（1963）。根据此项修正案，美国环保局在 1993 年年底颁布了有关汽油成分与排放影响的新条例（《关于燃料及燃料添加剂——精炼和传统的汽油标准的最后规则》，简称《汽油规则》）。《汽油规则》规定了两套不同的基准排放标准，并要求"如果进口汽油来自外国炼油厂，且其 1990 年产油量的 75%出口至美国，那么该炼油厂的汽油质量适用 1990 年质量标准"。

这一新的汽油质量标准对于南美产油国委内瑞拉和巴西是沉重打击。1995 年 3 月委内瑞拉和巴西向 WTO 争端解决机构提出申诉，要求解决美国汽油标准的问题。

专家组裁定：进口汽油和国内汽油是"相同产品"，因此根据《汽油规则》基准确定方法，单独基准的存在使国产汽油获得了比进口汽油更为有利的销售条件，进口石油的待遇要低于国产石油。因此可以得出《汽油规则》中关于基准建立规则违反了 1994 年 GATT 第 3 条第 4 款，且不能以 1994 年 GATT 第 20 条（b）款和（d）款证明其合理性的结论，要求美国采取措施使该基准建立规则符合美国依据 1994 年 GATT 所需承担的义务。

该案是 WTO 成立以来通过争端解决机制确定 WTO 与环境保护关系的第一个具体案例。本案也揭示了环境保护与贸易发展之间并不存在不可调和的矛盾。案件的成功解决不仅有助于进一步确定 WTO 的权限，而且还奠定了 WTO 争端解决机制处理对国际贸易关系有不当影响的环保措施问题的权威。

资料来源：秦天宝. 世界贸易组织法与环境保护：挑战与发展[J]. 上海社会科学院学术季刊，2000（2）：65-72.

三、同等发展阶段美国环境与贸易政策特征分析

美国是国际上最早使用环境与贸易政策的国家之一，成效显著。既取得了改善环境质量的效果，同时也促进了贸易发展。特征如下：

（一）以贸易手段支持国内环境保护

1. 重大贸易政策必须开展环境影响评价

美国法律强制要求对贸易政策开展环境影响评价，以避免贸易对环境产生不利影响。无论是环境政策还是贸易政策都有相关规定。从环境政策角度来看，1969年（尼克松政府时期）美国国会通过《国家环境政策法》，该法第一章"国家环境政策宣言"明确指出"国会认识到人类活动对环境所有组成部分之间的相互关系所造成的深刻影响"，要求"对环境质量有重要影响的所有重大联邦行动"都必须事先提交环境影响报告书（*Environmental Impact Statements*）。《国家环境政策法》规定需要就贸易投资政策、海外投资项目和政策进行环境影响评价。1979年，美国政府颁布12114号行政命令，宣布美国政府机构在海外的活动必须遵守《国家环境政策法》的要求，规定其在海外的主要项目需要准备环境影响报告书。从贸易政策角度来看，根据1979年的3号重组计划（*Reorganization Plan No.3 of 1979*）、1980年的12188号行政命令以及1984年《贸易和关税统括法令》（*Omnibus Tariff and Trade Act of 1984*）的规定，美国需要在贸易和投资谈判中考虑环境相关利益。1992年NAFTA之后美国对其所有自由贸易协定都进行了环境影响评价。环境影响评价分为中期评价和终期评价，评价结果需对外公布，接受公众监督。

2. 加强对特定产品的进出口管理

美国从20世纪70年代开始对环境敏感产品、材料及废弃物、野生动植物等特定产品的进出口进行管理。出于保护大气、水体等环境要素的目的，美国颁布和修订了《清洁空气法案》（1990年修订）、《联邦杀虫剂、杀真菌剂和灭鼠剂条例》（FIFRA，1996年修订）等一系列法案（表2），这些法案后来成为美国对相关环境敏感产品、材料和废弃物实施进出口管制的依据。1976年美国颁布了《有毒物质控制法案》（TSCA），该法案规定生产相关化学物品需要满足一系列标准；进口相关化学物品在TSCA中被定义为一种生产行为，因此美国环保局根据TSCA对化学品进口实施管制。又如依据《清洁空气法案》，美国对不符合美国环保局排放标准和要求的机动车、机动车发动机、非道路发动机和设备实施禁止进口措施。

表2 20世纪80年代初—90年代初美国与贸易相关的主要环境法案

法案名称	制定时间	修订时间	相关内容
清洁空气法案	1963	1990	制定了新的机动车排放标准，低硫天然气、毒素必需的"最佳可用控制技术"（BACT）以及CFCs的削减
联邦杀虫剂、杀真菌剂和灭鼠剂条例（FIFRA）	1947	1996	控制农药的销售、流通和使用
有毒物质控制法案（TSCA）	1976		授权环保局管理有毒化学品的生产、流通、进口和加工
资源保护和再生法案（RCRA）	1976	1984	通过制定危险废物管理标准防止有毒废物的倾倒，同CERCLA一样，该法也包含对现有污染场地的修复
核废料政策法案	1982		制订了全国高放射性废物安全、永久处置的综合计划
石油污染法案	1990		该法在埃克森公司灾难性的瓦尔迪兹石油泄漏事件发生一年之后颁布，简化了联邦对石油泄漏响应过程，要求准备储油设施和船只的溢出应对计划以及快速响应。该法还增加了污染的清理费用和损害赔偿责任自然资源和征收措施（包括淘汰单壳油轮），旨在提高油轮安全和防止泄漏

（二）以环境保护促进贸易发展

1. 利用环境政策和标准促进贸易发展

美国在石油危机的影响下，经济发展疲软，对外贸易出现赤字，美国企业的传统国际竞争力受到新兴国家的挑战。尽管如此，美国国内实施了严格的环境政策及环境标准，使美国企业环境竞争力快速提升。到了20世纪80年代，美国开始调整与贸易相关的环境政策，对外输出"环境保护"理念，从而帮助环保产业开拓国际市场。具体措施包括：一是提高环境标准。例如，美国《清洁空气法案》严格限制汽车燃油标准，推动其汽车企业提高能源效率，大大提升其汽车产业的国际竞争力。二是利用环境措施实施进口管制。如《有毒物质控制法案》（TSCA）要求进口新化学物质提交测试报告以评估对环境和健康的潜在影响，而对于出口该类物质则给予了一定的豁免，仅需要将这些物品贴上"仅供出口"标签即可。三是利用环境边境调节税确保国内产业竞争力。美国对国内产品征收环境税的同时，采用环境边境调节税维持国内企业在美国本土市场的竞争力。四是扩大环境产品和服务出口。随着各国对环境产品和服务的需求不断增加，美国大力发展环保产业，1993年克林顿政府实施环境技术出口战略，成立由商务部牵头的促进中心，专门研究各国出口机会及环境技术需求,以指导其环境产品及服务的出口。同时,美国通过放宽出口管制、积极参与国际贸易机构活动并施加影响、提高国际环境标准等措施促进出口,成为国际上环境产品和服务贸易顺差国之一。

2.对危险物质进行贸易管控

美国为了保护国内环境、维护贸易利益,在三个层面反对或阻挠危险物质的贸易。

(1)从自身环境与贸易利益出发,调整国内政策,严格控制或放开危险物质的进出口。美国及其他发达国家向发展中国家大量出口杀虫剂、除草剂和其他危险物质,引起美国国内和国际社会的广泛担忧,特别是引起了发展中国家的强烈不满。为缓解这种担忧和不满,卡特政府于 1981 年 1 月 15 日颁布了 12264 号行政命令,即《禁止或严格限制物品的出口》(*Export of Banned or Significantly Restricted Substances*)。在有关危险或有毒物质出口方面,该行政命令要求有关企业向进口国通报与具体产品有关的风险,并严格控制美国境内已经禁止或严格限制的危险物质出口。但里根上台后,立刻废除该行政命令。里根强调,美国不应介入其他国家对其国内事务的管理,若某国不愿进口杀虫剂、除草剂、药品和其他被认为是有毒的物品,其应自己主动采取相应措施限制或禁止这些物品的进口。

(2)阻挠国际社会就危险物质进行国际贸易管控。1983 年 1 月,国际社会就危险物质国际贸易问题采取措施作出相关决议时,美国是唯一投反对票的国家。与此同时,美国还竭力推迟或阻止经济合作与发展组织(OECD)发起的关于有毒物质国际贸易管制的谈判。

(3)不参加危险物质贸易管控的相关国际公约。美国至今仍然不是《控制危险废物越境转移及其处置巴塞尔公约》等国际环境公约的缔约方。

(三)保障措施

1.国内建立环境与贸易机构

根据联邦法律,美国在贸易代表办公室(USTR)、国家环保局(EPA)、国务院(Department of State)等部门均设立了环境与贸易机构。

美国贸易代表办公室下设贸易和环境政策咨询委员会(Trade and Environment Policy Advisory Committee,TEPAC)、环境与自然资源办公室(Office of Environment & Natural Resources,ENR)。TEPAC 根据美国 1974 年贸易法案 135(c)(1)条款、联邦咨询委员会法案、1994 年 12905 行政命令授权成立,由美国贸易代表办公室和环保局共同管理,为美国贸易代表办公室提供制定、实施及管理与环境相关的贸易政策建议。ENR 不仅关注美国签署的双边、多边贸易和投资协定中的环境议题,也关注其他国家实施的影响美国贸易利益的环境措施。此外，ENR 还关注贸易可能带来的全球环境挑战，同时还负责对美国自贸协定谈判实施环境评估（Environmental Reviews）以及美国所有自贸协定环境章节的谈判。

美国环保局国际与部落事务办公室（Office of International and Tribal Affairs，OITA）下设有专门的贸易和经济组（Trade and Economic Program），其职能是处理国际贸易、投资协定与国内环境保护的关系，并在自贸协定环境议题谈判、自贸协定环境影响评估以及环境条款实施方面与美国贸易代表办公室共同发挥核心作用。

1974 年美国国会建立海洋和国际环境、科学事务局（Bureau of Oceans and International Environmental and Scientific Affairs），由国务院经济增长、能源与环境副国务卿（Under Secretary of State for Economic Growth，Energy and Environment）分管，负责制定美国在气候变化、野生动植物非法贸易、海洋、极地等方面的外交政策，并在其关注的环境质量与跨界问题议题（Environmental Quality and Transboundary Issues）中重点支持自由贸易与环境保护相关工作。

2. 推动制定国际环境与贸易政策

美国非常重视通过制定和引导国际规则来维护其环境与贸易利益，具体措施如下：

一是推动 GATT/WTO 中增加环境内容或环境议题。美国作为主要成员推动 1986 年至 1994 年的 GATT 乌拉圭回合将环境议题纳入贸易谈判，推动在服务贸易总协定（GATS）、《技术性贸易壁垒协议》《实施动植物卫生检疫措施的协议》（TBT/SPS）中设置环境例外条款。

二是在区域贸易协定中推动纳入环境与贸易内容。美国是最早在自由贸易协定中推动设立单独环境章节的国家。克林顿政府推动在美国、加拿大和墨西哥三国共同签署的北美自由贸易协定下设立单独的北美环境合作协定（NAAEC）。该协定中的许多环境条款仍是目前自贸协定环境条款谈判的重要参考和标杆。

四、同等发展阶段中美环境与贸易相关政策对比分析

由于所处国际背景不同，中美在同等发展阶段环境与贸易政策方面存在一定差异，中国环境与贸易政策在某些方面落后于美国，某些方面超前于美国，超前部分多为被动超前。

（一）中国比美国超前的环境与贸易相关措施

1．中国关于进出口贸易的环境措施相关立法早于美国

出于环境保护的目的，中国对部分危害和影响环境的产品采取禁止、限制、配额、许可证等进出口管制措施。这些措施大部分在 20 世纪已经完成了相关立法，如对消耗臭氧层物质进行进出口管理是依据 1999 年制定的《消耗臭氧层物质进出口管理办法》和 2000 年修订的《大气污染防治法》（1987 年制定），对化学品进行进出口管理是依据 1995 年制定的《中华人民共和国监控化学品管理条例》等。可以看出在进出口环节对环境敏感产品进行管控方面，中国相关环境与贸易立法早于美国同等发展阶段。

2．中国在贸易、投资协定中设置环境章节早于美国

中国已有两个自贸协定设立独立的环境章节。美国第一个包括环境内容的自贸协定是 1992 年签署的 NAFTA，且环境内容未能纳入 NAFTA 文本之中，而是以附属协定，即 NAAEC 的形式出现。美国签署的在真正意义上设置独立环境章节的自贸协定是 2000 年《美国-约旦自由贸易协定》。

表 3　中美 FTA 环境章节出现时间对比表

美国			中国		
自贸协定名称	签署时间	环境章节出现形式	自贸协定名称	签署时间	环境章节出现形式
NAFTA	1992	1993 年签署了 NAAEC	新西兰	2008	第 14 章合作 第 177 条劳动与环境合作 （提及双边环境合作协定）
约旦	2000	第 5 条环境	瑞士	2013	第 12 章环境问题
新加坡	2003	第 18 章环境	韩国	2015	第 16 章环境与贸易

3．中国履行与贸易相关的国际环境责任强于美国

中国本着负责的态度，积极履行与贸易相关的国际环境责任。中国已加入《保护臭氧层维也纳公约》《控制危险废物越境转移及其处置巴塞尔公约》《濒危野生动植物种国际贸易公约》《关于持久性有机污染物的斯德哥尔摩公约》《生物多样性公约》等对破坏臭氧层物质、危险废物、野生动植物等国际贸易实施管控的国际环境公约。为了履行国际环境公约下的义务，中国已制定了一些国内配套环境法规和政策，如中国 1991 年 6 月签署加入了《关于消耗臭氧层物质的蒙特利尔议定书》伦敦修正案，1999 年即制定了相关管理条例，2000 年便将相关内容写入了修订后的《大气污染防治法》。而美国在国际环境公约签署和履约方面则相对滞后。

（二）中国比美国落后的环境与贸易相关措施

1. 中国没有对贸易政策开展环境影响评价

美国根据国内法律和行政命令对其贸易政策、海外投资项目和国际贸易协定开展环境影响评价，以期了解贸易政策对环境产生的负面影响及风险，从而制定相应的对策和措施来降低或避免这种负面影响及风险。中国目前尚未颁布任何关于贸易政策环境影响评价的法律，也无相关政策，仅在部分自贸协定可行性研究报告中有少量内容涉及环境影响分析。商务部与环保部 2013 年共同发布《对外投资合作环境保护指南》，对中国企业在对外投资合作中的环境保护行为作出规范，在实践中却鲜见使用。

2. 中国对外贸易法中的环境规定少且弱

2004 年中国修订的《对外贸易法》仅在"货物进出口与技术进出口"和"国际服务贸易"章节中规定可以以环境保护的理由限制或禁止货物、技术以及服务的进出口。这些规定与美国 1979 年《贸易协定法案》规定基本相同，即可以以环境理由对某些货物、技术和服务贸易进行限制。美国 1984 年和 1988 年贸易法案进一步提出了服务贸易和对外投资谈判的环境目标："为实现段落（A）中所描述的目标，美国谈判人员应考虑合理的国内目标，包括但不限于：保护合理的健康或安全、必要安保、环境、消费者或雇用机会以及与此相关的法律法规。"至今中国《对外贸易法》仍缺乏关于贸易和投资谈判环境目标的相关规定。即使有相关规定也比较弱，不具强制性和法律约束力。

3. 中国利用贸易规避环境风险的政策落后于美国

为配合国内环境治理的要求，美国通过提高国内环境标准、推进国际自由贸易和投资自由化的组合政策，将"污染"产品转移到其他地区生产。此外，对于危险物质贸易的管控也是重视进口管控而反对出口管控。从这些政策可以看出，美国切实采取贸易手段来降低和规避国内环境风险。目前，中国并未制定类似的政策和措施有效利用贸易和投资途径来规避国内环境风险。

4. 中国缺乏在贸易环节征收环境关税的措施

美国注重将环境关税作为一种边境调节税来增强国内相关产业的本土市场竞争力。中国依据《加入 WTO 议定书》对进口产品实施约束税率，对部分产品征收出口关税，但鲜有关税是以环境理由实施的。

五、政策建议

中国一方面已成为经济总量世界第二、货物贸易世界第一、对外投资世界第二的经贸大国，另一方面国内环境污染形势依然严峻。因此，中国不但应学习和借鉴在同等发展阶段美国的经验，而且应该比美国更加重视环境与贸易问题，一方面，充分利用贸易手段促进环境改善；另一方面，充分利用环境手段促进贸易发展。

（一）利用贸易手段促进环境改善

1．推动开展贸易政策的环境影响评价

从法律制度保障层面推动贸易政策的环境影响评价。一是未来《对外贸易法》《环境影响评价法》等相关法律修订时补充开展贸易政策环境影响评价相关内容，评价对象包括国内贸易政策、国际贸易和投资协定等。二是制定《贸易政策环境影响评价导则》，提出贸易政策环境影响评价方法和实施细则。三是在国际贸易规则中加入环境影响评价的相关条款。对正在谈判或已实施的自由贸易协定开展环境影响评价，将评价结果应用到自由贸易协定谈判中，将已实施自由贸易协定的环境后评估结果反映到未来的升级谈判及其他自由贸易协定谈判中。

2．加征环境关税，同时降低直至取消重污染行业出口退税

从中国的环境利益出发，建议相关部门调整相关贸易政策。一是加征环境关税，对以有害化学品为原材料的进口产品及煤炭等为代表的资源性产品加征边境调节税。二是扩大出口退税调整政策的适用范围，使其涵盖所有重污染行业、产品，以避免"污染泄漏""污染转移"，分批次逐步取消制药原药、纺织、服装、皮革制品、纸制品、化工橡胶塑料制品、其他金属、金属制品等重污染行业产品的出口退税。

3．通过贸易和投资向国外转移部分产能

根据世界银行的研究，全球污染物30年内并未消除，只是从一个地方转移到另一个地方。建议将化工、焦炭、水泥、冶金等超过环境承载力的部分产能转移到其他环境承载力高的地区；同时在转移过程中进行产业升级改造，严格环境标准，提高生产技术水平和污染治理水平，借转移之机淘汰落后产能。

（二）通过环境政策促进贸易发展

1．适度提高产能过剩且污染严重行业的环境标准

建议适度提高贸易量大、产能过剩、污染严重行业，如造船、汽车、钢铁等的相关环境标准，推动国内产业结构调整和升级，引领国际标准，提升我国企业的国际竞争力。例如，推动有能力的地区尽早实施汽车尾气国六排放标准。在《珠三角、长三角、环渤海（京津冀）水域船舶排放控制区实施方案》基础上增加对船舶氮氧化物的排放控制要求，并扩大适用区域，要求2020年1月1日起船舶在中国排放控制区内须使用硫

含量≤0.1%的燃油，2017年以前建造的所有现有船舶须满足IMO Tier II或更高标准。

2．大力推动绿色产品和服务贸易

积极参加 WTO《环境产品协定》诸边谈判，从环境利益角度出发提出促进环境产品贸易自由化的产品清单，推动绿色产品和服务关税降低和非关税壁垒消除。在自由贸易协定中加入推动绿色产品和服务贸易自由化的相关条款。搭建绿色产品和服务信息交流平台，组织"一带一路"绿色产品和服务博览会，推动绿色产品和服务的信息及技术交流。促进环保企业间的交流与合作。

（三）加强环境与贸易的保障措施

1．主动推动制定国际环境与贸易规则

主动推动制定国际环境与贸易政策规则，在对外缔结自贸协定和投资协定时推动设置环境章节，约束对方以避免其通过降低环保要求的方式对我企业招商引资，强化我国对外投资企业的环境风险防范意识，为我国业"走出去"保驾护航。一是协同商务部，在与"一带一路"沿线国家及与其他国家缔结自贸协定或投资协定谈判中主动提出设置环境章节；二是制定中国投资和贸易协定环境章节示范文本，以此为基础，在谈判中根据谈判伙伴实际情况适当调整；三是在世贸组织等多边框架下，积极参与环境与贸易谈判，推动制定有关贸易的环境规则，纳入中国关切；四是进一步研究国际贸易规则中的环境有关内容；五是开展能力建设培训，加强环境与贸易研究及谈判人才培养。

2．加强机构建设，提供制度保障

为切实提升我国环境与贸易政策制定水平，建议环境保护部成立环境经济司并下设环境与贸易、投资事务处，编制3人，主要职责为：构建绿色贸易政策体系；以贸易手段改善环境质量；推动绿色产品和服务贸易；开展环境与贸易相关谈判，并负责组织实施环境章节。

以绿色贸易为抓手推进"一带一路"建设[①]

李丽平　张　彬

近日，环境保护部、外交部、国家发展改革委、商务部四部委联合发布了《关于推进绿色"一带一路"建设的指导意见》（以下简称《指导意见》）。《指导意见》是《推动共建丝绸之路经济带和 21 世纪海上丝绸之路的愿景与行动》关于分享生态文明理念、推动绿色发展和加强生态环境保护的政策延伸，对促进沿线国家和地区共同实现 2030 年可持续发展目标，共同构筑崇尚自然、绿色发展的生态体系，同心打造人类命运共同体具有重要意义。《指导意见》将"推进绿色贸易发展"作为推进绿色"一带一路"建设的主要任务之一，这也是我国首次在重要政策文件中阐述绿色贸易的具体举措。

一、推进绿色贸易是绿色"一带一路"的重要任务

《指导意见》共提出 4 项任务，即全面服务"五通"、加强绿色合作平台建设、制定完善政策措施、发挥地方优势。推进绿色贸易发展是第一项任务的 5 项子任务之一。

"绿色贸易"一词并非在《指导意见》中首次提出，在其他政策文件中已有提及。例如，2015 年《国务院关于印发中国（天津）自由贸易试验区总体方案的通知》《商务部关于支持自由贸易试验区创新发展的意见》都有提及，但其中仅提到"鼓励开展绿色贸易"，并未做任何阐述。而在《指导意见》中，绿色贸易作为一项重要任务以独立段落出现，足见其重要地位。可以讲，《指导意见》是迄今为止对绿色贸易阐述最全的政策文件。

事实上，《指导意见》中关于绿色贸易的内容并非一段，而是涵盖了所有大项任务，贯穿全篇。例如，按照现有相关贸易协定文本，在第一项任务中的优化产能布局、防范生态环境风险、推进绿色基础设施建设、加强对外投资的环境管理等都是绿色贸易协定

---

① 原文刊登于《中国环境报》2017 年 5 月 16 日。

的相关内容。因为现有的自由贸易协定中一般都包括投资章节，而且从服务贸易角度而言，投资是贸易的一种模式。在自由贸易协定中设置环境章节，其本身即是防范环境风险，有的自由贸易协定还专门有开展环境影响评价的条款。而绿色贸易政策作为环境经济政策的组成部分也是生态环保政策的重要内容，是宣传生态文明理念、加强生态环保政策沟通的内容。

除此之外，加强绿色合作平台建设中的加强智库合作，制定完善政策措施中的推动绿色项目落地实施、发挥地方优势、加强能力建设等内容都是与绿色贸易非常相关的。例如，在中国-韩国自由贸易协定第 16 章环境与贸易章节中规定，"推广包括环境友好产品在内的环境产品和环境服务"，"交流关于环境保护政策、活动和措施的信息"，"缔约双方在能力建设等领域合作"，"建立包括环境专家交流的环境智库合作机制"，"建立环境产业示范区基地"等。

这里绿色贸易的内涵不是狭义的可持续的贸易本身，也包括相关的政策；不仅包括产品和服务贸易，也包括技术和投资；不是传统的负面的内涵，如绿色贸易壁垒，而是指广义的、正面的措施。它与通常讲的贸易的主要区别在于，贸易的行为或结果不能破坏生态环境，而绿色贸易能促进贸易的增长，是贸易的可持续发展。绿色贸易可分两类：一是达到一定环境标准的产品和服务贸易以及投资，如获得环境标志或认证的产品贸易；二是服务于治理生态环境的产品贸易，如环境产品贸易。绿色贸易是一个相对和动态的概念，随着技术的进步和发展，其内涵会有所变化。

二、我国在推进绿色贸易发展方面做出了积极努力

作为全球第二大经济体和世界货物贸易第一大国，我国十分重视绿色贸易，从政策和实践层面都做出了积极努力。

第一，积极参与国际绿色贸易规则制定。在自由贸易协定中推动设立环境条款或环境章节。在我国签订的 14 个自贸协定中全部设有环境条款，在中国-瑞士自由贸易协定和中国-韩国自由贸易协定中还设置了独立的环境章节，其中包括推动环境产品和服务贸易、避免贸易中的环境风险、加强环境技术合作等内容。积极参加 WTO 框架下的《环境产品协定》谈判，2014 年作为 14 个初始谈判方参加了谈判，推动消除环境产品的关税和非关税壁垒，促进环境产品的贸易自由化。积极推动亚太经合组织（APEC）环境产品与服务合作，在 2012 年所达成的 54 个 APEC 环境产品清单中有 54%是我国提出的，为清单的达成做出了贡献。

第二，深化国内绿色贸易政策。在相关规划中提出建立绿色贸易管理制度体系和政

策安排，2016 年国家"十三五"生态环境保护规划提出，"建立健全绿色投资与绿色贸易管理制度体系，落实对外投资合作环境保护指南"。对外贸易发展"十三五"规划中提出，"抑制高污染、高耗能和资源类产品出口，鼓励紧缺型资源类产品进口，努力打造绿色贸易。加强节能环保国际合作，积极参与绿色发展国际规则制订"。

加强关税等出口政策调整，降低环境风险。定期发布《环境保护综合名录》，名录中的"双高产品"被降低或逐渐取消出口退税。财政部和国家税务总局多次发布关于调整部分商品出口退税率的通知，其中水泥、陶瓷、玻璃等生产过程高排放产品被大幅度降低或取消出口退税。严格限制能源产品、低附加值矿产品和野生生物资源的出口。

严管进口，环境保护部、商务部、国家发展改革委、海关总署、国家质检总局等部门联合发布《禁止进口固体废物目录》《限制进口类可用作原料的进口废物目录》《自动许可进口类可用作原料的进口废物目录》，强化废物进口监管，在保证环境安全的前提下，鼓励低环境污染的废旧钢铁和废旧有色金属进口。

加强对企业对外投资的环境监管。2013 年商务部与环境保护部联合发布《对外投资合作环境保护指南》，指导和规范我国企业在对外投资合作中的环境保护行为，引导企业积极履行环境保护社会责任，推动对外投资合作可持续发展。

鼓励环保产业发展，推动环保产业贸易。2016 年年底国务院发布的《"十三五"国家战略性新兴产业发展规划》提出，"推动新能源和节能环保产业快速壮大"。环境保护部、国家发展改革委、科技部、工信部联合印发的《"十三五"节能环保产业发展规划》提出："加强国际合作，依托'一带一路'建设、国际产能合作，鼓励节能环保企业境外工程承包和劳务输出，提供优质高效的纯低温余热发电、污染治理、垃圾焚烧发电、生态修复、环境影响评价等服务。实施绿色援助，在受援国开展节能环保工程示范和能力建设，支持环境基础设施建设，帮助受援国改善生态环境等。"

第三，大力开展绿色贸易技术交流与合作。加强能力建设，2016 年国家举办了发展中国家环境与贸易投资研修班和发展中国家绿色经济与环境保护官员研修班，对发展中国家开展专门的绿色贸易培训，提升他们制定政策的能力。搭建技术交流平台，2016 年 9 月，"一带一路"生态环保大数据服务平台网站正式启动。建立绿色供应链合作网络，利用采购方的力量，实现环境绩效改善。目前，我国已在 APEC 框架下开展了大量工作。开展环境标志认证和互认，促进绿色贸易发展。目前，我国已与德国、澳大利亚、韩国、日本、东盟等多个国家签署环境标志互认协议。

三、"一带一路"沿线国家对绿色贸易有强烈需求

无论是国际环境驱使,还是自身内在动力作用,"一带一路"沿线国家对绿色贸易有强烈需求。

一方面,国际形势促使"一带一路"国家发展绿色贸易。2015年9月通过的可持续发展目标包含清洁饮水与卫生设施、廉价和清洁能源、可持续城市和社区等17个目标,这为各国发展提出了更高的要求,各国为了实现可持续目标,加强对外绿色贸易合作将成为必然。气候变化《巴黎协定》的签署为各国加速长效的低碳经济发展创造了巨大机遇,也将进一步推动低碳贸易发展。在自由贸易协定和投资协定中包含环境章节和条款已经是大势所趋,WTO《环境产品协定》谈判正在进行,这些必将促使环境政策和贸易政策平衡发展。

另一方面,"一带一路"国家对发展绿色贸易有巨大的内在需求。"一带一路"国家大多处于生态环境脆弱带,加上正面临城市化、工业化等导致的各种环境问题,因而有内在的巨大环境治理需求和绿色贸易投资需求。对环境基础设施投资需求,有些"一带一路"沿线国家如孟加拉国等,在城市生活污水、垃圾处置设施,甚至基本的空气监测、净化水设备、能源等方面建设能力严重不足,需要大量投资建设。对环境技术需求,如印度政府提出了"智慧城市"计划,要投资建设100个智慧城市,目标是提高城市生活质量并提供清洁和可持续发展的环境,实现这些目标对流域治理技术、太阳能发电并网技术、垃圾循环利用以及如何处置建筑垃圾等技术需求巨大,还要求水泥、热电、炼油等重污染行业采取洁净技术。对环境产品和服务的需求,相关环境基础设施建设和投资以及技术扩散势必伴随拉动环境产品和服务的贸易。

四、以绿色贸易为抓手推动"一带一路"建设

绿色"一带一路"建设是一项宏大的系统工程,可以以绿色贸易为抓手,以共商共建共享为原则,与沿线国家共同推动、共同获益。

一是与"一带一路"国家共商绿色贸易战略。举办高层绿色贸易论坛,与"一带一路"沿线国家开展绿色贸易战略性讨论,制订绿色贸易路线图和行动计划。与"一带一路"沿线国家开展绿色贸易投资联合研究。联合公开发布年度投资报告,其中专门设置环境风险章节,包括环境基础设施等内容。

二是与"一带一路"国家共建绿色贸易规则。在与"一带一路"国家签署的双边贸

易和投资协定中探讨设置环境章节，探索发展中国家之间贸易协定中的环境规则范式。积极推动 WTO《环境产品协定》谈判，共商谈判条款，降低环境产品关税和非关税壁垒。共同制定贸易和投资协定环境影响评价导则，防范和化解贸易和投资中的环境风险。探讨制定企业的环境绩效评估方法，发挥企业在绿色贸易中的主体作用；加大环境标志产品互认。

三是与"一带一路"国家共享绿色贸易经验。在联合国环境规划署或其他多边场合举办国际绿色贸易会议，向"一带一路"国家分享我国在当前发展阶段的环保经历和治理经验，讲好中国绿色贸易故事。利用电视、报纸、自媒体、宣传册等多种平台和方式，加强对外绿色贸易和绿色投资的宣传和信息分享。继续利用援外项目和资金对"一带一路"国家开展绿色贸易培训，增进"一带一路"沿线利益相关者共识，并形成制度化。建立绿色贸易技术合作中心，加快环保技术孵化与转移。支持地方政府之间的绿色贸易和技术合作。邀请"一带一路"国家的环保企业参加中国国际环保展览会等。

善用出口关税"双刃剑"，力争环境与贸易双赢[①]

沈晓悦

进出口结构不合理、出口产品环境效率低下、出口总量快速增长是导致我国环境压力不断增大的主要原因之一，在出口廉价商品的同时，我国也在出口着昂贵的资源和环境容量。与贸易相关的环境和资源问题已成为影响我国对外贸易可持续发展的关键性问题。对高污染产品加征出口环境关税，是利用经济和贸易手段优化贸易结构、实现"十一五"减排目标的有益探索。

在国际贸易中，按货物的流向可把关税分为进口关税、出口关税和过境关税三类。出口关税是指对运出关境输往国外的货物或物品课征的关税。出口关税的课征，原来主要是因为财政上的目的，但出口关税的课征会影响出口商品的国际竞争力，因此，各国为了鼓励出口，大都先后取消了出口关税。但在特殊情况下，也有国家课征出口关税，如为了保护本国的天然资源和本国工业原料的来源等，国家通过课征出口关税而限制其大量出口。例如，俄罗斯1996年宣布取消所有商品的出口关税，但自1999年又开始恢复对石油、天然气、木材、矿石和有色金属等商品征收临时性出口关税，其目的是保护其国有资源。当一国对某一商品拥有独占性的时候，由于课征出口关税不会影响出口，同时又可以为国家带来财政收入，因此在这种情况下，有些国家往往开征出口关税，如巴西对咖啡课征出口关税，古巴对烟草课征出口关税。

出口关税的积极意义在于：增加对国内稀缺资源和产品的控调能力；调整进出口贸易结构；增加政府财政收入。其可能产生的负面作用在于：增加出口成本，影响出口行业竞争力；如果过度使用出口关税措施的话，可能会因自主出口约束而面临违背 WTO 贸易自由化规则的挑战。

[①] 原文刊登于《环境保护》2007 年第 15 期。

一、调整和优化贸易结构出口关税初显成效

自 2005 年以来，我国进行了 3 次较大规模的出口关税调整。

为了应对纺织出口中频繁出现的贸易摩擦，从 2005 年 1 月至 2005 年 6 月，我国自主对部分纺织品征收了出口关税，共涉及 148 项产品。由于中方自主征税并未对消除贸易分歧发挥应有的作用，2005 年 6 月 1 日我国宣布取消 81 种纺织品的出口关税，2006 年 1 月 1 日纺织品服装的出口关税全部取消。2006 年 11 月，我国以暂定税率形式对 110 项商品加征出口关税，以限制高耗能和资源性商品出口。

经国务院批准，我国将从 2007 年 1 月 1 日起调整进出口关税税则，其中针对高能耗产品的出口关税征收范围进一步扩大，将对不锈钢锭及其初级产品、钨初级加工品、未锻轧的锰、钼、锑、铬金属等生产能耗高、对环境影响大的产品新开征出口关税。

国务院加征出口关税的用意十分明确，就是要利用贸易调控手段，转变贸易增长方式，促进贸易与环境协调发展。征收出口关税后产生了哪些影响呢？不同行业受到的影响不尽相同，但从总体上看，大多数受控行业的出口势头都有所降低，部分高耗能、高污染和资源性商品出口过快增长的势头得到抑制。

二、对高环境污染出口产品加征出口关税的必要性

（一）环境保护实现历史性转变的根本要求

温家宝总理在第六次全国环保大会上明确指出，做好环境保护工作的关键在于要实现历史性三大转变，做到"同步""并重"和"综合"。新时期我国环境保护已进入了社会经济发展的主战场，环境管理必须创新思路，探索新途径、新方法。利用自主加征出口关税等贸易措施强化环境管理是环境保护实现历史性转变的根本要求和有益实践。这种管理措施具有较大的灵活性，其积极意义在于：①增加对国内稀缺资源和产品的控调能力；②调整进出口贸易结构；③增加政府财政收入。

（二）对高污染产品加征出口关税是实现"十一五"环保目标的重要手段和途径

2006 年是"十一五"规划的开局之年，从 2006 年能源消耗增长情况以及主要污染物排放总量增长情况来看，形势并不乐观。具体来看，2006 年上半年虽然我国的经济增

速达到 10.9%的高增长，但全国主要污染物排放总量不降反增，全国 COD 排放总量同比增长 3.7%；SO_2 排放总量同比增长 4.2%。这表明与经济高增长相伴随的是能源消耗过多，环境压力加大。而高耗能、高污染和资源性产品出口的大量增加，加剧了国内能源、原材料、运输紧张的矛盾和资源环境压力。

尽管我国采取了一些宏观调控政策促进结构调整和经济增长方式的转变，减少资源和环境压力，但由于传统增长方式的惯性很强，难以短期见效，加之现行政策力度不够或存在偏差，一些高污染行业的环境压力仍未减轻，其中以出口拉动的高污染行业仍占有相当的比重。表 1～表 3 是我国 38 个主要行业"十一五"的经济增长与环境污染情况，分析表明造纸、化工、纺织和食品加工四个行业的污染贡献率（COD）达 70%以上，而其经济贡献率约为 26%，污染贡献率与经济贡献率之间存在较大偏差，也就是说这些行业的扩张和发展对生态环境构成的压力远大于对 GDP 的贡献，国家应当加大对这些行业的宏观调控力度，设置更高的环境准入和准出门槛。

表 1　我国主要污染行业污染情况综合排序

行业	废水排放量	COD 排放量	SO_2 排放量
化工	+	+	+
造纸	+	+	+
电力	+	+	+
钢铁（黑色金属冶炼）	+	+	+
食品加工	+	+	+
纺织	+	+	
其他机械	+	+	
石化	+		
煤炭采选	+	+	+
医药	+	+	
化纤		+	
水泥			+
非金属矿物制造			+
石油			+
有色金属冶炼			+

注："+"表示行业污染排放量或产生量列于被统计的 38 个行业的前 10 位。

表2　重污染行业经济贡献率和SO_2污染贡献率偏离度

行业	2000 年	2001 年	2002 年	2003 年	2004 年
电力工业	−36.5	−47.8	−48.5	−56	−51.9
非金属矿物制品业	−15.9	−5.7	−6.9	−5.4	−5.5
黑色金属冶炼业	2.6	2.4	2.8	4.7	5.9
化工制造业	4.6	3.2	2.4	4.1	2.4
有色金属冶炼	−1.4	−0.9	−2	−0.6	−0.6
总体	−44.6	−50	−52.2	−52.9	−49.8

注：偏离度＝经济贡献率–污染贡献率。经济贡献率指行业的工业总产值（现价）与行业总产值之比（%），污染贡献率是指该行业某种污染物的排放量与统计行业此污染物排放总量之比（%）。

资料来源：根据 2004 年全国环境统计公报计算。

表3　重点行业经济贡献率与 COD 污染贡献率的偏离度

行业	2000 年	2001 年	2002 年	2003 年	2004 年
造纸	−41.5	−38.5	−33.1	−32.1	−30.8
食品、烟草加工、饮料制造	−13.4	−10.2	−12.8	−12.2	−10.9
化工制造业	2.2	−0.1	−2.8	−1.3	−2.9
纺织业	0.2	0.8	−0.7	−0.8	−2.3
总计	−52.5	−47.5	−49.4	−46.6	−48

资料来源：根据 2004 年全国环境统计公报计算。

（三）平衡大额贸易顺差的重要措施

国际上判断贸易是否平衡，通常用贸易顺（逆）差额与当年进出口总额相比，在 10% 以内的为基本正常，这个"10%"也可称为贸易失衡"警戒线"。2006 年我国贸易顺差 1 775 亿美元，约占当年进出口总额的 10.1%，已触及"警戒线"。大额贸易顺差给我们带来了一系列新的问题和压力，例如，我国与主要贸易伙伴之间的贸易摩擦加大，出口企业遭遇国际贸易壁垒的风险增大；我国外汇管理面临更加放开的国际压力；国内经济面临通货膨胀的潜在风险等。对此，必须高度重视，采取既积极又稳妥的办法，确保我国对外贸易健康和可持续发展。

产生大额贸易顺差的一个重要原因是我国贸易结构不合理，货物贸易大量顺差，服务贸易逆差，"两高一资"产品出口对贸易顺差具有相当的贡献。有资料表明，2006 年我国贸易顺差比 2005 年增加了 74%，其重要原因之一是一些企业担心受国家降低或取消"两高一资"产品出口退税率政策的影响，突击出口所致。这从另一角度也表明，加大对"两高一资"产品的"准出"限制，扩大对高污染产品的出口关税加征范围来降低部分高污染产品出口，将是一种促进环境与贸易"双赢"的政策。

三、对高污染产品加征出口环境关税的政策建议

我国对外贸易发展与环境保护的矛盾日益突出，要实现"十一五"期间主要污染物降低 10% 的环境保护目标，环境保护工作面临前所未有的压力，在这种形势下为了减少我国对外贸易的资源环境逆差，进一步平衡和降低对外贸易的顺差，建议国务院在征收出口关税商品目录基础上，考虑扩大出口关税加征产品范围，有针对性地对纺织、化工、造纸、食品加工行业中的高污染产品加征出口环境关税。

在征收出口关税时，建议采用从量计税方式，以出口货物的数量和重量计征关税。这样做的目的就是要对低价量多的出口产品加以限制，旨在扭转我国对外贸易发展长期以来难以摆脱的以量取胜的困境，抑制产能过剩、自相杀价比较严重和贸易摩擦比较多的商品出口，从而减少环境逆差，推动产品结构优化和产业升级。

征收出口关税应借鉴国家纺织专项基金的做法和经验，以征收出口环节环境关税的税金设立环境保护专项基金，用于相关行业环境设施建设投资、企业技改和清洁生产。同时可设立外贸企业环境友好奖励基金，对环境行为良好的出口企业，对其实施 ISO 14000、环境标志或清洁生产审计等给予资金补贴。

转型下的制药行业"治污良方"①

李丽平　张　彬

我国制药行业工业总产值不足全国 GDP 的 3%，但污染排放总量却达到了 6%，是化学需氧量、氨氮排放量大的重点行业之一，被列入国家环保规划重点治理的 12 个行业名单榜中。2010 年 7 月 1 日环保部发布并全面强制实施《制药工业水污染物排放标准》，2013 年将全面排查整治医药行业环境污染问题作为环保专项行动的第三大重点任务。

在此背景下，一些制药企业积极探索产业结构调整和保护环境之路，实现了初步转型发展。在转型过程中，制药企业积累了成功经验，也遇到相关环保经济政策不配套等问题，需要适时进行深入研究，总结分析，以求突破政策藩篱，助推制药行业转变生产方式，根治污染。

一、从华药看制药行业污染的"病症"

华北制药集团有限责任公司（以下简称华药）为国有独资公司，是我国最大的化学制药企业之一，连续多年跻身全国 500 家最大和最佳经济效益工业企业行列和中国制药工业企业前十名。截至 2012 年年底，华药集团资产总额 158 亿元，职工 2 万余人，拥有 40 多家子（分）公司，主要产品包括抗生素与半合成抗生素、生物技术药物、生物农兽药、维生素营养保健品、制剂 5 个系列 700 多个品种。华药集团 2012 年实现销售收入 160 亿元，力争 2015 年实现销售收入 300 亿元。在环境、质量等方面，华药已通过 ISO 140001 环境质量管理体系认证和 ISO 9001 质量管理体系认证；通过了美国 FDA 认证、获得欧盟 COS 证书产品 23 个，49 条生产线通过新版 GMP（药品生产质量管理规范）认证。通过产品结构调整、加大环保投入和清洁生产力度等措施，华药初步实现了战略转型。

---

① 原文刊登于《环境经济》2013 年第 12 期。

即便如此，与整体制药行业类似，华药仍然面临可持续发展问题，主要表现如下：

（一）我国是制药生产大国，产品结构以低端原料药为主

作为我国最大的化学制药企业之一，华药 2008 年产品结构中制剂药和原料药生产比例为 2：8，经大力调整，2013 年仍为 4：6。但是其销售收入大幅增加，2011 年为 100 亿元，2013 年拟达到 200 亿元，2015 年达到 300 亿元。折射出我国制药业的产品结构。

总体制药工业情况类似，产能达 200 多万 t，占全球产量的 1/5 以上，但产品结构以低端原料药为主。据工信部统计，2012 年我国原料药制造工业总产值为 3 304.75 亿元，同比增长 16.59%，占我国医药工业总产值的 18.1%。其中，青霉素工业盐、维生素 C、头孢霉素 C、泰乐霉素、红霉素、四环素等发酵抗生素初级产品产量占世界第一；许多有毒有害原料生产的化学药品，如咖啡因、阿司匹林、氧氟沙星、环丙沙星等产量也居世界第一。

（二）我国是原药出口大国，贸易顺差巨大

华药 2012 年 160 亿元收入中，20 亿元为出口收入。抗生素原料药占据了国际大部分市场，其中，2012 年青霉素工业盐出口 6 363 t，98%出口印度；阿莫西林出口 7 700 t，覆盖全球 90 多个国家和地区。

我国是原药出口大国，贸易顺差，2011 年贸易顺差 59 亿美元。据医保商会统计，2012 年我国原料药出口额为 226.95 亿美元，同比增长 3.16%；出口量为 606.23 万 t，同比增长 3.04%。从产品来看，维生素 C、青霉素工业盐、维生素 E、糖精钠和扑热息痛等大宗产品的出口额已占到世界贸易量的一半以上；其他约 70 多种原料药产品在国际市场上也占有较大比重，拥有话语权。从出口对象看，2012 年，我国原料药出口至 180 个国家和地区，前几位依次为印度、美国、日本、韩国、德国等。

（三）制药行业准入门槛低，产能过剩

我国制药行业产能过剩。据工信部数据，2012 年，我国医药行业整体固定资产投资增速同比显著上升，超过全行业工业总产值和总资产的增长速度，显示出明显的扩张态势。在新修订药品 GMP 改造过程中，原料药制造业出现产能过剩的问题比较突出，尤其是一些大型制药集团在产业链配套的驱动下进入原料药领域，压低了行业的整体利润，造成恶性竞争。

二、制药行业污染"病因"诊断

一般而言，分析一个行业的污染原因多从技术和标准等角度入手。诚然制药行业生产工序多，原材料利用率低，能源消耗较高，废物量大、浓度高且成分复杂，技术处理难度大。我国新制定和实施的《制药工业水污染排放标准》基本与国际先进环境标准接轨，污染物排放限值严格，大大增加了治理成本。这些固然是制药行业污染的病因，但都是表面的、末端的现象，真正或原始病因是相关的贸易和产业政策。就像一个人嘴里经常长溃疡，可以认为是上火，实际上是脾虚气血不足的表现。

（一）原药和制剂出口退税率倒挂引发制药企业产业升级"逆转型"

"出口退税"政策的实施，增加了我国制药企业在海外市场的竞争力，使得我国青霉素工业盐、维生素 C 等原料药基本占据了全球市场。然而，我国对原料药保持高位出口退税率：维生素 C 由原来的 13%一度上升到 17%，现仍保持 13%；维生素 E 出口退税率高达 17%；头孢大多在 15%；青霉素类出口退税率基本也是 13%或 15%。而制剂类出口退税率基本是 15%，与大多数原料药出口退税率持平，甚至低于维生素 E 出口退税率。原料药与制剂出口退税率倒挂使得企业生产制剂基本无利可图甚至出现企业为赢得市场而倒贴钱的现象，向高端制剂延伸产业链的积极性较低。而原料药的出口能够获得"出口退税"的补贴、赢取利润的时候，一些正在由原料药向制剂药生产转型的企业，又将产能退回到生产污染严重的原料药，引发了制药企业"逆转型"。这样的出口退税制度，一方面导致低端产能过剩，另一方面造成严重污染。

（二）出口许可形式化管理，导致制药行业缺乏升级动力

为加强原料药出口管理，维生素 C、青霉素工业盐等原料药被明确列为出口配额招标和出口许可证管理产品名录，但在实际操作时，如出口商获得相关出口合同即可自动获得许可证，属于自动许可，并不需要配额和招标等相关程序，也没有任何出口限制。这样企业出口门槛很低，缺乏升级改造及环保投入的动力。

（三）低水平盲目重复建设，造成制药行业产能过剩

目前，全球维生素 C 的总需求量为 12 万 t，而 2008 年以前我国维生素 C 的总产能为 15 万 t，足够供应全球消费还有剩余。受金融危机影响，我国在 2008 年为刺激经济增长，出台了 4 万亿投资计划，由于时间仓促，许多地方政府未能做好充足的准备，将

资金投入到"短平快"项目建设中，维生素 C 的生产和扩建成为一些地方的首选项目，造成重复建设。目前，我国维生素 C 产能达 25 万 t，远远超出了全球的总需求。国内维生素 C 生产企业为了不被挤出全球市场，通过竞相压价来维持市场份额。而降价的结果导致企业想方设法降低环境保护要求，或者不惜违反环保要求，来降低成本。此时环境就成为企业在维持生存面前首选的牺牲对象。

（四）基药招标制度引发恶性竞争，削弱了企业的环保投入

2010 年国务院颁布了《建立和规范政府办基层医疗卫生机构基本药物采购机制的指导意见》（国办发〔2010〕56 号），规定对于像抗生素中的青霉素等基本用药实施竞价招标制度。该制度的出台本意是保障普通消费者能够以最低的价格获得基本药物治疗的保障，但是由于在招标过程中，只有商务标，仅遵循"唯低价是取"的原则，造成的结果是基本药物只能最低价者中标。该制度未能反映企业生产成本波动趋势，也未给企业留足合理利润空间，导致的结果是为了保留住具有大宗消费特点的基本药物市场，制药企业不断压低成本。在竞争激烈的时候，一些制药企业只能减少环保投入，甚至以牺牲环境来换取利润和市场竞争力。

三、给制药行业根治污染开"良方"、下"猛药"

既然制药行业污染的源头或根本在于相关的贸易、产业政策及制度，是五脏六腑环节出了问题，就应该从政策和制度角度开综合调理的药方，而不能仅仅使用治理技术等"溃疡贴"或消炎药解一时之痛。调研过程中，华药多位代表都表示通过绿化贸易和产业政策角度促进环境质量改善是对症的"良方"。

（一）立即取消青霉素工业盐、6-氨基青霉烷酸（6-APA）等高污染原料药出口退税，优化产品的出口退税率

根据相关研究，在 2010 年基础上取消现存的"重污染行业产品出口退税"，将会使 GDP 和工业增加值分别上升 0.03% 和 0.08%，导致工业废水、二氧化硫等污染物排放量下降 0.36%～1.85%，获得经济效益和环境效益的"双赢"。"出口退税"政策对节能减排发挥了重要作用，应继续坚持和加大实施力度。一是将出口退税调整政策适用对象扩大范围，将青霉素工业盐、6-氨基青霉烷酸（6-APA）、维生素 C、维生素 E 等高污染原料药列入降税范围；二是立即取消这些原料药的出口退税，或将这些产品的出口退税率降为 0；三是增加一些原料药产品的出口关税。

（二）加强维生素 C 等原料药的出口许可管理，征收出口关税

根据我国加入 WTO 议定书的承诺及相关国际规则，考虑到我国维生素 C 等原料药出口的实际情况，建议从以下方面加强出口许可管理：一是按照危害环境等一般例外条款，实施配额许可证管理，申请许可证前须获得环保部门环保达标等批准文件；二是加征出口关税。

（三）加大原料药进口替代政策实施力度

借鉴印度等经验，对于生产制剂药需要的原料药，应加大进口替代政策的实施力度。一是对于生产过程高耗能污染性的原料药通过降低进口关税，降低进口门槛，鼓励原材料进口；二是鼓励制药企业将原料药生产和投资安排到海外；三是将原料药业务转包给其他国家做，从而以海外生产原料药替代国内生产，以期减少国内污染。

（四）提高企业出口准入门槛，将环境认证（ISO 14000）作为出口企业必备的资格条件

除了针对产品的措施，针对企业而言，要加强出口许可管理，提高企业出口准入门槛。一是各相关部门实施政策联动，打组合拳，将社会机构和非政府组织等都纳入认证管理；二是对出口的制药企业实施资质管理和资格认证，在出口环节增加环境认证——如 ISO 14000、SA 8000 等，将此作为出口企业必备的资格条件。

（五）将制药工业污染物排放标准及其他相关环保要求作为基本药物招标中标的基本条件，完善基本药物招标制度

尽量避免基本药物低价招标导向，调整内容使企业获得 30% 毛利水平的基本盈利。将环境保护作为招标中标的基本条件，即在招标的时候，应考虑制药企业的环境保护投入情况、治污工艺技术、环境管理等内容，或在同等条件下优先考虑注重环保的制药企业，甚至可以采取环境标或环境保证金等形式确保企业不以损害环境为代价实施低价竞标策略。

抑制焦炭出口的可行绿色贸易方案[①]

胡 涛 吴玉萍 宋旭娜 程路连

2004 年以来我国主要运用出口配额和加征出口关税抑制焦炭出口,但欧美却以违反 WTO 原则和我国"入世"承诺为由,拟诉诸 WTO 争端解决机制。为避免贸易摩擦,本文认为,我国应依据 WTO 规则和我"入世"承诺,取消焦炭出口配额,改征焦炭高额出口边境调节环境税,并同时有效征收相同税率的国内焦炭用户的环境消费税;且不断完善环境管理制度,开征焦炭高额超标排污费。

一、焦炭出口限制措施引发贸易摩擦

近年来发达国家纷纷为保护自身环境关闭其焦炭生产企业,而我国却迅速成为世界焦炭的生产和出口大国。我国焦炭产量和出口量均占世界的 50% 以上。尤其是欧盟、美国等发达国家,迫切需要中国开放焦炭出口市场,并希望以稳定的价格和供给,满足其钢铁等行业需要。为此,中国承受了巨大的资源环境代价。我国政府为了确保国内稳定需求、保护资源与环境,尤其自 2006 年以来,连续采用焦炭出口限制措施,引发了与欧盟、美国等国的焦炭贸易摩擦。

(一) 中欧焦炭贸易争端

早于 1999 年欧盟对我出口焦炭曾实施反倾销措施。而随着全球钢铁工业的全面复苏,为了稳定焦炭市场和保护环境的需要,2004 年中国实施焦炭出口许可证制度,同时将焦炭出口配额从 1 200 万 t 削减到 900 万 t。对此,欧盟指责中国不适当地使用了出口配额,对欧盟企业有所歧视,违反了 WTO 非歧视原则,并声称拟向 WTO 提出申诉。后经中欧多次紧急磋商达成了妥协协议(该协议中,中国虽没有像欧盟要求的那样取消

① 原文刊登于《环境经济》2008 年第 11 期。

出口许可制度，但把对欧焦炭配额恢复到了 450 万 t，相当于中国 2003 年对欧盟出口水平，并取消了许可证收费）。欧盟对中国出口焦炭的双重标准和态度转变，体现了欧盟的立场直接受其经济利益驱动。

（二）中美焦炭贸易争端

美国在《2007 年度就中国履行 WTO 义务情况向国会提交的报告》（《USTR2007 年报告》）中明确指出，对我国 12 种原材料出口限制措施表示强烈关注，而焦炭列在 12 种原材料之中。美国首先关注的是，我国对焦炭实施出口配额许可证管理措施，其次是提高焦炭出口关税措施，因焦炭没有涵盖在我国"入世"承诺附件 6 中，因而美国认为我国对焦炭征收出口关税是违反我国"入世"承诺的义务。美国表示将在 2008 年继续采取措施确保中国遵守 WTO 承诺，包括诉诸 WTO 争端解决机制。

中欧、中美焦炭贸易摩擦与争端表明，当前我国配合宏观经济调控和节能减排目标所采取的"两高一资"产品出口限制措施，正面临着 WTO 规则和我国"入世"承诺的挑战。尽管最近我国采取的"两高一资"产品出口限制措施是依据 WTO "环境例外"条款，但因我国对其相应原材料产品均没有同步采取有效的国内限制生产和消费措施。如欧盟、美国提起 WTO 诉讼，我国败诉可能性很大。

为此，本文基于焦炭国际贸易态势，通过分析中美、中欧焦炭贸易争端的背景和核心问题，从国内转变经济与贸易增长方式和节能减排的国家利益需求高度，依据 WTO 规则和我国"入世"承诺，提出了我国有效地抑制焦炭出口，促进国内产业结构调整，遏制焦炭行业环境污染，并彻底解决焦炭贸易争端的可行绿色贸易方案。

二、抑制焦炭出口不能妥协

（一）世界钢铁工业持续快速发展拉动了焦炭的强劲需求

焦炭是钢铁行业的主要燃料，通常吨钢消耗焦炭 0.4～0.5 t。近年来，世界钢铁工业持续快速发展拉动了对焦炭的需求。继 2004 年世界粗钢、生铁、焦炭产量首次突破 10 亿 t、7 亿 t 和 4 亿 t 后，2007 年世界粗钢、生铁、焦炭产量达到 13.44 亿 t、9.4 亿 t 和 5.61 亿 t，同比分别增长 7.5%、8.4% 和 8.6%。同期，世界焦炭贸易更为活跃，世界焦炭年贸易量保持在 3 000 万 t 以上，2007 年世界焦炭贸易量约为 3 580 万 t，同比增长 9.6%。

国际钢铁协会（IISI）公布预测数据显示，2007 年全球消费钢材 11.97 亿 t，比 2006 年增长了 6.8%；2008 年预计将达到 12.78 亿 t，增幅预计 6.8%。全球钢材消费增长主要来自巴西、俄罗斯、印度和中国。其中，中国是全球最大的钢铁生产、消费和净出口国。

中国钢铁协会预测，2008 年我国粗钢产量预计 5.2 亿～5.4 亿 t，比 2007 年增长了 10%以上；2008 年国内市场粗钢表观消费需求将比 2007 年的 43 436 万 t 增长 11%左右。

国内外钢铁产量和需求的迅速扩张，导致焦炭市场需求强劲。中国是世界焦炭的生产和出口大国，其生产量和出口量均占全球焦炭生产总量和贸易总量的 50%以上。2007 年中国焦炭产量 32 894 万 t，比 2006 增长 16.3%；同时 2007 年焦炭出口量 1 530 万 t，同期增长 5.56%。

（二）我国焦炭生产与出口付出了巨大的资源环境代价

焦炭产生的环境污染贯穿于其生产链各环节中。首先炼焦煤的生产造成巨大生态破坏，如地表塌陷、煤矸石堆积等；其次焦炭自身生产过程中产生大量污染物。其中，结焦中泄漏的粗煤气含有苯并[a]芘、酚、氰、硫氧化物、氯、烃等；焦炉煤气燃烧中产生二氧化碳、二氧化硫、氮氧化物等；出焦过程中排放一氧化碳、二氧化碳、二氧化硫、氮氧化物等；粗煤气冷却过程中还产生含有各种复杂有机和无机物，如氨水、酚、氰、苯等。我国目前焦炭生产工艺水平落后，尚存在一些土法炼焦，因此焦炭生产会产生如此巨大的资源环境代价。

山西省是我国焦炭的主产区，其生产量和出口量占全国的 60%～80%，其大气环境污染也在全国名列前茅。全国环境污染最严重的 30 个城市中，山西省就有 13 个，而且包揽前五名。目前山西省焦化生产规模已大大超过其区域的环境容量。

中国炼焦行业协会数据显示，根据目前平均生产水平计算，按每生产 1 t 焦炭消耗 2 t 煤、7.5 t 水，产生 400 m^3 左右煤气计算，仅以 2004 年进行比较，全年因出口焦炭消耗的煤就相当于当年河北和新疆全年生活用煤量的总和；而消耗的水相当于合肥市全年的新鲜水用量；排放的氰化物相当于全国电气行业排放的总量。

山西省社会科学院能源经济所以太原钢铁（集团）有限公司为例，估算了焦炭生产造成的大气污染和水污染环境损失（该估算只计算最基本的环境防护成本，尚不包括环境污染带来的健康损失、植被损失、建筑物损失、造成酸雨的损失等）。估算结果表明：吨焦排污环境损失 76.32 元。如果按吨焦排污环境损失 76 元推算，2003 年、2004 年和 2005 年全国焦炭生产环境损失竟分别高达 135.28 亿元、156.56 亿元和 184.68 亿元，均约占各年度工业增加值的 0.3%左右。其中，山西省焦炭生产环境损失占该省工业增加值的比例则高达 5%左右。

以上数据的环境与贸易含义是：我国每出口 1 t 焦炭，同时暗含着输出了 76.32 元的环境防护费用的损失。如再计算健康损失、植被损失、建筑物损失、造成酸雨的损失等，我国出口焦炭的实际环境损失成本还要高得多。中国 2007 年出口 1 530 万 t 焦炭，对中国的环境意味着 11.68 亿元的环境损失，也同时意味着中国在用 11.68 亿元的环境损失补贴欧盟、美国等西方国家的环境保护。

同时，从煤炭资源看，由于中国国内的炼焦用煤产量不足，每年还要大量从国外进口炼焦用煤。2004 年和 2005 年分别进口 676 万 t 和 719 万 t。如此大进大出的加工型贸易，使中国承受着巨大的环境成本。

（三）抑制焦炭出口是国家宏观经济控制和节能减排的重要举措

由此可见，焦炭是典型的"两高一资"产品。虽然我国出口量仅占国内总产量的 10% 左右，但是由于焦炭环境污染极其严重，且我国焦炭出口量占世界贸易总量的 50% 以上。因此，抑制焦炭出口成为国家宏观经济调控和节能减排的重要举措。

尤其近几年来，为了抑制"两高一资"产品出口，我国持续运用了取消出口退税、加征出口关税、削减出口配额、将产品列入加工贸易禁止类目录、提高出口企业资质要求等限制焦炭出口的措施。最近出台的《国务院关税税则委员会关于调整铝合金焦炭和煤炭出口关税的通知》规定自 2008 年 8 月 20 日起，焦炭出口暂定税率由 25% 提高至 40%。

但以上措施依然无法抑制焦炭的快速出口。2008 年 1 月 1 日，焦炭出口关税从 15% 调整到 25%。结果关税调整只是导致了出口量短暂回落，并没有改变出口持续增长的态势。根据中国焦炭网统计数据，今年 1—5 月，中国出口焦炭总量分别为 96 万 t、73 万 t、124.4 万 t、134 万 t 和 166 万 t。

三、抑制我国焦炭出口的可行绿色贸易方案

从目前全球原料性产品紧缺局势和我国资源环境压力看，焦炭贸易争端可能不断升级，要有效地抑制焦炭出口、促进国内产业结构调整和遏制焦炭行业环境污染，本文认为，应立即取消易引发贸易争端和滋生腐败的出口配额制度，并充分运用 WTO 环境例外条款，从国内焦炭生产和消费环节内在化环境成本入手，控制焦炭的生产和出口，让欧美等失去起诉的借口。

（一）低案：取消出口配额改征高额出口环节边境调节环境税，并征收相同税率的国内焦炭用户的环境消费税

为了吻合 WTO 规则和我国"入世"承诺的要求，摆脱焦炭贸易摩擦被动局面，可援引 GATT 第 20 条"环境例外条款"，以保护资源与环境为由，从国内焦炭生产和消费环节内在化环境成本入手，以调整国内限制生产和消费政策为突破点，取消焦炭出口配额，改征焦炭高额出口环节边境调节环境税（而非出口关税），并同时采取征收相同税率的国内焦炭用户的环境消费税措施，对国内焦炭生产和消费进行限制，明确表明我国保护环境、促进可持续发展的政策意图，消除贸易争端产生的根源。事实上，对国内焦炭生产和消费进行限制，也完全符合我国目前抑制"两高一资"行业发展、促进经济增长方式转变的宏观政策要求。

根据以上分析，焦炭出口环节环境税的税率应当至少将焦炭生产过程中带来的环境成本内部化，即焦炭出口环节的环境税率应当超过 50%。对于国外用户如欧美，不仅仅需要支付焦炭的进口成本，而且还需要支付焦炭进口成本 50% 以上的环境成本。这也是欧美保护其自身环境免受污染所应该和必须支付的焦炭生产的资源与环境成本。

同时，在现阶段我国国内市场对焦炭需求持续升高的情况下，征收相同税率（50%以上）的国内焦炭用户（主要钢铁用户）环境消费税，也是强化企业环境意识，促进企业环境技术创新的直接驱动力。

取消焦炭出口配额改征高额出口环节边境调节环境税，并征收相同税率的国内焦炭用户的环境消费税，一方面可避免与我国"入世"承诺中关于出口关税的要求相背；另一方面，对国内外企业都一视同仁，不存在歧视国外企业之嫌疑，吻合了 WTO 非歧视原则。且由于高额出口环节环境税的征收，焦炭出口数量将由企业成本效益核算的市场价格决定，而非政府行为，也减少了企业的寻租行为。

（二）高案：征收生产环节的高额超标排污费

中国排污收费制度自 1982 年开始正式实施，2003 年国务院及相关部门颁布的《排污费征收使用管理条例》（以下简称《条例》）和《排污费征收标准管理办法》（以下简称《管理办法》）对排污费的征收标准进行了一次大的改革，改超标收费为排污收费，总体上实行"排污收费、超标处罚"；变单一收费为浓度与总量相结合，按照排放污染物的质量（当量数）收费。排污收费改革在一定程度上弥补了排污收费制度建立之初实行的超标收费和单因子收费的弊端，向真正实现环境资源价值的目标前进了一步。

但从目前的实施情况来看，排污收费实施的效果并不理想。首先，排污收费标准普

遍偏低，诸如焦炭类重污染行业的环境成本，还未能完全体现在企业生产成本的核算中，使得小企业遍地开花，给排污费的征收增加了难度。其次，对超标部分的污染物排放，处罚力度不够，没有对企业盲目扩张形成有力的环境成本约束。对于焦炭行业来说，污染物主要是废气、废水和废渣，但现行的《条例》和《管理办法》中仅对废水超标排放的加倍收费标准进行了明确规定。再次，对于不缴纳排污费的违规企业，处罚力度不够。根据《水污染防治法》和《排污费征收使用管理条例》规定，对于过期拒不缴纳排污费的企业，处以罚款的数额仅是应缴纳排污费的 1 倍以上 3 倍以下，这样的罚款额度对于利润空间大的焦炭行业来说明显较轻，给企业违规留下了一定的空间。

正是由于目前排污收费制度还存在着一定的缺陷，对焦炭类重污染行业的环境成本约束力还远远不够，因此，应加大超标排污的处罚力度，在排污费征收标准中明确对废气、废水和固体废物必须征收高额超标排污费，必要时还应辅以行政处罚，真正起到以环境成本约束企业行为的作用。

（三）高低方案的比较

对于以上两个方案，本文认为各有利弊。

从短期来看，要填补取消出口配额管理形成的真空，改征高额出口环节边境调节环境税，并配合征收相同税率的国内焦炭用户的环境消费税的举措，较为可行，管理成本更低。但从 WTO "环境例外" 看，要使征收出口关税切实符合 WTO 规则的要求，必须辅以推行限制国内焦炭生产和消费的措施。

征收高额超标排污费，对于控制焦炭行业环境污染的作用更为直接一些，但也有不足。首先，这种措施只是对超标排污的企业产生的约束效果比较明显，而对整个行业的约束依然存在一定的漏洞。其次，此项方案要真正得到落实，不仅需要对现有的相关法律法规进行完善，更需要一个有效的管理体系与之相配合，才能使政策的实施和监督切实到位。再次，征收高额超标排污费的征收管理成本会比较高，特别是在征收初期。

综合考虑后本文建议，短期内可以先以征收高额出口环节边境调节环境税的方案作为过渡，同时有效征收相同税率的国内焦炭用户的环境消费税，以避免与欧美等国的贸易纠纷。之后逐步完善排污收费制度和环境管理体制，征收高额超标排污费，更为有效地规范国内焦炭的生产秩序，从而减少焦炭行业的环境污染，也可完全避免与欧盟、美国的焦炭贸易争端。

论环保时代的进出口包装及我国的对策[①]

孙炳彦

当今国际贸易进入了环保时代。进出口包装作为国际贸易的一个组成部分日益带上"环境"色彩，引起世人关注。

一、来自包装问题的贸易争端及其影响

近年来，因包装引起的贸易争端日趋尖锐。问题的尖锐化始于欧共体内部以德国为首，包括荷兰、丹麦等国和其他成员国之间的矛盾。德国是世界上产生垃圾最多的国家（相对来讲）之一。每年产生的生活垃圾和工业垃圾大约 2.3 亿 t、1.4 亿 m^3。针对这种严重情况，德国不断修订、完善包括进口商品在内的有关包装废弃物的法规、条令；组建回收系统并制订行动计划，对能够回收再利用的包装物经过一定程序颁发"绿点"标志。

德国的一系列计划和行动在推动欧洲垃圾回收处理的同时，也引起了欧共体其他成员国的不满。英国及其他一些欧共体成员国抱怨德国回收利用系统在别国造成了混乱，扰乱了那些国家的回收利用市场。他们指责德国将提供了补助金的、目前本国又无能力回收利用的废弃材料向别国倾倒，使这些国家的包装废弃物尤其是纸张跌价，阻碍了这些国家废物工业的发展。

任何一项环保措施，在有利于环境保护的同时，都可能成为贸易壁垒，围绕包装环保问题的贸易摩擦也不乏贸易保护主义成分。如丹麦以保护环境为由要求所有进口的啤酒、矿泉水、软性饮料一律使用可再装的容器，否则拒绝进口。此举受到欧共体其他国家的起诉，虽然最后丹麦在欧洲法庭上胜诉，但丹麦仍被欧共体一些国家指责违反自由贸易原则。同样，美国拒绝进口加拿大啤酒主要是担心因啤酒瓶增加的污染。由包装的

---

① 原文刊登于《国际商务（对外经济贸易大学学报）》1995 年第 4 期。

环保要求引发的贸易争端促使"绿色包装"向各国扩展。欧洲各国纷纷制定包装法规。如奥地利1993年10月开始实行新包装法规。英国政府要求包装材料制造商拟订包装废弃物重新使用计划，2000年前拟使包装废弃物的50%~75%能重新使用。1993年年底，平衡各方矛盾的欧共体废弃物新规定出台。其他一些国家和地区尤其是发达国家和地区，对"绿色包装"都有积极反应。如一向以精细包装著称的日本已积极进行减量包装及可回收研究，并分别于1991年和1992年以政府有关职能机构名义发布了《回收条例》《废弃物清除条例修正案》，且强制执行。台湾废弃物回收处理业因应运而生，跃居24个新兴服务业的第四位。美国规定了废弃物处理的5项优先顺序指标——减量、重复利用、再生、焚化、填埋。芝加哥交易所已涉足废弃物，计划从二手塑料和玻璃入手。

二、"绿色包装"浅析

"绿色包装"泛指包装用料节省资源；尽量减少包装废弃物量；用后易于回收再用和再生成为其他有用之材；焚化时，无毒害气体产生；埋填时，少占地而且易于自然分解、降解而回归大自然，实现再循环。总之"绿色"代表清洁自然，象征郁郁葱葱的生命活力。世界各国的"绿色包装"措施归纳起来不外乎"制定法规条例"和"增加科技投入"这两个方面。

（一）制定法规条例

为了保护本国环境，不少发达国家制定法规，通过法律手段限制包装行业（包括进出口包装）的不轨行为。下面以德国为例。

德国科技先进，工业发达，垃圾问题也比较严重。德国的包装废弃物法规条款多次修改，1992年6月，联邦政府根据1986年8月颁布的《废弃物处理及管理法》第14条的有关条款，颁布、实施了《德国包装废弃物处理的法令》。

该法令明确规定，包装必须能保护环境。而且所用包装材料能再利用与回收。法令要求，为了保护商品与销售商品，包装的数量与重量应限制在最低范围之内；在技术条件许可并与商品有关规定一致的情况下，必须使包装有两次使用的可能；若无再次使用的条件，包装材料可循环再生加工后利用。法令还指明了该法令的适用范围。对运输包装、二重包装、销售包装的回收与再利用义务，法令也作了详尽规定，对饮料、洗涤剂、乳胶液涂料包装容器的回收义务和征收押金义务也作了详尽规定，在"违反行为、实行措施及终止规定"章节中，该法令除对被追究责任的对象作了说明外，还对若干种物质的最低回收比例及相应的时限作了明确的量化要求。

德国对废弃物（包括包装废弃物）处理、管理的法令目前在世界上内容是比较齐全、要求也是比较严格的。

（二）增加科技投入

1. 节约和简化包装

节约和简化包装是针对国际市场上的"过分包装"提出的。过分包装，超出了包装功能设计的需要，从环境经济学的角度分析，既浪费资源，又加重了环境污染，而且还可能因售价提高而影响市场竞争力。因此，节约包装、简化包装是实现"绿色包装"的途径之一。

节约、简化包装材料可以通过改进设计和采用新技术来实现。目前，德国等欧共体国家的不少大公司都相继开发了重量轻、强度高的玻璃瓶、罐，设计了节约铝材的薄壁啤酒缩口罐。例如，一种由聚酯、尼龙、铝箔、聚乙烯复合制成的软包装容器 Cheer Pack 在日本和欧洲市场大受青睐，已广泛用于饮料、食品、医药、化妆、清洁剂、工业用品的包装。这种容器使用后的体积仅为传统容器的 3%～10%。目前，该容器已有较稳定的市场规模，意大利某公司还获取了该容器在欧洲市场的销售权。在美国，简化包装开始流行，1994 年上半年，美国超级市场上简化包装产品的销售额增加了 2.6%，占超级市场销售总额的 4.8%。

2. 包装回用和回收再生利用

包装回用和回收再生利用是合理利用包装材料的有效方法，它同样具有节约环境资源、减少污染的效果，目前已得到各国重视。

德国新研制的一种碳酸饮料玻璃瓶，可回用。美国有 20%的 PET 饮料瓶在循环回用。日本发展了多功能包装，把包装制成展销陈列架、玩具、储存柜等，实现了包装再利用的目的。

目前，玻璃、铝、纸等包装材料的回用技术比较成熟，回收率也比较高。据有关资料介绍，1985 年时联邦德国已对 90%的玻璃包装容器实现了循环利用；从易拉罐回收铝，1989 年美国的回收率已达 61%，澳大利亚为 62%，中国台湾为 70%，中国香港为 90%；纸的回收率日本为 41%，美国也达到了 22%。目前，对较难回收及回收再生利用的塑料，日本的回收、再生利用率也已达到 26%。

3. 包装材料的分解、降解

对于不便于简化、节省，又难以回收利用和回收再生的包装材料（如塑料），国外纷纷研制分解、降解方法和替代途径，以减少包装带给环境的污染。

目前对塑料的降解研究大体分为 3 种类型，即生物降解、光降解和水溶降解。生物降解型塑料一般是通过加入可降解淀粉及氧化剂来破坏塑料结构，断裂聚合物分子链，使其最终为微生物侵蚀、吞食。光降解型塑料的制造方法又分为两种：一是加入光敏材料使聚合物分解破碎，被细菌、真菌食用，变成土壤可以吸收的物质；二是共聚法，即当乙烯进行聚合反应时，在其分子主链上引入羟基作为光敏官能基，在紫外线暴露下最终被降解。水溶性塑料最常见的是以聚乙烯醇（PVA）制成热溶型和冷溶型薄膜，这种薄膜无毒害并可通过生物降解变成水和 CO_2。

由于塑料污染比较棘手，国外开发研制的塑料替代品也日益增多。如美国某公司用旧报纸的再生纸浆和水制成可以再生的包装新垫材，用来代替广泛使用的泡沫塑料垫材；日本用玉米（可生物分解）制成适于覆盖膨化淀粉的耐水蛋白质薄膜，可以代替泡沫苯乙烯包装材料；巴西某大学用从甘蔗中提取的有机物质制成的玻璃纸，在土壤微生物的作用下 6 个月即可分解，用以取代目前使用的"永久"性的玻璃纸。纸质包装材料因其可回收再利用的优势及废弃后可焚化或掩埋处理的优点，目前已有回潮之势，过去在很多发达国家的越级市场上不多见的纸袋、纸包近两年来正在增多，用以代替各种塑料包装袋。在日本食品包装领域，正掀起一场用纸包装取代塑料包装的"绿色"热潮，以减轻对环境的污染。

三、我国的对策

我国的包装工业起步较晚，但发展很快。1980 年包装工业产值为 72 亿元，到 1991 年约为 520 亿元，年均递增 15.1%，超过了国民经济的增长速度。然而，由于长期闭关锁国，对国外包装要求不了解，企业忽视包装的情况还很严重。目前，国际市场上"绿色消费心理"膨胀，许多发达国家的消费者对他们所购买的商品包装提出"4R"要求，即减少材料起始消费量（reduce）、大型容器再填充使用（refill）、回收循环使用（recycle）、能量再生（recover）。此外，还加上"降解"（degradable）的要求。许多国家对包装废弃物制定了多种法规。国际市场绿色包装的兴起与发展，对于我们在包装方面少走弯路，与国际接轨创造了有利条件。因此，应当根据国际市场的要求，结合国情，研究制定对策。

（一）提高认识，重视包装污染及对包装（含包装材料）的回收再用

目前，我国包装物人均量虽不算高（年人均不到 10 kg），但我国人口众多，因此包装物总量还是相当高的。据统计，目前我国每年包装废弃物为 800 万～1 000 万 t，其中纸占 200 万 t，塑料占 90 余万 t，玻璃占 400 万 t，金属约 55 万 t。由于对包装废弃物的

管理松散，在许多大中城市、旅游胜地、铁路沿线等，到处可见废弃的空瓶、空罐、快餐饭盒，在不少农田里可以见到经久不坏的白色塑料薄膜。对生态环境造成了严重污染和巨大的潜在威胁。

包装回收可以提供巨大的经济收益。以铝废罐为例。用铝矾土生产 1 t 铝需耗电 1.6 万 kW·h，而回收铝废罐生产 1 t 铝，只需耗电 800 kW·h，同时还可少开采 4 t 铝矾土和节约 0.7 t 熔制配料，少排放 35 kg 污染大气的氟化铝，既节约了资源、能源，又减少了污染，交售废罐者也从中受益。

我国是发展中的大国，经济实力不强，人均资源不足，环境污染比较严重，我国人民具有简朴节俭的优良传统，然而我国废旧包装的回收利用却很低。例如，纸的回收率美国为 22%，日本为 41%，欧共体大部分国家已接近或超过 50%，我国仅为 15%，与此同时，我国每年却用大笔外汇进口数十万吨纸浆；塑料，日本的回收率为 26%，我国仅为 9.6%；二片铝罐，世界平均回收利用率已达 50%，而我国仅为 1%。根据包装工业发展规划，1995 年我国纸、塑料、玻璃、金属四大类材料包装制品总量将达到 1 300 万 t，如果回收利用率提高 10%，就相当于节约 130 万 t 资源，同时减少 130 万 t 废弃物，这对社会发展是一项重大贡献。因此我们必须努力提高我国国民的环保和包装回收利用意识，使全社会都来关心和重视这项工作。只有这样，我国的环境保护和包装废弃物回收利用工作才能卓有成效地进行。

（二）加强包装科技开发，健全废弃物回收网络

目前，我国出口包装存在的主要问题是材质差、衬垫不良、打腰不紧、运输捆扎不合理及外观不清洁，卫生标准、动植物检疫标准不过关等。面对国际市场对包装的"绿色"要求，必须大力进行包装科技开发。现在，我国已经开始注意过分包装和包装回用和回收再生利用问题，一些企业也已付诸行动。比如山东某玻璃厂引进国外薄壁瓶生产线，其产品可使啤酒、罐头等玻璃包装用料相应地减轻一半左右，山东某公司开发的叠粘式全封闭瓦楞纸箱新技术，纸张利用率可高达 98%，成本费用低，经济效益好。

对于包装废弃物难点——塑料包装废弃物的回收再利用，我国也已开展了大量的工作并取得不少成果，如化学法回收聚酯瓶制造不饱和聚酯技术，废塑料裂解制油技术等都是从根本上解决废弃包装物的途径，但目前尚处于起步阶段，能用于工业化生产的技术还不多，很多技术和装置还有待进一步提高和完善。如北京某公司生产的生物降解淀粉树脂粒料及用该粒料制成的产品，包括包装袋、食品袋、农用地膜等，已达到美国材料试验协会（ASTM）标准，并已获取了该协会颁发的认证书，但该法只采用物理法掺加淀粉，并未从分子结构上改变原有树脂的构成，因此这种产品虽然在一定程度上减少

了对环境的污染，但尚未从根本上解决问题，有待进一步提高。再如利用废旧编织袋生产汽油和柴油的技术，也只处于小试、中试阶段。未来塑料制品世界由于原材料不断发展，工艺技术不断更新，将会有更多的产品出现，因此我们应当相应地研究开发各种配套的塑料包装废弃物的回用、降解的新工艺技术。

（三）加强配套研究

回收和再生利用，涉及的范围很广，需要方方面面的有机配合与协作，要有资金、材料、人员和技术保障。同时，还应把回收、再生利用与环保结合起来。比如进行环境损益分析，把包装废弃物的外部损失内部化，即把包装厌弃污染的环境成本计入经营成本之中，这样，既有利于环保，也使废弃物的处理落到了实处。

此外，回收网络的建立和完善工作也很重要。要说服广大消费者将包装废弃物分类整理，要将千千万万的消费者手中的各种包装废弃物分门别类地收集起来，必须有完善的回收组织网络。法国玻璃包装容器的90%之所以能循环回用，其重要原因之一就是玻璃瓶回收组织得比较成功。据一些资料介绍。德国专业回收公司的活动多年来一直比较活跃和有成效。目前我国废弃物的回收比较杂乱，各种废弃物混杂在一起，不便分类回收再用。有些玻璃容器虽回收利用技术已经过关，但因盛装物的残液难以清洗而不便回用，成为废物；每年大约可以炼制数万吨铝链的废旧牙膏袋的收购工作，近几年来不知何故也停了下来。因此，应当尽快建立、健全包装废弃物的回收网络和相应的各种制度，这样才能使废弃物的回收、收集工作有组织上的保证，才能使许多实际问题得到解决。

（四）呼吁我国第一部包装法尽快出台

我国是一个发展中国家。环保及包装业起步较晚，存在的问题还比较多，与国际先进水平还有很大差距。我国包装及包装物回收利用的现状呼吁我国包装法尽快出台。

包装及包装废弃物的回收利用，涉及的范围很广，环节也很多，但作为包装法则应以规范包装工业企业的生产行为和包装服务业的行为为主。因为包装生产、服务是包装废弃物产生的"源头"。此外，法规还应当支持鼓励对包装废弃物的回收利用和再生利用。法规应当充分体现绿色精神，突出"污染者负担"原则，法规应明确规定将包装废弃的环境费用（含管理费用）计入企业、服务业的经营成本，促使其节约、简化包装并对包装废弃物进行回收、再用。法规还应体现向国际惯例靠拢的精神。

（五）加强包装研究机构的组织建设

发达国家对包装极为重视，他们都有专门机构研究产品包装。如法国拥有由2 000～

3 000 名专家组成的全国性的包装研究所；英国包装研究中心出版数十种专业包装刊物；美国有几所大学设有包装系；日本许多大学设有包装讲座，不少大企业都自办包装专业班；其他许多国家有包装协会。这些都是开展绿色包装研究的基础条件。我国的包装研究机构大多是部门所有制，研究内容一般也仅局限于本部门工作所涉及的范围，全国第一个出口商品包装学会（山东省出口商品包装学会）成立不足一年；国家高等包装工程专业教育虽始于 1985 年，但迄今仍无统编教材，结业无统一测试。我国包装科研机构和包装教育的不合理状况影响了我国包装科研工作的进一步开展，因此必须引起政府和有关部门的重视，妥善予以解决。

产业篇

鼓励环境标志产品出口政策设计①

原庆丹　吴玉萍　董恒年

"十二五"规划纲要提出了"以科学发展为主题和以转变经济发展方式为主线"的核心指导思想，同时对环境保护提出了"不断提高我国生态文明水平"和加快资源节约型与环境友好型社会建设步伐的总体要求，使我们不得不将加快贸易结构转型和加速产业与产品结构调整步伐放在环境保护的突出位置。鼓励环境标志产品出口，是加快贸易结构转型和加快资源节约型、环境友好型社会建设步伐及提高生态文明水平的有效途径。

一、我国环境标志产品节能减排效果与潜力

面对全球环境标志制度的标准化与法律化发展趋势，我国于 20 世纪 90 年代初开始启动了环境标志制度工作。截至目前，已经形成了以绿色食品标志与有机食品标志为代表的农产品环境标志制度、以能效标识为代表的能效标识制度和以中国环境标志为代表的环境标志制度。

经过 10 多年的发展，我国环境标志产品生产与出口取得了显著成绩，但与发展水平高的国家和地区相比，还存在较大的发展差距。与此同时，由于环境标志产品在生产过程中严格执行相应的环境标准，与非环境标志产品相比，应该有较为显著的节能减排效果。

由于环境标志产品产量与产值等指标尚未纳入国家统计部门统计范畴，受调查统计数据的限制，对我国各类环境标志产品节能减排效果及未来节能减排潜力做出完整且准确的评估还存在很大的难度。表 1 是 2006—2007 年我国无公害农产品与绿色食品、有机农产品和能源标识产品已经实现或估测实现的节能减排量和部分制造业产品全部作为环境标志产品时的可能节能减排量估算数据。

表 1 的估算数据显示，环境标志制度实施以来，我国无公害农产品、绿色食品、有

---

① 原文刊登于《环境与可持续发展》2011 年第 4 期。

机农产品及能效标识产品已经实现了非常显著的节能减排效果，随着我国无公害农产品、绿色食品、有机农产品及能效标识产品发展规模的进一步扩大，其节能减排潜力将是非常巨大的。从表1对部分制造业产品按环境标志产品对待时的节能减排估算数据同样可以看出，制造业环境标志产品的节能减排效果也很显著，2006年我国制造业环境标志产品产值只占同期全部制造业产品产值的0.25%。由此看出，未来随着环境标志在我国制造业领域的进一步推广与扩大，制造业环境标志产品的节能减排潜力也很巨大。

表1　2006—2007年我国部分制造业产品、环境标志农产品和能效标识产品节能减排量估算

产品名称	产量或产值	年度节能减排量估算（五种制造业产品按全部环境标志产品估算）	说明
无公害农产品与绿色食品	2.14 亿 t	实际减少化学品使用量 229 万～755 万 t，节能 380 万～1 250 万 t 标准煤，减少烟尘排放 456 万～1 500 万 m^3，减少 SO_2 排放 24.68 万 t，减少 CO_2 排放 1 093 万～3 595 万 t	与非无公害农产品和非绿色食品相比，每吨无公害农产品与绿色食品生产可减少化学品使用量 10%～30%
有机农产品	2 000 万 t	实际减少化学品使用量 220 万 t，节能约 366 万 t 标准煤，减少烟尘排放 439 万 m^3，减少 SO_2 排放 6 万 t，减少 CO_2 排放 1 053 万 t	与非有机食品生产中的化学品使用量相比较，有机农产品生产不使用化学品
能效标识产品	—	估测 2010 年可累计节约用电 5 580 亿 kW·h，折合标准煤 2.56 亿 t，将减少烟尘排放 2.5 亿 m^3，减少 SO_2 排放 345 万 t，减少 CO_2 排放 6.04 亿 t，估测 2020 年可累计节约用电 26 570 亿 kW·h，折合标准煤 12.9 亿 t，将减少烟尘排放 12.69 亿 m^3，减少 SO_2 排放 1 740 万 t，减少 CO_2 排放 30.43 亿 t	能效标识产品节约用电量为估测值，估测起始时间按能效标识制度实施的 2004 年起算
复印纸	近 80 万 t	减少 COD 排放 960t	每吨环境标志复印纸可减少 COD 排放 20%
小型汽车	3 270 万辆	减少 NO_x 排放 40 多万 t，减少碳氢化合物排放 50 多万 t，减少 CO 排放 400 万 t，减少燃油消耗近 80 万 t	指小型轿车和轻型载货汽车拥有量，每辆环境标志小型汽车每年可减少废气排放 30%
太阳能热水器	2 000 万 m^2	节能 4 000 万 t 标准煤，减少烟尘排放 4 800 万 m^3，减少 SO_2 排放 64 万 t，减少 CO_2 排放 1.15 亿 t	太阳能热水器生产的热水替代同等热水生产量的燃气和电热水器
抛光建筑瓷砖	10.8 亿 m^3	节能 800 万 t 标准煤，减少烟尘排放 960 万 m^3，减少 SO_2 排放 13.16 万 t，减少 CO_2 排放 2 300 万 t	仅指广东佛山市抛光建筑瓷砖产量
预拌混凝土	5 亿 m^3	节能 1 500 万 t 标准煤，减少烟尘排放 1 800 万 m^3，减少 SO_2 排放 24.68 万 t，减少 CO_2 排放 4 315 万 t	矿物掺合料占胶凝材料总量比例在 30% 以上时每立方米预拌混凝土可节能 0.03 t 标准煤

二、我国支持环境标志产品发展的主要政策及主要问题

自环境标志制度建立以来，我国环境主管部门和相关部门非常重视与支持环境标志产品的发展，基本建立起了环境标志认证"三位一体"的管理运营模式。进入 21 世纪以来，随着资源供给对我国经济社会发展的约束急剧上升和环境恶化所带来的发展压力越来越大，国家适时地提出了建设资源节约型与环境友好型社会的宏观战略部署，并在"十一五"时期通过对循环经济的强有力支持和《节能减排综合性工作方案》的强制执行，使资源供给对经济社会发展的约束有所缓解，环境恶化的势头得到了初步遏制。与之相应，初步形成了以环境标志产品政府采购制度和节能产品消费者补贴政策为核心的支持政策。

（一）环境标志产品政府采购制度

2004 年，财政部会同国家发展和改革委员会联合下发了《节能产品政府采购实施的意见》，同年开始编制并公布和定期调整《节能产品政府采购清单》，至今已公布调整后的《节能产品政府采购清单》达九期之多。2006 年财政部会同国家环境保护总局联合下发了《环境标志产品政府采购实施意见》，同时开始编制并公布和定期调整《环境标志产品政府采购清单》，至今已公布调整后的《环境标志产品政府采购清单》达 7 批之多。

2007 年国务院下发的《节能减排综合性工作方案》第四十五条明确规定，要加强政府机构节能和绿色采购，认真落实《环境标志产品政府采购实施意见》，进一步完善政府采购环境标志产品清单制度，不断扩大环境标志产品政府采购范围，使环境标志产品生产成为国家节能减排和推动循环经济战略的重要手段。环境标志产品政府采购制度也演变成为国家支持环境标志产品发展的一项长期政策。

我国政府采购始于 20 世纪 90 年代末，从财政部公布的数据看，1998 年政府采购规模仅 31 亿元，占同期 GDP 的比例不足 0.04%，2003 年达到 1 659.4 亿元，占同期 GDP 的比例为 1.2%；2006 年达到 3 681.6 亿元，占同期 GDP 的比例上升到 1.7%，1998—2006 年的近 10 年中，政府采购规模年均增长高达 68%（韩洁，2007）。2009 年达到 7 000 亿元，占同期 GDP 的比例超过 2%，达到 2.05%。中国-欧盟商会公布的研究报告则显示，2010 年中国的公共采购可能高达 70 000 亿元之多，占同期 GDP 的比例高达 20%（王红茹，2005）。这些数据说明，我国通过政府采购给予环境标志产品发展的支持，将随着政府采购规模的扩大而不断上升，未来这种支持的增长潜力仍然非常巨大。

（二）节能产品消费者补贴政策

节能产品惠民工程消费者补贴政策，是除环境标志产品政府采购制度外，另一项重要的直接针对环境标志产品的发展支持政策。2009 年 5 月，财政部会同国家发展和改革委员会联合发布了《关于开展节能产品惠民工程的通知》，同时颁布了《高效节能产品推广财政补助资金暂行管理办法》和《高效节能房间空调器推广实施细则》，使以"节"字为标识的各类能效标识产品被纳入消费者补贴政策范畴，极大地支持了能效标识产品的市场推广。

截至目前，财政部、工业和信息化部和国家发展和改革委员会发布的节能产品惠民工程产品推广目录，已从第一批房间空调器节能推广目录到最新的第六批汽车节能推广目录共有六批之多。据报道（汪国成等，2011），到 2011 年年末，为实施"节能产品惠民工程"，中央财政共安排 160 多亿元人民币，推广高效节能空调 3 400 多万台，节能汽车 100 多万辆，节能灯 3.6 亿多只，初步测算，"节能产品惠民工程"实施 1 年多来，直接拉动消费需求 1 200 多亿元，实现年节电 195 亿 kW·h，年节油 30 万 t，减排 CO_2 超过 1 400 多万 t。

（三）其他环境标志产品发展支持政策

所得税税收优惠、税收投资抵扣和出口退税政策等，是改革开放以来我国曾经吸引外来直接投资和支持国内特定产业与行业发展所采取的重要政策手段，目前仍有一些产业领域继续执行税收优惠和出口退税等政策。但是，随着我国经济对出口依存度的不断提高和国内资本趋于过剩，国家对此类政策的实施采取越来越谨慎的态度，政策使用范围处在不断收缩状态（姚枝仲等，2011）。

从理论上讲，目前我国仍在实施中的各种所得税优惠政策（包括税收投资抵扣）、出口退税政策等，对环境标志产品的发展应该能够起到相应的支持作用。但是，由于这些政策并非专门针对环境标志产品所制定，当环境标志产品与非环境标志产品竞争时，受其高昂的环境成本的制约，环境标志产品并不具有任何竞争优势，从而使这些政策对环境标志产品的支持作用大打折扣，甚至起不到支持作用。

不能否认，目前实施的资源消耗水平高、能耗水平高和废弃物排放水平高的"三高产品"的各项限制政策，在一定程度上也有利于提升环境标志产品市场竞争力，也属于环境标志产品发展支持政策范畴。

（四）我国环境标志产品发展支持政策存在的主要问题

从上述分析可以看出，目前我国环境标志产品发展支持政策还存在三大问题：一是环境标志产品发展政策尚未被确定为一项长期坚持的环境保护政策；二是现有的环境标志产品支持政策体系还不够完善；三是现有个别政策公平性兼顾不够。这三个问题虽然处在不同层面上，但其影响都很突出。

1. 环境标志产品发展政策尚未被确定为一项长期国家环境战略且发展规模有限

尽管环境标志制度建立以来，我国环境标志产品发展取得了喜人的成就，但是，与环境标志产品发展水平高的国家与地区相比，我国的发展水平还很低。目前，无公害农产品占全国粮食产量的比重不足 30%（严格按农产品总量计算，这一比例可能更低），绿色食品占全国粮食产量的比例不足 15%，有机农产品占全国粮食产量的比例仅为 4%，环境标志产品产值占制造业总产值的比重估计只有 1%。与此同时，环境标志产品与非环境标志产品相比，却有着更为显著的节能减排效果与潜力。因此，大力发展环境标志产品应成为我国长期坚持的一项国家环境战略，大力扩大其生产和消费规模。

2. 环境标志产品支持政策体系还不够完善

环境标志产品支持政策体系还不够完善，突出体现在三个方面政策的短缺。

一是环境标志产品出口支持政策的短缺，特别是生产经营企业出口退税政策的短缺。毫无疑问，环境标志产品政府采购制度和节能产品消费者补贴政策，都是针对环境标志产品生产企业国内消费市场拓展与扩张而制定的支持性政策。事实上，发达国家和地区消费者对环境标志产品的认同水平，要远高于国内消费者对环境标志产品的认同水平，这种对环境标志产品的认同，既取决于发达国家和地区居民较高的环境保护意识，更取决于他们较高的收入水平。因此，制定并实施环境标志产品出口支持政策，是目前完善环境标志产品支持政策体系最紧迫的任务之一。

二是环境标志产品经销商支持政策的短缺。环境标志产品政府采购制度与节能产品消费者补贴政策和生产企业出口退税政策，分别是从消费者和生产者角度制定的产品发展支持政策，严格意义上讲，针对流通企业和产品经销商企业制定相应的支持政策，才能消除环境标志产品发展上的所有障碍。正是这一政策的短缺，当节能产品消费者补贴政策出台后，部分经销企业即采取非法手段套取补贴从中获利，给这一政策的实施增加了相应难度。

三是缺乏环境标志认证机构竞争发展的支持政策。受我国环境标志认证工作起步晚和发展里程短等因素的制约，目前，鼓励环境标志认证机构的竞争发展政策尚未形成，环境标志认证机构在发展上呈现出严重不足之势，许多企业需排队等候认证机构认证，环境标志认证呈现出一定程度的垄断特色。这种状况在一定意义上也阻碍着环境标志产品的发展。

3. 环境标志产品个别支持政策公平性兼顾不够

环境标志产品支撑政策公平性兼顾不够，突出体现在节能产品消费者补贴政策上。一是在纳入节能产品财政补贴推广目录的产品生产与经销企业与未被纳入节能产品财政补贴推广目录的产品生产与经销企业之间，造成了不平等竞争，二是造成购买节能产品财政补贴推广目录产品与未购买节能产品财政补贴推广目录产品的纳税人之间，在享受公共财政资源上的不平等。

三、我国鼓励环境标志产品出口的必要性及可行性

无论是从目前政治、经济和社会发展形势看，还是从我国环境标志制度与环境标志产品发展实际看，我国制定和实施鼓励环境标志产品出口政策，不仅是十分必要的，而且具有相当的可行性。

(一) 鼓励环境标志产品出口的必要性

"十二五"规划纲要提出了"以科学发展为主题和以转变经济发展方式为主线"的核心指导思想，同时对环境保护提出了"不断提高我国生态文明水平"和加快资源节约型与环境友好型社会建设步伐的总体要求，使我们不得不将加快贸易结构转型和加速产业与产品结构调整步伐放在环境保护的突出位置。

前文分析表明，在我国，环境标志产品的发展已经显现出了非常显著的节能减排效果，未来的节能减排潜力也非常巨大。因此，为了更有效地保护环境，加快资源节约型和环境友好型社会建设步伐，加快我国生态文明水平发展步伐，应将环境标志产品的发展作为我国长期坚持的一项环境保护政策。

目前发达国家和地区环境标志产品市场的发育程度，要远比国内环境标志产品市场的发育程度成熟，消费者更愿意选择和消费环境标志产品。因此，通过鼓励我国环境标志产品向发达国家和地区出口，既满足了发达国家和地区市场需求，又有效调整了我国的贸易结构，使环境标志产品贸易成为我国出口贸易的主导性产品，提升了我国环境标志产品企业的国际竞争力。从某种意义上讲，这是我们充分利用发达国家和地区的市场资源有效保护我国生态环境的一项重要策略。

目前我国环境标志产品发展政策体系还不完善，尤其缺乏环境标志产品出口政策的支持，因此，制定并实施更为有效的出口贸易政策，大力支持和鼓励环境标志产品出口，

使环境标志产品出口替代在绿色贸易转型中发挥重大作用，因此，鼓励环境标志产品出口应成为未来我国调整贸易结构和保护环境的基本政策选择。

与此同时，近年来，绿色生产和绿色消费已经成为国际上的一个潮流，在国际贸易中，一些发达国家通过立法制定严格的强制性技术标准，以限制不符合其生态环保标准的国外产品进口。绿色壁垒的影响凸显，中国环境标志承担历史赋予的责任，积极引进国际先进技术标准，引导企业以消除或减轻国际绿色壁垒对我国产品出口产生的不利影响。从 WTO 法律来说，在 WTO 新一轮环境与贸易谈判中，环境标志产品的贸易政策是讨论议题，但目前并没有任何强制性限制措施，相反，将来可能会有更多的鼓励措施，积极促进环境标志产品贸易。

此外，全球可持续发展战略、经济全球化趋势和 WTO 规则等也对环境标志产品提出了客观要求。2002 年南非约翰内斯堡世界可持续发展峰会明确提出："有关国家和地方政府应推动政府采购政策改革，积极开发、采用环境友好产品和服务。"目前，各国政府都积极依据这一号召积极推行绿色采购。

因此，鼓励中国环境标志产品出口，不仅有助于我国克服绿色贸易壁垒，增强我国产品在全球市场的竞争力，也将取得巨大的环境效益和经济社会效益。

（二）鼓励环境标志产品出口的可行性

在"十二五"规划时期和未来更长时期，鼓励环境标志产品出口具有相当政治、经济、技术和社会可行性，主要表现在：

首先，"十二五"规划纲要确立的"以科学发展为主题和以转变经济发展方式为主线"的指导思想，是未来五年甚至更长时期我国经济社会发展的核心指导思想，为我国鼓励环境标志产品出口奠定了强有力的政治基础。

其次，一方面，发达国家和地区市场对环境标志产品有着较强的消费偏好，有一项调查显示，85%的瑞典消费者愿意为环境清洁而支付较高的价格，80%的加拿大消费者宁愿多付 10%的钱来购买对环境有益的产品，另有 40%的欧洲人喜欢购买环境标志产品而不是传统的产品。另一方面，经过 20 年的发展，我国环境标志产品企业从无到有、从小到大，企业运作越来越成熟，已经有数以千计的农业企业通过了农产品环境标志认证，有数千家企业通过了环境标志认证和能效标识认证，绝大部分通过认证的企业经济效益显著。而且，我国已经与德国、日本、韩国、澳大利亚、新西兰、北欧、泰国、中国香港等国家和地区签署了互认合作协议，且有不少通过认证的企业已经与国外经销商建立了稳定的合作关系。与此同时，国内还有大量企业在排队等待环境标志认证机构的认证。这些都说明，未来五年或更长时期，我国鼓励环境标志产品出口，有良好的市场基础、企业经验及企业经营基础等经济条件。

再次，经过 20 年的发展，我国环境标志制度日益趋于完善，各项环境标准和环境标志标准得以建立，环境标志认证的"三位一体"运营模式也已完全建立，同时现有认证机构经过长期的探索与磨炼，积累了丰富的环境标志经验，培育了大批环境标志人才，为未来五年甚至更长时期鼓励我国环境标志产品出口奠定了良好的技术与人才基础。

此外，经过 20 年的发展，我国居民的环境保护意识也在不断提高，同时，有越来越多的就业者选择社会责任感强、形象好、规模大和竞争实力强的环境标志产品企业就业，在消费决策时也更加注重选择环境标志产品。这也表明，我国积极鼓励环境标志产品出口，有着相当好的社会基础。

四、鼓励环境标志产品出口的具体政策建议

鉴于环境标志产品出口替代对我国加快资源节约型、环境友好型社会和提高我国生态文明水平以及近期的节能减排等措施具有重大影响，鼓励我国环境标志产品出口具有十分必要性和政治、经济、技术与社会等的可行性。同时，与发展水平高的国家和地区相比，目前我国环境标志产品发展还很缓慢，出口数量还很少，亟待出台出口优惠政策加以扶持发展。为此建议如下。

（一）将简化环境标志产品出口通关程序作为基本惯例

在环境标志制度日益国际化的今天，应最大限度地简化企业出口行政审批，使简化环境标志产品出口行政审批手续成为基本惯例。

（二）加快中国环境标志产品与他国环境标志的互认

中国环境标志作为"绿色通行证"在国际贸易中发挥着重要作用。当前在全球经济一体化和贸易自由化快速发展的世界态势下，环境标志国际互认成为国际大趋势。目前我国已经与德国、日本、韩国、澳大利亚、新西兰、北欧、泰国、中国香港等国家和地区签署了互认合作协议，并已加入了由美国、加拿大、德国等 20 多个国家组成的全球环境标志网（GEN）和由瑞典、加拿大、丹麦等 6 个国家组成的全球环境产品声明网（GED）。今后，我国应通过各种渠道和合作方式，进一步加快中国环境标志产品与他国环境标志的互认工作。如可以与美国 EPEAT 电子产品环境标识体系，共同开发中国电子产品环境标识认证、监管和服务体系。

（三）实施增值税差别出口退税税率和优先办理出口退税的政策

建议调整现有出口退税政策，使环境标志产品生产及出口经营企业享受更高的出口退税税率，同时建议，在同等条件下，环境标志产品生产与出口经营企业优先于非环境标志产品生产及出口经营企业办理出口退税。

（四）对获得环境标志产品认证的企业实施更加灵活的税收扶持政策

环境标志产品生产与经营企业成本高企是客观事实，建议通过灵活的税收扶持政策弥补企业在环境标志产品生产中所增加的成本。一是对获得环境标志产品认证的企业，其研究开发新产品、新技术、新工艺所发生的各项费用可在管理费中据实列支，其当年实际发生额比上年增长 10%以上的，可以再按照实际发生额的 50%直接抵扣应税所得额。二是对初次获得环境标志产品认证的企业，且经营满五年的按免征企业所得税 3～5 年给予所得税返还；经营满 8 年的，再按减半征收所得税返还 3 年已征收所得税。三是获得环境标志产品认证的企业进行技术改造，购买本国获得环境标志认证企业的先进设备的投资，可按规定享受 10%～30%不等的抵免所得税政策。

（五）通过环境标志产品互惠关税减免条款提高我国环境标志产品的国际竞争力

建议运用我国双边或多边自由贸易协定等机遇，在我国与自由贸易对象国的关税条款中增加互惠关税减免条款，既能使我国消费者能够享受更多、更好的进口环境标志产品，同时也能有效提高我国企业环境标志产品在国际市场的竞争力。

可借鉴《中国智利自由贸易协定》产地证经验，在双边或多边自由贸易协定中，设定环境标志产品关税减免条款，提高环境标志产品在其他国家的竞争力。

（六）实施进口环节增值税减免政策

对获得环境标志认证企业的进口仪器、设备以及配套件，减免进口关税或进口环节增值税。可以借鉴国家有关外商投资企业进口设备免税的政策规定的经验，对环境标志认证企业进口的仪器、设备以及配套件，免征关税和进口环节增值税。

（七）充分运用进出口银行的出口信贷政策

进出口银行要优先安排环境标志认证企业的授信额度，用于其对外出具投标、履约和预付金保函。对重点龙头企业在海外兴办经济实体，开展境外带料加工和装配的项目，凡符合贷款资金使用条件的均可予以人民币中长期贴息、周转外汇贷款贴息。

（八）实施中小企业环境标志产品出口"绿色补贴"

根据"中小企业国际市场开拓资金扶持政策"规定，对环境标志产品认证，进行申报，企业即可获得"额外补贴"，即"绿色补贴"，这是符合 WTO 规则的"绿色补贴"要求的。

（九）建立环境标志产品的外贸发展基金或环境标志产品发展专项资金

借鉴"中央外贸发展基金"的经验，建立环境标志产品外贸发展基金，对符合基金使用方向和使用条件的环境标志产品及其加工出口项目予以融资和贴息。

积极探索建立以环境标志认证企业、财政部门和进出口银行共同参与的环境标志产品产业化发展专项资金。政府适当扶持，通过股份制和股份合作制等方式，积极引导建立环境标志出纳品产业化发展风险资金，形成"利益共享，风险共担"机制，共同抵御和规避市场风险，扩大国外市场空间。

（十）鼓励环境标志认证机构竞争发展

未来，应积极探索环境标志认证机构的竞争发展政策，使现有部分技术与经济条件较为雄厚的环境标志认证分支机构，通过内部人收购或兼并等形式，独立于其原上级认证机构，增强环境标志认证机构的竞争性，使更多有实力的企业获得环境标志认证。

全球环境服务业发展趋势及驱动力[①]

李丽平　段炎斐

环境问题日益突出，环境服务业的作用也日渐受到重视，全球环境服务业的发展已经呈现出了一些清晰的特点：全球环境服务业市场规模和国民收入成正比例关系；全球环境服务业占环境产业的一半份额；全球环境服务业主要集中在废物处置服务和污水处理服务；环境服务市场发展不平衡、发展潜力巨大、投资主体逐渐多元化。

环境产业成为新一轮全球经济发展的增长点，其环境服务业的作用也日渐受到重视，不但成为各国重点发展的行业，也在国际贸易谈判的重要要价中凸显。

一、环境服务的定义与分类

迄今为止，国际上还没有环境服务的统一定义和分类，各国对环境服务有不同理解和分类。比较有影响的环境服务分类主要有以下四种：世界贸易组织（WTO）《服务贸易总协定》（W/120，1991）所使用的服务部门分类目录（Services Sectoral Classification List，SSCL）；联合国中心产品分类（Central Product Classification，CPC）；经济合作与发展组织和欧盟统计局（OECD/EUROSTAT）关于环境服务的分类（OECD，1999）；欧盟在 WTO 新一轮谈判中提出的环境服务分类。由于没有一致的分类标准，统计数据口径也不尽相同，关于环境服务业的统计数据十分缺乏。WTO、OECD 等多采用美国环境商业国际公司（EBI）的数据进行相关研究，这也是目前较为全面的统计数据。本文基于 EBI 数据，文中所述环境服务主要包括污水处理服务、废物处置服务、环境咨询与工程服务、环境测试与分析服务、清洁与环境修复服务。

---

① 原文刊登于《环境经济》2011 年第 11 期。

二、全球环境服务业发展趋势及特点

(一) 全球环境服务业市场规模和国民收入成正比例关系

近年来，全球环境服务业市场的发展与整体经济发展水平紧密相关，成正比例关系，年均增速略高于经济增长速度。1997 年环境服务业产值为 2 501 亿美元，2010 年增长到 3 694 亿美元，预计 2012 年产值可达 3 810 亿美元，年均增速 3.1%，而 1997—2012 年世界 GDP 年均增速约为 2.9%，两者保持了相似的增长速度。此外，从 1997—2012 年两者的具体走势来看（图 1），两者的发展都表现出了较高的同步性。2008 年下半年全面爆发的金融危机蔓延到实体经济，导致 2009 年全球 GDP 负增长 2.1%，为 1997 年以来最大下滑幅度；而同年环境服务业出现了 1997 年以来的首次负增长，增速下滑 1%。随着 2010 年全球经济复苏，环境服务业产值也实现了 1.7%的增长。

图 1　全球环境服务业、环境产业及经济发展趋势图

注：环境服务业增速、环保产业增速根据 Environment Business International 数据整理；1997—2008 年 GDP 增速根据联合国数据整理；2009—2012 年 GDP 增速根据世界银行《2010 世界经济展望》整理。

(二) 全球环境服务业约占环境产业的一半

环境服务业的发展是环境产业化的高级阶段，全球环境服务业已占到环境产业的一半份额（图 2），2001 年这一比重达到 52%，环境产业步入成熟期。但 2003 年以来环境服务在环境产业中所占比重有逐年下降趋势，到 2005 年环境服务业市场份额已不足 50%，2010 年降为 46%，环境产品的发展超过了环境服务的发展速度。这主要是由于 21 世纪以来，发展中国家的环保产业进入快速发展期，新开工环境治理工程项目增多，带动了产品制造业的发展。随着发展中国家环境治理基础设施的健全和完善，环境服务业所占比重将逐渐回升。

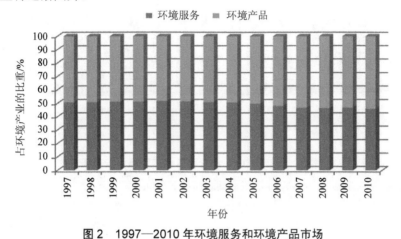

图 2　1997—2010 年环境服务和环境产品市场

资料来源：Environment Business International，Inc.，San Diego，California。

（三）全球环境服务业主要集中在废物处置服务和污水处理服务

环境服务业各分项目发展很不平衡，废物处置服务和污水处理服务占环境服务市场的主要份额，2010 年这两个项目产值占全球环境服务市场的 74%，其中废物处置服务占 45%，污水处理服务占 29%。但在不同国家，情况也不一样，比如，美国最重要的项目是废物处置，占美国环境服务市场的 44%；法国和英国在污水处理方面具有优势，日本则是大气污染控制。从总的趋势来看，废物处置仍是环境服务项目的主要部分，但近年来环境服务项目格局有去集中化的趋势。图 3 为 1996—2010 年废物处置、污水处理及其他环境服务项目在环境服务市场中所占比例变化。从图中可以看出，废物处置服务在环境服务市场中所占份额自 2000 年开始逐年下降；水处理服务的市场份额基本保持稳定，2008 年后有缓慢上升趋势；相比之下，其他环境服务项目市场份额自 2000 年开始逐渐上升，主要是废气处理服务等。

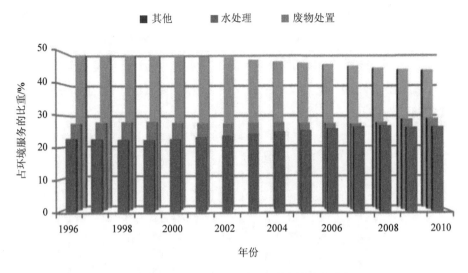

图3　1996—2010年分项目全球环境服务市场

资料来源：Environment Business International，Inc.，San Diego，California。

（四）环境服务业市场区域发展不平衡

从地区分布来看，全球环境服务业市场主要集中在美国、西欧和日本（图4）。2010年，这三个国家和地区的市场总和为全球市场的77%。其中美国占37%、西欧占28%、日本占12%。但发达国家环境市场占全球市场的比例在逐渐下降（图5），1996年美国、西欧和日本市场总和占全球市场份额的86%，之后呈逐年下降趋势，预计到2012年这一比例将下降到75%。其主要原因是这些发达经济体的工业生产已经高度符合相关的法规规定，如再进一步提高环保要求，增加的份额不会很明显。与此相对照，非洲、亚洲和拉丁美洲这些发展中及最不发达国家和地区的环境服务市场不断壮大，在1996年只占全球市场份额的7%，到2010年这一比例已达11%，特别是亚洲和非洲环境服务市场保持了年均10%左右的增长率。主要原因是随着这些发展中国家经济发展、人口增长及城市化不断发展，这些经济体开始逐步颁布严格的环境法规，环境服务不断发展。

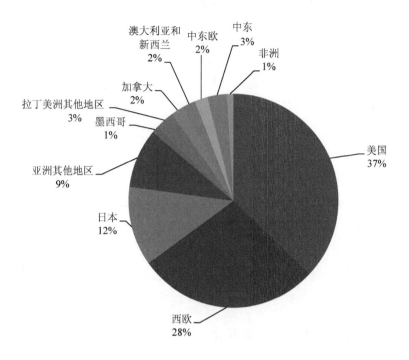

图4　2010年全球环境服务市场国家和地区分布

资料来源：Environment Business International，Inc.，San Diego，California。

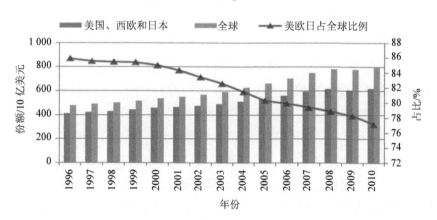

图5　美欧日环境服务市场份额

资料来源：Environment Business International。

（五）环境服务贸易发展潜力巨大

与其他服务贸易相比，20世纪90年代以前全球环境服务贸易非常有限，仅为总服务贸易额的0.5%～1%。原因是许多经济体将环境服务看作"公共服务"，如占环境服务份额最大的水处理及废物处置服务都是由政府提供的。但近年来，随着污染控制与管理框架的逐步融合，私有化和自由化趋势的不断发展刺激了"私人"对环境服务的需求，环境服务贸易逐渐形成并发展。2007 年和 2009 年环境贸易额占全球环境产业总产值的比重分别为 16% 和 17%，呈逐渐上升趋势，环境服务业贸易额占环境贸易额的比重约为11%。美国环境出口收入占国内环境产业总产值的比重已由 1994 年的 6.7% 增长到 2009年的 13.9%。20 世纪 90 年代末开始，西欧、澳大利亚和加拿大的环境服务出口显著增加。一方面，美国、日本、西欧等发达国家的环境产品和服务在国内的市场趋于饱和，希望寻求和开拓新的国际市场，美国、西欧和日本成为主要的环境服务出口国，这三个国家和地区 2009 年环境出口额占全球环境产业贸易总额的比例达 88%；另一方面，由于经济强劲发展加上环境意识不断提高，东亚、东南亚、拉丁美洲、中东欧地区的环境服务需求迅速增长，需要进口环境服务满足国内需求。在这两方面因素的共同作用下，东亚等发展中地区将成为环境服务国际贸易增长最快的地区。目前，发展中国家是环境服务的净进口国。

（六）环境服务投资主体逐渐多元化

20 世纪，由于许多环境服务项目都具有公共事务的特点（如公共垃圾处理场、污水处理厂），传统上这些服务都是由政府提供，而且大多是地方政府提供。因此，环境服务投资也主要由政府承担，私人部门或受条件制约不被允许或无利可图不愿意进入这些领域。近年来，随着环境经济学的发展，公共物品理论、产权理论、外部性理论的深入，一些发展中国家开始对这些"公共事务"部门进行改革，例如，中国、泰国、马来西亚等国开始在这些部门实施建设—运行—转让（BOT）等运行模式。根据 OECD 统计，1990—2004 年，11 个 OECD 国家加上"金砖四国"通过公私合营（PPP）方式在水处理服务部门投资额达 112 亿美元。发达经济体更是在公共事务私有化方面有了很大改变，美国在垃圾收集服务领域私有化水平不断提高，污水处理服务现在虽然仍然由政府主导，但私有化步伐也在加快。相比之下，法国和英国的污水处理和废物处置服务私有化程度已达到很高的水平。环境服务投资主体正在趋于多元化。表 1 为 2009 年各国家和地区环境贸易均衡情况。

表 1 2009 年各国家和地区环境贸易均衡情况

国家或地区	贸易均衡	国家或地区	贸易均衡
美国	净出口	加拿大	净进口
西欧	净出口	澳大利亚、新西兰	净出口
日本	净出口	中东欧	净进口

国家或地区	贸易均衡	国家或地区	贸易均衡
亚洲其他地区	净进口	中东	净进口
墨西哥	净进口	非洲	净进口
拉丁美洲其他地区	净进口		

资料来源：Environment Business International，Inc.，San Diego，California。

三、全球环境服务市场驱动力分析

导致全球环境服务业迅速增长的主要原因，除经济增长、人口增加及污染恶化外，还有日益严格的国内环境规章及国际环境公约，以及来自消费者、社会的巨大压力等因素。

（一）环境规制日趋完善

环境法的实施与执行是环境服务业市场的传统推动力量。环境立法和环境服务需求之间关系紧密。例如，20世纪七八十年代，日本的大气污染治理业由于制定或完善相关立法，而得到迅速发展。在美国，与垃圾处置厂清洁和处置有毒废物相关的立法对该国危险废物管理技术发展并保持国际领先地位起到了极大推动作用（OECD，1992）。当一些企业据国内立法在某领域开发了相关技术之后，它们在该领域便具有了国际竞争潜力。如今，随着发展中国家新一轮环境立法的兴起与环境监管机制的完善，环境服务业得以迅速增长。例如，中国于2005年4月1日起修订施行的《中华人民共和国固体废物污染环境防治法》较1996年版本增加了14个法条，完善了管理制度，全面贯彻了污染者付费原则，加大了对违法行为的责任追究力度。这些规定增加了私有部门对环境服务的需求，进而推动了固体废物污染治理的发展。

（二）公众环境意识逐渐提高

环境教育可以促使生产者和消费者将环保意识融入商业行为和消费模式。信息公开要求被看作是一种市场手段，因为它影响了消费者选择，并有效改变企业行为。随着环境教育的深入及信息公开要求的提高，公众的环境意识得以逐渐提高。尤其是近年来环境恶化导致的自然对人类反作用的频繁出现，巩固了公众的环境意识和绿色消费理念，公众对于清洁产品的需求压力通过市场传导给企业。面对压力，企业开始在其商业行为中考虑环境因素，以期建立"绿色"的公众形象并形成市场优势。建立绿色形象的意图是出口企业尤其是跨国企业某些环境友好行为的动力。公众环境意识的提高对企业治理污染及环境服务市场的发展有极其重要的促进作用。

（三）全球环境公约约束力加强

环境问题的出现并不以人为的国界为限，而是发展成为区域性、全球性的环境污染和生态问题，这就要求加强环境问题的国际合作。达成全球或多变环境公约是解决国际环境问题的一个主要手段，且发挥了积极作用。近年来环境公约谈判进程加快，各缔约方履约压力不断加大，推动环境服务业加大研发投入，加快创新步伐。旨在控制温室气体排放的《联合国气候变化框架公约》、保护臭氧层的《维也纳公约》、控制危险废料越境转移及其处置的《巴塞尔公约》、减少或消除有机污染物排放和释放的《斯德哥尔摩公约》、防止因倾倒废弃物及其他物质而引起海洋污染的《伦敦公约》等一系列有广泛影响力的国际公约对各国的环境治理提出了全面要求，各国履约压力成为环境服务业发展的动力。

（四）政府采购趋于全球化

由于环境保护及环境污染治理服务公共物品的性质及其较强的外部性，政府部门的环境服务需求占总需求的较大比例，在环境服务的购买方面具有比较重要的作用，因此，政府采购政策对环境服务市场有重要影响。政府采购对于国民产业的影响取决于：采购的程序，以及其是否考虑和促进长期的技术发展，并基于成果鼓励创新措施，而不是基于已有的标准、设计和技术；采购的实施方式，比如是否可以将合同分解以鼓励小企业的参与等；大部分政府采购的主要立场以及采购对国外供应商和外来竞争的开放程度。随着 WTO《政府采购协定》的不断完善，以及该协定缔约方的不断增加，环境服务政府采购市场开放程度也不断提高。这一方面带动缔约方国内政府采购立法向更加公开、公平、公正的方向发展，适应开放政府采购市场提出的新要求，为环境服务企业的发展提供良好的政策环境；另一方面，扩大了竞争范围，企业除了要面对国内同行业者的竞争，还要与国外的优秀企业同台角逐，这提供了一种强有力的筛选机制，利于有发展潜力的企业迅速崛起。此外，WTO《政府采购协定》的发展实施为企业提供了更广阔的市场空间。

（五）能源消费结构转型缓慢

原油和原煤等化石燃料在开采、运输、加工和利用过程中产生的生态系统破坏、扬尘、废水、废渣及废气等，特别是在利用过程中产生的温室气体和有毒气体等对环境造成了极大影响，是造成环境污染的主要原因之一，而当前能源消费结构以原油和原煤为主导的局面短期内难以发生根本改变，这对环境服务业提出了新的要求。2000—2010年，天然气在能源消费中所占的比例虽然有缓慢上升，但清洁能源消费比例稳定在36%，原油和原煤仍然是主要的消费能源，且原煤所占比例逐渐上升，有取代石油再次成为主导能源的趋势（表2）。能源消费作为经济发展的基础，随着经济总量的扩大其消费量也在迅速增长，与2009年相比，2010年的能源消费量增长了5.6%，由此产生的对环境服务的巨大需求将有效推动环境服务业的发展。

表2 2000年、2005年、2010年世界能源消费结构　　　　　　单位：%

年份	原油	原煤	天然气	核电	水电	可再生能源	清洁能源合计
2000	38	26	23	6	6	1	36
2005	36	28	23	6	6	1	36
2010	34	30	24	5	6	1	36

资料来源：BP Statistical Review of World Energy 2011。

四、全球环境服务业发展热点展望

根据对全球环境服务业近年来发展趋势及全球环境市场驱动力的分析，预计未来废气清除服务、环境服务技术转让、环境投入国际化、将成为未来环境服务业发展的热点。

（一）双重需求推动废气清除服务发展

全球环境服务项目格局已经呈现"去集中化"的趋势，废气清除服务将有可能成为继废物处置和污水处理服务后第三个快速发展起来的项目。推动废气清除服务发展的需求主要来自以下两个方面：第一，公众对空气质量的要求提高。随着人们生活水平的提高，以及城市化进程的加快，车辆、船舶、飞机尾气、工业企业生产排放、居民生活和取暖、垃圾焚烧等产生的空气污染日益成为困扰人们日常生活的问题，受影响的人群广泛并且直接，公众对改善空气质量的需求将推动废气清除服务的发展；第二，全球气候变化问题受到普遍关注。全球气候变化会给人类带来难以估量的损失，会使人类付出巨额代价的观念已为世界所广泛接受，并成为广泛关注和研究的全球性环境问题。废气清除服务作为减缓气候变化的主要手段之一，将会得到较大发展。

（二）环境服务技术转让缓解环境服务市场失衡

全球环境服务市场失衡，主要集中在美国、西欧和日本，只有当所有的国家环境技术资源都能参与新的安排并在各国之间有效地传播和流动，环境技术成果才能得以迅速推广从而最终改善环境，环境服务技术转让有助于打破环境服务市场失衡局面。国际社会签署的《蒙特利尔议定书》《维也纳公约》等一系列环境公约均对环境技术转让有所关注，随着发展中国家环境服务发展需求的增加，消除或减少环境服务技术转让障碍的尝试越来越多，推动环境服务技术转让的发展。

（三）环境服务市场开放助推环境投入国际化

发达国家环境服务业发展的目光转向发展中国家市场，发展中国家国内市场难以满足迅速增长的环境服务需求，加上多边或双边环境谈判中国家相互之间开放环境服务市场，环境服务国际化水平日渐提高。很多国家的环境服务市场允许外资拥有多数股权甚至独资提供环境服务，促进了环境服务市场投入的国际化。

环境产品清单制定应遵循哪些原则[①]

李丽平

当前,各国正在将环保产业(包括环境产品和服务)的发展作为争夺国际竞争力的新领域和重要途径。我国为推进环保产业发展,扩大环保产业市场需求的政策密集出台,如《国务院关于加快培育和发展战略性新兴产业的决定》《国务院关于加强环境保护重点工作的意见》等。但是最核心的问题,如谁可以享受到相关优惠政策、环境产品和服务的市场范围到底有多大等都不明晰。

近年来,环境产品清单谈判一直是 WTO 谈判的焦点议题。我国正在参加的政府采购协定(GPA)、双边自贸区(FTA)谈判都将环境产品和服务的市场开放作为重要要价。因此,明确环境产品的内涵和范围是国际谈判中维护国家利益的切实需要,也是摸清家底和国内政策落地的关键。

一、国际上环境产品的定义及清单

国际上一般认为环保产业由环境产品和环境服务组成。但对于什么是环境产品,不同机构有不同定义和分类,比较有影响的包括:

(1)亚太经合组织 1998 年环境产品清单

制定目的是为推动 APEC 包括环境产品和服务在内的 9 个部门提前自由化。从最终用途出发,具体分为空气污染控制、饮用水处理、废水管理、噪声/振动消除、固体/危险废物、热/能管理、可再生能源、监测/分析、其他回收系统、补救与清除十大类。清单共包含 109 个 6 位税号产品,如液体泵(税号 841360)、水蒸气或其他蒸汽动力装置的冷凝器(税号 840420)、曝光表(税号 902740)、色谱仪及电泳仪(税号 902720)等。

---

① 原文刊登于《中国环境报》2012 年 8 月 14 日。

（2）经济合作与发展组织环境产品清单

这是由 OECD 的一个工作小组完成的一份研究成果。清单将环境产品分为三大类，分别是污染管理、较清洁技术和产品、资源管理。每一大类又进行了细分，污染管理包括空气污染控制、废水管理、固体废物管理、治理与清除、噪声与振动消除、环境监测、分析与评价；较清洁技术和产品包括较清洁/资源高效技术、工艺和产品；资源管理包括室内空气污染控制、供水、循环材料、可再生能源、热/能节约与管理、可持续农业和渔业、可持续林业、自然风险评估、生态旅游等。清单共包含 161 个 6 位税号产品，例如液体泵（税号 841360）、熟石灰（税号 252220）、曝光表（税号 902740）、色谱仪及电泳仪（税号 902720）、减压阀（税号 848110）等。与 APEC 清单相比，有 36 个相同税号产品。

（3）世界贸易组织清单

即 WTO 秘书处在各经济体提出清单的基础上，汇总在其 2010 年报告（TN/TE/19）中的清单。清单分为空气污染控制、可再生能源、废物管理和废水处理及补救、环境技术、其他几个部分。清单共包含 408 个 6 位税号产品，后秘书处又据此压缩成一个仅包含 153 个 6 位税号产品，如水蒸气或其他蒸汽动力装置的冷凝器（税号 840420）、减压阀（税号 848110）等。

（4）APEC 各经济体 2012 年提出的环境产品清单

在 2012 年 APEC 环境产品清单制定中，已提出清单的 10 个经济体中（除澳大利亚外），都对环境产品进行了分类。例如，美国提出的环境产品清单分为大气污染控制产品、饮用水/废水处理和输送产品、固体废物与危险废物管理产品、土壤修复和渗水处理产品、自然资源保护技术产品、气候变化减缓产品、环境友好产品、环境监测分析和评价设备等。日本提出的环境产品清单包括大气污染控制产品、废水管理与饮用水处理设备、固体废物和有毒废物管理与循环系统设备、噪声和振动消除设备、土壤和渗水的清洁和修复产品、环境监测分析和评估设备、环境风险管理设备、自然资源保护设备、可再生能源设备、热能管理设备、环境友好产品、更加清洁或资源有效的技术和产品等。加拿大、韩国、新西兰的环境产品分类与日本大致相同。俄罗斯将环境产品分为大气污染控制、废水管理、环境噪声技术、废物管理与渗水处理、环境监测技术、环境风险治理技术、可再生能源设备等。各经济体提出的环境产品清单既有共同部分也各有差异，7 个以上经济体涵盖的产品有 332 个 6 位税号。

以上几个清单中，APEC 1998 年清单和 OECD 清单也作为 WTO 谈判的讨论对象，但 WTO 具体谈判仍以其经济体提出的清单为基础。APEC 1998 年清单和正在讨论中的 APEC 2012 年清单没有任何关系。

二、现有环境产品清单较少具有环境特征

从以上国际上环境产品分类及清单可以看出如下特征:

第一,提出环境产品分类及清单的机构或组织都是贸易/经济组织,而非环境机构。例如,以上比较重要的几种环境产品分类及清单是 APEC、OECD、WTO 提出的,这些机构无一例外都是贸易和经济组织。而联合国环境规划署主管环境的国际组织却从未提出过任何环境产品清单或定义。各经济体所提环境产品清单也是在这些贸易机构或组织谈判的框架下进行的,或者是为这些谈判而制定的。这是根本,决定了现有环境产品清单的所有属性和本质。

第二,制定环境产品清单的目的从始至终都是贸易和经济目的,而非环境目的,环境只是"外衣"。无论是 APEC 还是 WTO,环境产品制定的根本目的就是降低关税,实现环境产品贸易自由化。这就是为什么现有环境产品清单总是和税号对应在一起,而非产品的描述或产品集。例如,我们讲塑料产品,就是所有由塑料制作的产品,是为了区分木头或钢铁制作的产品,在税则中分在各税号下,不一定非得和税号对应。这也是为什么所提环境产品清单中有全球环境公约中禁止贸易产品,如汞的有机或无机化合物(税号 285200)。有的甚至是严重污染环境或对环境有不利影响的产品,如废旧衣物和铅酸蓄电池(税号 850720)。

第三,环境产品清单的制定过程是自下而上的过程,因此反映的都是各方的出口利益。APEC 各经济体提出的清单中,差异非常大,各具特色。在美国提交的 APEC 环境产品清单中,对应至 HS2007 版税目为 179 个 6 位税号。与 WTO 提出的 153 类环境产品清单相比,减少了 30 个产品。分别为 1 个化工品、11 个钢铁制品、1 个铝制品、9 个机械产品、7 个电子产品和 1 个仪器产品。同时增加了 34 个产品,分别为 3 个税号植物材料席子帘子、1 个玻璃制品、两个钢铁制品、两个铝制品、9 个机械产品、9 个电子产品和 8 个仪器产品。显然美国减少了其不占优势的钢铁制品数量,增加了其具有优势的仪器产品的数量。日本提出的 APEC 环境产品清单共计 242 个 HS2007 版 6 位税号,与 WTO153 清单相比,增加了 67 个税号产品,分别为 1 个机械产品、35 个电子产品、28 个汽车产品和 3 个灯具产品。显然日本增加的产品是其极具优势的电子和汽车产品。而俄罗斯所提环境产品清单能源和化工类产品占绝大多数比例,提出很多石油和天然气相关产品。

第四,尽管所提环境产品分类千差万别,但基本可以归为两大类:一类是末端治理类环境产品,如空气泵、消声器等;另一类是环境友好类产品,如高效的空气调节器、

冰箱、洗衣机等。而如何认定什么是环境产品没有任何标准，随意性很强。

总而言之，现有国际机构组织制定的环境产品清单具有很强的经济和贸易属性，而较少具有环境特质；环境产品清单制定只是从供给出发，而非需求；环境产品清单本身既没考虑生产过程是否有污染，也少考虑消费中的排放，更多考虑的是流通中的利益。

三、我国提出和制定环境产品清单的若干考虑

目的和出发点不同，环境清单制定的原则、标准、实现途径等都会相应不同。因此，为国际谈判、落实国内政策保护环境不同目的制定的环境产品清单应分别考虑。

（1）为国际谈判目的制定环境产品清单

为国际谈判目的制定环境产品清单的原则是：反映我国的总体利益，既包括贸易利益，又包括外交利益、产业利益和环境利益。环境利益体现为不损害环境利益，反映的方式为否定式列表，即凡是对生态环境有危害的产品或国际公约、国家相关法律法规中明令禁止或限制贸易的产品，一律应被排除在清单之外。例如，有些经济体提出"汞的有机或无机化合物（税号 285200）"，而这一产品在《中国严格限制进出口的有毒化学品目录》（2011 年）名录中。还有经济体提出"二氯二氟甲烷和二氟乙烷的混合物（税号3824710011）"，而这一产品是《中国进出口受控消耗臭氧层物质名录（第四批）》中的产品，因此对这些产品应坚决删除和杜绝。

（2）为落实国内政策制定环境产品清单

国内相关政策都鼓励环境产品，但从来没明确什么是环境产品，或者描述说法各异。根据不同需求有不同称谓，如环保产品、节能产品、节能环保产品、环境友好产品、有利于环境与资源保护的产品等。这一问题是一切问题的根本，如果不解决，政策执行就很难统一，优惠政策也很难落地，战略性新型产品发展受到制约。但是解决这一问题，需要一个长期过程。

从国内环境保护及环保产业发展角度制定环境产品清单。这一目的比较单一，就是更好地保护环境。因此，要注意以下几点：

一是制定环境产品清单的原则必须是从环境需求出发。由于环保产业是需求拉动型产业，因此，两者在这一点上是一致的。它完全区别于从国际谈判出发的、从供给角度出发的环境产品清单制定原则。

二是环境产品的内涵既不是非常狭义的污染治理，又不是非常广义的无所不包。环境产品的内涵应是一相对概念，应是以人为中心，对周围环境保护的范畴。具体环境产品中的"环境"含义应遵循和参考《人类环境宣言》《里约宣言》《环境保护法》中对环

境的阐述。例如,《环境保护法》中所称环境,是指影响人类社会生存和发展的各种天然的和经过人工改造的自然因素总体,包括大气、水、海洋、土地、矿藏、森林、草原、野生动物、自然古迹、人文遗迹、自然保护区、风景名胜区、城市和乡村等。

三是环境产品清单制定首先要制定环境产品标准,环境产品标准制定要分类进行,换句话说,污染治理类产品和环境友好类产品标准要分别考虑。环境友好类产品已有标准,如环境标志产品标准、节能产品标准、国际标准化组织制定的相关标准等。污染治理类产品因为没有统一标准,应重新制定标准。标准制定应考虑产品生命周期全过程对环境的影响。

四是环境产品清单的性质是一个动态清单,而非静态、一劳永逸的。清单也是开放的清单,是能够禁得起质疑和发表意见的。因为环境技术发展很快,环境质量和标准不断更新,例如,对于机动车排放而言,原来要求满足欧Ⅱ标准,之后必须满足欧Ⅲ或欧Ⅳ标准。这样,环境产品需要根据标准开展认证,不断更新、增加或剔除。

五是环境产品清单是技术性和科技性很强的清单,应该借鉴《事先知情同意的鹿特丹公约》《关于持久性有机污染物的斯德哥尔摩公约》等国际环境公约制定清单的经验,基于专门的目的,建立环境科技委员会等机制。这一委员会由空气污染治理、污水处理、垃圾处置、噪声消除等各行业环境专家及相关产业若干专家组成,职责是研究环境产品标准和评价方法,制定环境产品清单。定期对清单进行审查,对政府决策提出相关建议等。相关部门负责最后决策,被政府相关部门最后认可的产品就是环境产品。

当然,无论是对外谈判的目的还是国内政策要求,都是国家制定的,都需要遵守和落实。因此需要加强环境与贸易研究力量,既跟踪谈判又参与国内政策制定。提出政策建议,供决策者参考,最终统筹妥善处理好两个清单的关系。

APEC 环境产品清单对中国的影响及其战略选择[①]

李丽平　张　彬

2013 年 10 月亚太经合组织（APEC）领导人非正式会议将在印度尼西亚举行。2012 年在俄罗斯发布的 APEC 领导人宣言提出了一份包含 54 个 6 位税号的环境产品清单，并承诺清单产品的关税在 2015 年年底前降低到 5%或以下。事实上，自 2007 年以来，APEC 一直将环境产品和服务贸易自由化作为推进区域绿色增长的重要途径和措施，每年领导人宣言和部长声明都予以强调。作为 APEC 主要成员及 2014 年的 APEC 东道国，我国应该在推动 APEC 环境产品贸易自由化中发挥更加积极的建设性作用。为此，深入分析 APEC 环境产品清单对中国关税、经济贸易、环境及政策的影响，提出我国战略选择及具体措施等，是亟待研究的重要问题。

一、APEC 环境产品清单简析

APEC 环境产品清单作为 APEC 领导人 2012 年宣言附件 C 被提出，其中介绍了提出环境产品清单的背景、目的，并且指出为实施环境产品清单开展能力建设的承诺，然后用列表形式列出 54 个 6 位 HS 税号的环境产品清单。该 APEC 环境产品清单提出广受关注，涵盖了环境保护多个领域，但没有完全实现环境保护市场需求。

（一）APEC 环境产品清单结构及样式

APEC 环境产品清单共 6 列：前三列是环境产品海关（HS）6 位税号代码，第四列是 HS 6 位税号产品的具体描述，第五列是产品的用途、关税例外等的说明，第六列是产品的备注/环境效益，包括产品的环境用途及入选本清单的理由。产品按税号大小顺序排序，清单结构及部分内容如表 1 所示。

[①] 原文刊登于《上海对外经贸大学学报》2014 年第 3 期。

表1　APEC 环境产品清单示例

HS（2002）	HS（2007）	HS（2012）	HS 代码描述	关税例外/附加产品规格	备注/环境效应
	441872		其他竹制多层已装拼的地板（44187210）		可再生竹制产品是木制生活必需品的替代品。由于竹子的生长周期短，这些环境友好型产品能节约大量的水、油和空气资源
……	……	……	……	……	……
903300	903300	903300	第 90 章所列机器、器具、仪器或装置用的本章其他税号未列名的零件、附件（加拿大、日本、新西兰、美国、中国台湾、澳大利亚、俄罗斯、泰国、新加坡）、子目号 902140、902150 和其他所列仪器的零部件（马来西亚）	CH90 及以上产品的零部件，未列名（美国）	这是上述产品的零件和附件（加拿大、日本、新西兰、中国台湾、澳大利亚、马来西亚）第 90 章所列产品未列名（美国）

资料来源：http://www.apec.org。

（二）APEC 环境产品清单特征分析

1. APEC 环境产品清单广受关注

APEC 环境产品清单备受瞩目。一是该清单受关注层次很高，领导人亲自谈判，俄罗斯总统普京在新闻发布会上称"2012 年领导人会议的突出成果之一是就'环境产品清单'达成重要共识"；二是全球各大媒体高度关注，分别发表评论；三是 APEC 环境产品清单是世界上第一个达成的用于降低关税和贸易自由化的环境产品清单，被认为是具有历史意义的协定；四是该清单是在 WTO 环境产品谈判十年未果的情况下达成的。

2. APEC 环境产品清单涵盖了环保多个领域

APEC 环境产品清单涉及大气污染控制、固废及危废处置、可再生能源、废水及饮用水处理、自然风险管理、环境监测及分析设备、环境友好产品等领域。其中，可再生能源、环境监测分析和评估设备以及固体废物（包括危险废物）循环处置 3 个领域涉及产品数量最多，共计 42 种，分别占清单产品的 27.8%、27.8% 以及 22.2%，占环境产品清单总数的约 80%，具体分类如表 2 所示。

表2　环境产品清单分布表

项目	数目	比重/%	产品举例
大气污染控制	5	9.30	气体过滤或净化机器及设备
固废及危废处置	12	22.20	用于垃圾焚烧的装置
可再生能源	15	27.80	风能、太阳能、生物质、生物气、地热等发电装置
废水及饮用水处理	5	9.30	污泥干燥、液体过滤或净化以及紫外线臭氧消毒设备零部件
自然风险管理	1	1.90	调研设备及装置
环境监测及分析设备	15	27.80	压力计、气体烟气分析仪、光谱色谱分析仪等
环境友好产品	1	1.90	竹制地板
合计	54	100.00	——

资料来源：Carlos Kuriyama. The APEC List of Environmental Goods[J]. Policy Brief，2012（5）。

3. 一些污染治理产品没有被纳入 APEC 环境产品清单

APEC 环境产品清单所列出的 54 种 6 位税号环境产品覆盖了环境友好产品、大气污染控制、固废及危废处置、可再生能源、废水及饮用水处理、自然风险管理以及环境监测及分析设备等方面的产品。除噪声消除外，该清单基本上涵盖了中国环境污染治理的各个领域，可以说是满足了这部分市场需求。尽管如此，将该清单与"中国未来重点支持发展的环保产品"进行比较，可以发现污水处理领域的生物膜、$PM_{2.5}$ 监测和治理领域、土壤重金属污染修复领域等产品尚未被纳入该清单。

二、关于 APEC 环境产品清单影响的分析思路和方法

本文按照 APEC 环境产品清单 $\longrightarrow$ $\dfrac{降税承诺 \to 税率调整 \to 贸易额及投资成本影响}{国内政策影响}$

$\longrightarrow$ 环保投资、成本和环保产业环境影响的链状关联及影响逻辑关系，着重分析了清单达成对中国 APEC 产品清单产品关税税率、经济和贸易的影响、环境和政策的影响，并在对清单分析和影响分析的基础上，对我国推动环境产品贸易自由化的战略思路及国内政策调整提出具体政策建议。

其中，对于 APEC 环境产品清单达成后中国出口 APEC 成员体将获得关税减免额度及中国对 APEC 其他成员体进口关税减免额度计算公式如下：

（1）中国出口 APEC 成员将获得关税减免额度

$$\Delta T_C = \sum_{i=1}^{54} E_{iC} \times (\overline{t_{iC}} - 5\%), \overline{t_{iC}} = \begin{cases} t_{iC}, t_{iC} > 5\% \\ 5\%, t_{iC} \leqslant 5\% \end{cases}$$

式中，ΔT_C —— 中国出口到经济体 C 进口关税减免额度；

　　　C —— APEC 成员经济体；

　　　i —— APEC 环境清单产品；

　　　E_{iC} —— 中国第 i 种产品出口到经济体 C 的额度；

　　　t_{iC} —— 经济体 C 对第 i 种产品实施的最惠国进口关税税率。

（2）中国对 APEC 其他成员进口关税减免额度

$$\Delta P = (\cdots,1,\cdots) \times \begin{pmatrix} \vdots \\ \Delta p_C \\ \vdots \end{pmatrix} = (\cdots,1,\cdots) \times \frac{1}{1+t_n} \times \begin{bmatrix} \cdots & \cdots & \cdots \\ \vdots & I_{Cn} & \vdots \\ \cdots & \cdots & \cdots \end{bmatrix} \times \begin{pmatrix} \vdots \\ \overline{\Delta t_n} \\ \vdots \end{pmatrix}$$

$$\overline{t_n} = \begin{cases} t_n - 5\%, t_n > 5\% \\ 0\%, \qquad t_n \leqslant 5\% \end{cases}$$

式中，ΔP —— 中国进口 54 种环境产品因降低关税在 APEC 范围内减少征收的进口关税额度；

　　　Δp_C —— 中国从 C 国进口 54 种环境产品因降低关税而减少征收的进口关税额度；

　　　I_{Cn} —— 中国从 C 国进口 n 产品的额度；

　　　t_n —— 中国对产品 n 征收的进口关税税率。

三、APEC 环境产品清单会对中国的关税、贸易、环境和政策产生连锁效应，对环境利好

APEC 环境产品清单的降税目标将直接对中国的关税产生影响，然后通过关税影响贸易，进而对环境产生连锁反应。

1. 关税：中国降税压力较大，平均最惠国税率至少需从 4.57% 下降至 2.99%，涉及 21 个六位税号产品降税

2012 年中国对 APEC 环境产品清单上的产品实施的进口关税平均税率为 4.57%，但是不同产品之间税率差别很大，54 个 6 位税号产品中，高于 5% 进口关税税率的产品有 21 种，占产品清单的 39%，其中税率最高的产品——"即时/存储水加热器（HS841919）"进口关税税率达到了 39%；进口关税在 0%～5% 的产品有 16 种，占产品清单的 30%；17 个税号产品的关税税率为 0%，占清单产品的 31%。

也就是说，尽管中国对环境清单上产品征收的进口关税平均税率已经低于 5%，按照承诺，仍需对 21 种税率高于 5% 的产品降税。即使按照最低承诺情景——高于 5% 的产品进口关税税率降至 5%，中国对清单产品的平均关税税率也需从 4.57% 降至 2.99%；

如果按照最高承诺情景——高于 5%的产品进口关税税率降至 0%，54 种环境产品平均关税税率降至 1.04%。无论如何，2015 年前我国 APEC 环境产品清单中的产品还需做较大的降税。

2. 贸易：APEC 环境产品清单产品降税对中国贸易影响很大，短期可带动出口贸易额增长 3.43 亿美元

APEC 环境产品清单产品降税对贸易影响很大，主要表现在：

第一，出口额将有较大增长。以 2012 年出口额为例，按照所有经济体环境产品清单产品进口关税税率高于 5%的均降至 5%计算，中国将因此减免进口关税总计 8 559.7 万美元，其中韩国对中国的减税幅度最大，达 5 747 万美元（表 3）。如果关税减免以类似出口退税的方式返还给相关企业，根据相关研究，按 2012 年中国出口 APEC 成员经济体额度计算，中国短期出口额将可能增加 3.43 亿美元。

表 3 　APEC 成员经济体减税后中国出口环境产品清单产品进口关税减免额度

单位：万美元

经济体	韩国	泰国	马来西亚	墨西哥	印度尼西亚
减免中国进口关税	5 747.2	1 139.7	548.6	317.0	203.6
经济体	美国	俄罗斯	智利	越南	文莱
减免中国进口关税	183.7	166.2	131.7	89.6	15.7
经济体	菲律宾	秘鲁	加拿大	澳大利亚	中国香港
减免中国进口关税	12.9	2.8	0.9	0.0	0.0
经济体	日本	新西兰	巴布亚新几内亚	新加坡	合计
减免中国进口关税	0.0	0.0	0.0	0.0	8 559.7

第二，中国在 APEC 范围内环境产品清单产品出口额与中国 GDP 的变化有较强的正相关关系。从 2008 年以来中国环境产品清单产品出口变化看，2008 年中国在 APEC 范围内出口额度为 282 亿美元，2012 年为 532 亿美元，增长 86%，年增长 17%，远高于同期中国国内 GDP 增幅以及其他产品的贸易增幅。

第三，涉及中国的贸易额度较大。根据 UNcomtrade 的数据，尽管 APEC 环境产品清单只涉及 54 种产品，但其 2012 年中国在全球范围内清单产品贸易额为 1 872 亿美元，占中国全年贸易额的 4.84%；在 APEC 范围内清单产品贸易额为 1 059 亿美元，占中国全年贸易额的 2.74%。

第四，APEC 环境产品清单涉及中国主要贸易伙伴（美国、日本等）。2008—2012年，中国环境产品清单产品在 APEC 范围内出口前三的目的地是中国香港、美国以及日

本。其中，出口额度排前三的产品为"液晶面板，不含其他特殊用途的光学设备、仪器及器具（HS901380）""光敏半导体装置（HS854140）""90.13 章所列零部件（HS901390）"。

3. 环境：对中国环境利好，将减少环保投资，促进环保企业"走出去"

APEC 环境产品清单制定及降税对环境利好，主要表现在：

第一，APEC 环境产品清单产品符合污染治理要求和环境保护需求。尽管 APEC 环境产品清单是一个贸易领域用于降税的清单，但是从 6 位税号产品来看，该清单上的 54 种环境产品涉及污染末端治理、环境监测、风险管理以及环境监测分析等，均与污染防治、改善环境质量有关。例如，该清单上用于大气污染治理的产品与中国未来重点支持发展的环保产品高度重合，包括"除尘器滤料""高频电源"等，满足了中国未来环境保护重点领域的一定需求。

第二，因 APEC 环境产品清单产品关税降低，中国将减少环境产品进口成本 9.6 亿美元。2008—2012 年，中国在 APEC 范围内对清单产品的进口额度从 378 亿增长到 528 亿美元，年均增幅 9%。如果进口关税下调，中国进口 APEC 环境产品清单产品的成本将下降，也会对中国环保投资造成影响。以 2012 年中国进口额进行计算，如果中国将 APEC 环境产品清单上进口关税高于 5%的产品降至 5%，进口成本将减少 9.6 亿美元。如果将节省的进口关税用于环保投资，根据投资的乘数效应，环保新增投资将远大于 9.6 亿美元，各成员经济体环境产品减免进入中国关税额度如表 4 所示。

表 4 APEC 成员经济体因中国减税后出口环境产品清单产品关税减免额度

单位：万美元

经济体	韩国	日本	美国	泰国	新加坡
减免关税	65 257	24 517	3 221	737	648
经济体	马来西亚	加拿大	中国香港	菲律宾	墨西哥
减免关税	526	236	227	222	166
经济体	越南	澳大利亚	俄罗斯	印度尼西亚	新西兰
减免关税	90	63	49	35	5
经济体	智利	巴布亚新几内亚	秘鲁	文莱	
减免关税	0	0	0	0	

第三，有利于先进环境技术引进。目前大多数环境产品的约束税率高于 10%。通过降低进口关税，实现贸易自由化，消费者将以更加低廉的价格获取这些产品和技术，有利于应对和处理环境问题。另外，APEC 环境产品清单产品大部分属于上游产品，上游产品成本降低，将会产生联动作用，有效推动下游产业发展。这些对于提升未来中国环境质量有重要作用。

此外，对 APEC 环境产品清单产品实施降税，将实质性降低或消除关税壁垒，有助于中国环保产业"走出去"战略实施。

4. 政策：国内政策需要相应调整

按照 APEC 领导人宣言及相关承诺，对 APEC 环境产品清单产品 2015 年前要降税到 5%或以下，这意味着我国要对 APEC 环境产品清单产品进行税率政策调整。在落实如何降税的问题上，可能涉及环境认证、环境标准、海关程序等，原来环境认证没有涉及的，可能需要增加。此外，APEC 环境产品清单的范围确定可能影响到环保产业范围及针对环保产业的税收、补贴、政府采购等相关优惠措施政策落实。还有，APEC 环境产品清单产品降税可能会影响到双边自贸区货物贸易降税谈判。总之，APEC 环境产品清单将对中国环境、产业、税收、贸易等诸领域的政策产生效应和影响。

四、中国推动 APEC 环境产品贸易自由化的战略选择和具体措施

推动亚太区域的可持续发展，实现绿色增长目标，是 APEC 的重要使命和长期任务。作为实现这一目标重要途径的环境产品贸易自由化，APEC 仍需长期努力，中国也应采取更加积极和务实的行动推动。

（一）趋势分析

未来，APEC 环境产品与服务合作都将进一步深化，但仍然面临很多实际问题。

1. APEC 环境产品清单可能进行"两扩"

尽管在 2012 年 APEC 峰会上达成了环境产品清单，然而这次达成的环境产品清单并不是一个最终的或封闭的清单。随着 APEC 各成员经济体在环境与贸易领域博弈的深入，清单存在进一步探讨和修改的可能：一是清单本身扩展，如印度尼西亚 2013 年已经提出增加"未提炼棕榈油""橡胶""纸和纸浆"三类产品；二是 APEC 环境产品清单不仅在 APEC 经济体内部适用，可能进一步扩展到 WTO 各成员。

2. 对现有环境产品清单 2015 年前降税开展能力建设等活动

APEC 领导人宣言在提出 APEC 环境产品清单的同时已经承诺开展能力建设活动，而且这也是实施降税的必要条件。2013 年 4 月第二次高官会期间，印度尼西亚和中国已经联合起草了关于开展环境产品能力建设活动的倡议。

3. 环境产品的多用途问题、全生命周期评估等问题短时间内难以解决

尽管 APEC 提出了环境产品清单，但是对于清单上的产品仍然存在一些争议：一个是多用途问题，一个是全生命周期评估问题。这些也是 WTO 谈判迟迟不能有所进展的

原因。关于多用途问题，APEC 此次达成的环境产品清单上 6 位 HS 税号上的环境产品尽管都有环境用途，但是某些产品的其他应用同样非常重要甚至更广泛。考虑此因素，海关监管和实施部门如何鉴别哪些是环境用途、哪些是非环境用途则是一个难题。另外，尽管列出了清单，但是环境产品的标准到底是什么？对于环境友好产品（EPPs）是不是需要，或者如何进行全生命周期评价？这些问题需要考虑但短期内难以解决。

4. 除环境产品合作以外，进一步加强环境服务合作

APEC 2012 年提出了环境产品清单，而且有明确的降税目标，但是对于环境服务合作仍然没有明确的内容，缺陷明显。因为，从本质或属性上讲，环境产品与环境服务就如"共同体"，是不能分割和独立存在的，环境产品的使用离不开环境服务，环境服务的实现也需要环境产品的支撑。

（二）中国的战略选择和具体措施

根据上面的影响及趋势分析，考虑到开展 APEC 环境产品合作是各经济体共识，符合中国环境污染治理、贸易发展等各方面利益，因此，中国应采取措施积极推动和深化 APEC 环境产品合作，特别是在 2014 年作为 APEC 主办方发挥更大和建设性作用。

1. 以外促内，推动将 APEC 相关规定落实或反映到国内政策中

一是和国际接轨，规范用语，将"节能环保产品"或"环保产品"改为"环境产品"；二是积极借鉴 APEC 环境产品清单，制定中国环境产品和服务清单，或确定环境产品和服务的相关范围；三是将 APEC 环境产品清单应用到中国绿色政府采购政策中，即以 APEC 环境产品清单为基础列入绿色政府采购清单；四是以 APEC 环境产品清单为基础，完善环境产品标准体系；五是将 APEC 环境产品清单应用到环保产业政策实施中，对 APEC 环境产品清单产品实施税收等政策优惠，使扶持环保产业优惠政策真正落地。

2. 尽快落实 APEC 54 个 6 位税号环境产品清单降税义务，强调环境责任

APEC 环境产品清单仅列出了 54 种 6 位税号环境产品，而每一个 6 位税号下面都对应着多个 8 位税号产品，这样就存在某 6 位税号下 8 位税号产品不全具备环境用途，如 841939 税号下在中国 10 位税则下就存在具有环境用途的污泥涡轮干燥机（8419399002，最惠国税率 4%）、不具备环境用途的生产奶粉用干燥器（8419399001，最惠国税率 4%）以及可能对环境有损害的烟丝烘干机（8419399020，最惠国税率 9%）。因此，落实 APEC 54 个 6 位税号环境产品清单降税义务，环境标准和门槛是至关重要的一环。建议：一是在 APEC 环境产品清单的基础上，对税则产品进行研究和分析，结合《产排污系数手册》，将一些明显不具备环境用途的和对环境有损害的产品从降税清单中剔除。二是制定环境产品清单降税义务具体实施方案：运用综合影响评价方法论，判断中国的经济贸易、环

境保护、产业发展、国际外交等综合利益；在原则和标准上，要坚持"从环境需求出发"和"有利于环境质量改善"的立场原则，标准应该是"治理污染和保护环境"。

3. 积极主导 2014 年及其未来的 APEC 环境产品谈判

从领导人宣言提及 APEC 环境产品与服务工作计划制订，再到 APEC 环境产品清单制定和发布，APEC 环境产品与服务近几年来一直是 APEC 的重要成果和亮点。2013 年印度尼西亚也拟对其有所突破。2014 年在中国举办 APEC 系列会议，APEC 环境产品与服务议题不可能戛然而止或停止不前，关于此议题，中国不但要推动，而且要有突破，出具体成果。一是在领导人宣言和部长声明中既要保持有环境产品和服务的内容，也要有亮点和突破，例如，增加制定 APEC 环境产品和服务技术扩散行动计划倡议等内容；二是在相关谈判中积极主动提出关于环境产品与服务合作的具体提案，引导甚至主导谈判，将对我国有利的内容推出去或进行宣传，如关于中国的生态文明建设、开展 APEC 环境标志产品互认等；三是将 APEC 环境产品清单推广到 WTO 及其他双边自贸协定。需要说明的是，不仅 2014 年，未来中国在 APEC 环境产品与服务合作方面都应该起到主导作用。

4. 建立 APEC 环境产品技术传播信息交流平台

除环境产品本身，还要深入开展甚至创新环境服务，环境技术传播就是一项重要的内容。中国已经提出制订 APEC 环境技术传播行动计划提案，建立 APEC 环境产品与服务技术传播信息交流平台将是其落实领导人宣言和这一计划的具体行动和措施。具体交流内容包括：①2014 年在领导人峰会或其他高官会期间举办 APEC 环境技术展览会，展览会过程中主办 APEC 环境技术传播国际研讨会和开展 APEC 环境产品清单降税实施能力建设培训班；②建立 APEC 环境技术传播中心和信息网站，制作 APEC 环境友好型技术清单和数据库，并进行动态更新；③开展相关能力建设，特别是对发展中经济体的能力建设。

5. 建立 APEC 环境产品与服务合作保障机制

为顺利实现上述目标，必须建立 APEC 环境产品与服务合作的保障机制。一是建立和加强人才培养和合作机制。加紧培养一支精环境、会外语、懂贸易、知 APEC 的复合型稳定的人才队伍，建立起政府官员、学者和企业代表等共同参与的合作机制。二是深化对环境产品与服务的研究。为制定科学的谈判对案及国内相关政策，需要做大量基础性、有深度和广度及预测性的研究，包括生命周期评估、多用途标准、贸易自由化影响研究等。三是建立 APEC 环境产品与服务合作的宣传机制，加强 APEC 环境产品与服务合作宣传，视情可采取内部专报及新闻媒体等多种形式。

APEC 环境产品与服务合作进程、趋势及对策[①]

李丽平　张　彬

环境产品与服务合作是亚太经合组织（APEC）最早开展的合作领域之一。APEC 环境产品与服务合作成果丰硕，对促进世界贸易组织（WTO）贸易与环境谈判发挥了重要作用，对促进亚太区域绿色增长、可持续发展及应对气候变化有直接和积极贡献。近年来，随着全球环境污染逐渐恶化以及全球经济增长持续低迷，世界各国纷纷开始寻找新的经济增长点，APEC 环境产品与服务合作日益升温，内容越来越具体，范围越来越广泛，措施越来越严格，甚至成为 APEC 年度重要成果和亮点。

一、APEC 环境产品与服务合作进程及其特点

APEC 是最早开展环境产品与服务合作的机构之一，而且持续不断地开展具有实质性内容的活动，有成果、有特点。

（一）APEC 环境产品与服务合作进程

APEC 在 20 世纪 90 年代成立之初就开始了环境产品与服务合作，大致经历了倡议初步提出期、倡议实践期、密集出台期三个阶段。

第一阶段，APEC 环境产品及服务合作倡议提出期（1994—1998 年）。该阶段包括三个重要事件：一是早期的环境部长会或高官会提出和讨论环境与经济贸易问题、可持续发展问题，通过相关决议。例如，1994 年部长们讨论了环境愿景宣言以及 APEC 环境与经济统筹发展的原则框架。二是 1995 年大阪会议通过《执行茂物宣言的大阪行动议程》，提出包括环境产品与服务的市场准入等 15 个具体领域，为落实该议程，1997 年 APEC 将环境产品与服务等 9 个部门作为提前自愿自由化（EVSL）的部门。这是 APEC

① 原文刊登于《亚太经济》2014 年第 2 期。

首次明确提出环境产品与服务合作。三是 1998 年 APEC 制定和提出了一份包含 109 个 6 位海关税号（含重复税号）的环境产品示范清单，以此提醒 WTO 对环境产品关注，该清单对 WTO 贸易与环境谈判发挥了较大作用。

第二阶段，APEC 环境产品及服务合作的倡议实践期（1998—2007 年）。主要体现在以下方面：一是为推动环境产品与服务部门提前自愿自由化，到目前为止，有 17 个 APEC 成员经济体在其单边行动计划（IAP）中自愿做出了全部或部分开放环境服务市场的承诺。二是 APEC 贸易和投资委员会关于经济技术合作的高级官员指导委员会下的相关工作组，如服务组、市场准入组等密集开展几十项环境产品与服务相关的研究或研讨会等活动。这些项目涉及环境产品与服务贸易、标准、技术、能力建设等。所有经济体均参与了上述项目。

第三阶段，APEC 环境产品及服务合作政策和提案密集出台期（2007 年至今）。自 2007 年以来，随着全球气候变化谈判日益升温，APEC 环境产品与服务合作也日益活跃，政策和提案密集出台。一是 APEC 每年的领导人宣言和部长声明都将发展环境产品与服务，推动环境产品与服务贸易作为促进可持续增长和应对气候变化的重要措施与途径，对环境产品与服务进行专门的甚至较大篇幅的阐述。例如，2010 年，在《茂物及后茂物时代的横滨愿景：第十八次领导人非正式会议宣言》中提出"将通过扩大环境产品与服务的贸易和投资，加速发展绿色经济……"。二是 APEC 发布《APEC 环境产品与服务工作计划》和《环境产品与服务领域的贸易和投资》，旨在促进亚太经合组织就采取具体行动达成共识，这也是 APEC 开展环境产品与服务的重要措施和切实行动。三是 2012 年制定并发布了一个对实现绿色增长和可持续发展目标有直接和积极贡献的包含 54 个 6 位税号的 APEC 环境产品清单，而且在 2015 年年底前将这些产品的实施税率降至 5% 或 5% 以下。为敦促其落实，2013 年领导人强调"加强环境产品与服务的公私合作"。

（二）APEC 环境产品与服务合作特点

APEC 是最早开展环境产品与服务合作的机构之一，环境产品与服务又是 APEC 最早确立的开展合作的领域之一。除此之外，与其他国际机构或 APEC 其他领域相比，APEC 开展环境产品及服务合作还具有如下几个显著特点：

第一，APEC 环境产品与服务合作被作为长期战略性合作，发挥了重要作用。一是 APEC 环境产品清单已经或将要对推动 WTO 贸易与环境谈判发挥重大作用。二是制定专门的《APEC 环境产品与服务工作计划》，表明 APEC 环境产品与服务合作并非权宜之计，而是长期战略，对未来该领域合作具有指导意义。三是环境产品与服务合作在历年领导人宣言和部长声明中被作为亚太地区实现绿色增长和可持续发展的重要途径。

第二，APEC 开展环境产品与服务合作内容丰富，涉及面广。从《APEC 环境产品与服务工作计划》看，合作领域包括研发、供给、贸易、需求四个方面。从环境产品与服务主体而言，既包括供给方，也包括需求方。对于环境产品与服务本身的生命周期而言，既包括了供给等生产环节，也包括了贸易等流通环节，还包括了需求等消费环节。

第三，APEC 开展环境产品与服务合作形式多样，代表广泛。既有高层对话，也有具体政策发布，能力建设、产业博览和研究项目。从参加活动群体看，既包括政府官员，也包括研究人员、企业代表和非政府组织。项目活动中既有某个经济体承担，也有几个经济体联合"作战"，不管怎样，都注重所有经济体的广泛参与。

第四，APEC 54 个 6 位税号环境产品清单受到高层和国际社会广泛关注。APEC 环境产品清单达成具有里程碑意义，成员经济体领导人亲自参与谈判，前所未有。2012 年东道主俄罗斯总统普京在会后的新闻发布会上称"本次会议的突出成果之一是就'环境产品清单'达成重要共识"。美国国务院国际信息局（IIP）《美国参考》称，"APEC 的 21 个成员经济体就削减环境产品的关税达成了一项具有历史意义的协定"。日本外务省评论："这是有助于推动自由化的新方法。这一进展必将在 APEC 框架内推动贸易自由化进程。"澳大利亚贸易部长克雷格·爱默生称："APEC 经济体降低环境保护产品的关税是一项巨大的成就。"

（三）中国参与 APEC 环境产品与服务合作的情况

中国是最早参与 APEC 环境产品与服务事务并积极开展环境产品与服务合作的成员之一，参与 APEC 环境产品与服务合作情况及过程如下：一是积极参加了历次环境及可持续发展部长会。二是积极参加了 APEC 部门自愿提前自由化（EVSL）中环境产品与服务谈判以及其他环境产品与服务事务工作。三是积极申请和开展环境产品与服务贸易研究项目，自 1999 年开始，中国在环境产品与服务方面已经申请并开展包括"APEC 环境产品与服务贸易自由化影响研究"等 6 个项目。这些项目的开展及所提供的政策建议对于促进 APEC 环境产品与服务工作、促进 APEC 各成员环境产品与服务信息交流，提高他们在环境产品与服务部门发展的能力等发挥了重要作用。四是中国 2005 年在其单边行动计划（IAP）报告中加入了环境服务贸易章节，在运营要求、服务提供方的执照和资质要求、外资要求、最惠国待遇等方面对开放环境服务贸易市场做出具体承诺。五是积极参与了 APEC 环境产品清单谈判并发挥了重要作用，在谈判过程中，中方也提出了自己的环境产品清单并得到多数国家的肯定，所通过的清单中有 54%的产品是中国提出来的。

二、APEC 积极推动环境产品与服务合作的原因分析

APEC 之所以能够并且积极推动环境产品与服务合作以及环境产品与服务贸易自由化，特别是最近几年推动的步伐明显加快，这既与大的国际背景、环境产品与服务本身性质有密切关系，也是发达成员利益导向及各方相互妥协的结果。

（一）全球环境恶化、绿化贸易呼声增强等国际形势使 APEC 加强环境产品与服务合作成为必然

近年来，全球环境污染日益加剧，环境问题逐渐渗入到国际政治、经济、贸易等相关领域，并成为重点议题。例如，1992 年，联合国环境与发展大会召开，《联合国气候变化框架公约》《生物多样性公约》等全球环境公约相继通过并生效。关贸总协定（GATT）乌拉圭回合在这一时期呈现出明显的"绿色印记"，所签订的《技术性贸易壁垒协议》《农业协议》中都有很多有关环境的规定。这些背景一定程度上促成 APEC 于 1994 年召开环境及可持续发展部长会议以及之后提出环境产品清单、环境产品和服务合作问题。而2008 年金融危机爆发和蔓延，引发了人们对于实体经济创新与增长乏力、经济结构深层次问题及改革调整必要性的关注和思考。气候变化问题逐渐成为 G20 等领导人峰会的重要议题。这些背景不可避免地被反映到 APEC 进程和领导人宣言中，提出不应重走"常规增长"和"常规贸易"的老路，要实现绿色增长。环境产品与服务合作等问题被看作是实现可持续发展的重要途径，被提到新的高度。这些背景和形势的综合作用和影响，使得 APEC 积极推动环境产品与服务合作成为必然。

（二）环境产品与服务本身性质及定义和边界不清为 APEC 谈判提供了空间

环境问题具有明显的负外部性特征，从这种意义上讲，作为治理环境污染和解决环境问题的环境产品和服务是一种公共产品和服务。为解决全球和区域环境问题，需要国际合作携起手来共同努力。环境产品和服务的另一种特性是动态性，一是随着技术的不断发展和环境标准的日益严格，今天治理污染的环境产品和技术，明天可能就是污染的产品和技术；二是环境产品和服务是为治理环境问题服务的，而环境问题又是在不断变化的，例如，治理汞污染的产品和服务以前可能是没有的，是随着汞污染的治理而产生的。另外，相比较其他产业，环境产品和服务的定义、边界和范围一直不清晰、不明确，不同机构有不同定义和分类。这样，既为各自争取利益获得了机会，也为谈判提供了空间。不同成员借此将其有贸易出口比较优势的产品贴上"环境标签"装进环境产品"筐

子"，获取关税削减的惠益。例如，有的成员将石油、天然气等列为环境产品，有的甚至将严重污染环境或对环境有不利影响的废旧衣物和铅酸蓄电池（HS850720）列入，其背后的动机和实质可见一斑。

（三）推动 APEC 环境产品与服务合作是发达成员贸易利益的集中体现

在全球环境问题与国际政治、经济、文化等紧密联系的背景下，解决全球环境问题的出发点往往包含了国家外交、贸易、产业等综合利益。推动 APEC 环境产品与服务合作既站在道德制高点又是其贸易利益的反映和体现。一方面，降低环境产品关税，削除环境产品和服务非关税壁垒，有利于发达成员促进其新的贸易出口增长点和增加竞争优势。美国、日本、新加坡等发达成员是全球环境产品和服务少数几个贸易顺差国。从 APEC 54 个 6 位税号环境产品清单贸易计算，2011 年美国有 270 亿美元环境产品出口到其他 APEC 经济体，其中 12 亿美元将受益于该清单关税降低。据 WTO 秘书处统计数据，美国、西欧和日本 2010 年环境产品和服务市场的总和为全球市场总和的 80%，其中美国占 40%。环境产品和服务贸易化后，他们的出口将进一步扩大，将获得更大的贸易优势。另一方面，发达经济体与发展中经济体开展环境产品与服务合作的成本差异较大。发达成员开展环境产品与服务合作的成本很低，但发展中成员却需花费较高成本。从成员经济体对 54 个税号产品征收的平均最惠国关税来看，发达经济体平均税率为 1.67%，除韩国之外，其他成员经济体平均最惠国关税税率均低于 5%，美国实现 APEC 领导人宣言中提出的 5% 降税目标几乎不需花费任何额外成本；而发展中经济体平均税率为 3.07%，几乎为发达经济体的 2 倍，其中以文莱平均关税税率最高，超过了 10%。由此可见，发展中经济体相对发达国家而言面临更大的降税压力。从单个经济体来看，中国、韩国、智利以及文莱的平均最惠国关税税率仍然高于 5% 的承诺水平，面临较大减税压力。因此，推动环境产品与服务合作本质是发达成员巨大的经济贸易利益。

（四）APEC 开展环境产品与服务合作、达成环境产品清单是各经济体博弈妥协的结果

保护环境是大家的共同愿望和目标，而且 21 个经济体的平均最惠国关税税率低于 5%，因而所有经济体达成了发展环境产品清单并降税到 5% 及以下的协定。即便如此，APEC 达成环境产品清单过程是并不是一帆风顺的，最后的清单既不是各经济体所提清单的交集，也非各经济体所提清单的并集，而是各经济体博弈和妥协的结果。尽管 2012 年 APEC 贸易与投资委员会每次高官会及相关会议都将环境产品和服务作为主要议题讨论，但第二次高官会仍然没有任何达成一致的迹象，很多成员强烈反对。为此，贸易

与投资委员会决定 2012 年 7 月 25—26 日在墨西哥城额外增加了一次环境产品专门研讨会，讨论该议题。即使这样，直到 2012 年 9 月初领导人峰会之前的技术措施会上，印度尼西亚仍然只同意 6 个 6 位税号产品，直到贸易部长会讨论时仍然只勉强讨论 25 个 6 位税号产品。之所以印度尼西亚后来同意了 54 个 6 位税号的环境产品清单，各经济体达成了交易，主要原因是美国保证给予其"未提炼棕榈油（CPO）"贸易出口便利，减少贸易壁垒。而之前，美国环保局以印度尼西亚出口的未提炼棕榈油不符合其规定的碳排放标准为由将其列入进口黑名单。另外，作为 2012 年 APEC 东道主，俄罗斯起初对于环境产品与服务议题并不热衷，甚至是反对的，7 月召开的环境部长会上没有将环境产品清单列入议题，而后因妥协交易而勉强同意。可以说，APEC 环境产品清单的达成是发达成员和发展中成员在环境产品问题上相互博弈的结果。

三、APEC 环境产品与服务合作发展趋势分析

未来，APEC 环境产品与服务合作都将进一步深化，但仍然面临很多实际问题。

（一）APEC 环境产品与服务合作仍将继续并进一步深化

未来较长一段时间内，APEC 环境产品与服务合作不但不会停止，而且仍将继续并进一步深化。第一，从需求角度而言，全球环境污染恶化趋势仍将持续，实施绿色增长战略仍是各国的根本选择，环境治理的力度将进一步加大，环境产品和服务是重要支撑和保障，因而，对环境产品和服务的需求将持续增加。第二，从供给角度而言，发达成员仍然会将推动环境产品与服务贸易作为新的贸易增长点和争夺全球竞争力的途径。第三，从 APEC 本身性质而言，APEC 的宗旨是推动全球贸易自由化，促进 APEC 成员间贸易、投资和技术领域的合作。环境产品和服务合作无论是对推动全球贸易自由化还是促进成员间贸易、投资和技术领域合作都是重点领域和重要途径，而且有潜在优势。特别是《APEC 环境产品与服务工作计划》以及 2011 年 APEC 领导人宣言的附件 C《环境产品与服务贸易与投资》两个文件细化了环境产品与服务贸易与投资自由化的具体要求，APEC 深化环境产品与服务合作有具体依据。第四，在未来的亚太自由贸易协定中，环境产品与服务也将是重要内容。

（二）APEC 环境产品清单可能进行"两扩"，作用和影响进一步加大

尽管 2012 年 APEC 达成了环境产品清单，然而该清单终究是一份用于降税的贸易清单，是各经济体博弈妥协的结果。随着 APEC 各成员经济体在环境与贸易领域博弈的

深入，APEC 环境产品清单存在进一步探讨和修改的可能：一是清单本身扩展，由 54 个 6 位税号产品扩展到更多个产品或者增加更多的产品类别。一些成员仍然希望将自己的贸易优势产品或核心利益产品纳入环境产品清单之中，如 2013 年印度尼西亚便提出将"棕榈油""橡胶""纸和纸浆"三类产品纳入环境产品清单之中。二是 APEC 环境产品清单不仅在 APEC 经济体内部适用，进一步扩展到 WTO 各成员。美国联合相关成员于 2014 年 1 月 24 日在达沃斯论坛上发起以 2012 年 APEC 环境产品清单为基础的环境产品贸易自由化诸边谈判倡议。由此，APEC 环境产品清单"双扩"是一个必然的趋势，是今后相当长的一段时间内需要关注的议题。

（三）环境产品的多用途问题、全生命周期评估等问题短时间内难以解决

尽管 APEC 提出了环境产品清单，但是该清单如何降税，仍然存在一些争议，面临的技术问题主要是环境产品多用途和全生命周期评估问题。关于多用途问题，根据有关分析表明在 HS 6 位税号代码下面的 440 种环境产品中有将近一半的产品具有多种用途。APEC 此次达成的环境产品清单上的环境产品也不例外，此次清单上列出的产品尽管都具有环境用途，但是某些产品的其他应用同样非常重要甚至更广泛。如果考虑此因素，则海关监管和实施部门如何鉴别哪些是环境用途、哪些是非环境用途则也是一个难题。如果将所列 6 位税号下的产品都作为降税对象，由于 6 位税号产品范围广泛，那么很多非环境用途，甚至有可能环境污染或高耗能产品也被作为环境产品，这样是不是存在降税"搭便车"问题？是不是与保护环境的目的相悖？还有，尽管列出了清单，环境产品的标准到底是什么？对于环境友好产品（EPPs）是不是需要，或者如何进行全生命周期评价？……这些问题将是需要考虑但短期内难以解决的问题。

（四）平衡环境产品与服务合作，加大环境服务合作

目前，环境产品的贸易自由化已经在 APEC 框架下得到了实质性推进，特别是 APEC 2012 年提出了环境产品清单，而且有明确的降税目标，但是环境服务合作仍然没有明确的内容。不过，环境服务的自由化在下一阶段将被提上议事日程。理由如下：①从本质或属性上讲，环境产品与环境服务就如"共同体"，是不能分割和独立存在的，环境产品的使用离不开环境服务，环境服务的实现也需要环境产品的支撑。②在 APEC 加强环境产品与服务的宣言或声明也基本都是在一起的。③一些经济体已经注意到此问题，进行了相关探索并开始行动。例如，美国 2012 年年初提出了关于加强环境服务的提案。因此说，未来 APEC 加强环境服务也必将是重要趋势和内容。

四、进一步推动 APEC 环境产品与服务合作的对策

APEC 对促进环境产品与服务合作已经做出了努力，而且卓有成效，但随着需求增加，APEC 进一步推动环境产品与服务合作仍有很大潜力和空间。中国在其中应也继续发挥重要作用。

(一) 进一步推动 APEC 环境产品与服务合作的建议

考虑到 APEC 支持和推动多边贸易体制的宗旨及其成员组成的多样性和互补性，以及其他国际组织不可比拟的优势，APEC 在推动环境产品与服务合作方面仍能发挥更大的作用。

1．推动环境产品清单和环境服务定义和分类制定

APEC 虽然发布了环境产品清单，但只是列举式，没有定义和分类，也没有原则和标准。从长远来看，既然环境产品和服务是重要领域，那么未来统计等都需要有具体定义和分类。APEC 的研究报告中曾提出 APEC 环境产品清单制定从环境需求角度出发，既包括传统的或室外的环境产品，也包括全球环境产品及室内环境产品。该分类将是现有 W/120 环境服务及 CPC 分类的重要补充，未来 APEC 可进一步开展相关研究，发挥更大作用。

2．促进成员间环境标志产品互认

APEC 成员之间已经开展了部分环境标志产品双边互认，如中国和日本、韩国等。建议 APEC 在此基础上开展多边环境标志产品认证，首先由领导人或部长提出开展多边环境标志产品认证的倡议，然后共同制定环境标志产品认证标准和范围，作为落实 APEC 环境产品与服务工作计划的具体行动。

3．加强环境产品和服务贸易的能力建设与信息交流

APEC 应该在三个方面加强环境产品和服务贸易的能力建设和信息交流：一是在已建环境产品和服务网站基础上，建立环境产品和服务及其相关技术的数据库，并对公众开放，供大家交流信息；二是定期组织 APEC 环境产品与服务展览会或博览会、研讨会，建立交流平台；三是提供相关研究和培训支持。

4．促进环境产品和服务的贸易便利化

APEC 实施的商务旅行卡（ABTC）机制，便利或免除签证申请等措施大大方便了亚太地区的自然人流动。建议进一步拓宽 APEC 商务旅行卡的发放范围，明确商务旅行卡的具体发放路径，并在各成员 IAP 报告中指明其限制措施。

5. 加强环境产品和服务技术转让

环境产品与服务合作是否能够深入、持续，与环境产品和服务技术转让程度密切相关。建议：一是明确 APEC 环境产品与服务技术转让合作目标；二是开发 APEC 经济体环境产品与服务技术市场调查和分析项目，确认环境产品与服务技术合作的关键领域；三是开发 APEC 环境产品与服务技术转让指南和最佳实践（good practice）手册；四是建立环境产品与服务技术转让基金；五是促进 APEC 各工作组间的合作，包括服务工作组，市场准入组及知识产权专家组等。

（二）中国参与 APEC 环境产品与服务合作的建议

开展 APEC 环境产品合作既是各经济体共识，又符合中国环境污染治理、贸易发展等各方面利益，因此，中国应采取措施积极推动和深化 APEC 环境产品合作，特别是在 2014 年作为 APEC 主办方的中国应发挥更大的建设性作用。

1. 积极主导 2014 年及其未来的 APEC 环境产品与服务谈判

APEC 环境产品与服务近几年来一直是 APEC 的重要成果和亮点。2013 年印度尼西亚在继承基础上又有所突破，即提出合作中采取公私合营等具体措施手段。2014 年在中国举办 APEC 系列会议，APEC 环境产品与服务议题不可能戛然而止或停滞不前，中国非但不能削弱环境产品与服务合作，而且要有突破，出具体成果。一是在领导人宣言和部长声明中既要保持有环境产品和服务的内容，也要有亮点，如增加制订 APEC 环境产品和服务技术扩散行动计划倡议等内容；二是在相关谈判中积极主动提出关于环境产品与服务合作的具体提案，引导甚至主导谈判，大力宣传我国生态文明建设等理念；三是积极将 APEC 环境产品清单推广到 WTO 及其他双边自贸协定，这也是中国及 APEC 在推动环境产品和服务合作方面的实质性贡献；四是积极组织开展环境产品与服务能力建设活动，包括开展环境产品清单研讨会和培训。不仅 2014 年，未来中国在 APEC 环境产品与服务合作方面都应该起主导作用。

2. 尽快落实 APEC 54 个 6 位税号环境产品清单降税义务

中国已经承诺 2015 年前将 54 个 6 位税号产品降税，作为负责任大国，必将履行承诺。一是明确对哪些产品降税。建议在 APEC 环境产品清单的基础上，对税则产品进行研究和分析，结合《产排污系数手册》，将一些明显不具备环境用途的和对环境有损害的产品从降税清单中剔除。APEC 环境产品清单仅列出了 54 种 6 位税号环境产品，而每一个 6 位税号下面都对应着多个 8 位税号产品，但有排除项，哪些产品可以被列为排除项需要深入研究。二是制定环境产品清单降税义务具体实施方案，明确哪些机构具体职责，哪些部门制定环境产品的原则、标准，海关如何监管等。

3. 以外促内，推动将 APEC 环境产品与服务规定反映到国内政策中

将 APEC 环境产品与服务合作落到实处才能真正发挥作用。一是和国际接轨，规范用语，将"节能环保产品"或"环保产品"改为"环境产品"；二是积极借鉴 APEC 环境产品清单，制定中国环境产品和服务清单，或确定环境产品和服务的相关范围；三是将 APEC 环境产品清单应用到中国绿色政府采购政策中，即以 APEC 环境产品清单为基础列入绿色政府采购清单；四是将 APEC 环境产品清单应用到环保产业政策实施中，对 APEC 环境产品清单产品实施税收等政策优惠，使扶持环保产业优惠政策真正落地。

中国加入 WTO 环保产业面临的机遇与挑战①

曹凤中　李　霞　任国贤　牛桓云

中美达成了中国加入 WTO 协议，中国进入 WTO 的进程迈出了关键的一步。中国加入 WTO 意味着中国将向世界上 135 个国家和地区相互开放市场，这将对中国环境保护工作和其产业产生很大影响。但总体来讲，机遇是主要的，而且具有深远的意义；挑战是现实的，而且又不可回避。

一、我国环保产业发展现状与形势

根据 1997 年的调查，我国环保产业年产值达到 521.7 亿元，占国民年生产总值的 0.7%，如果考虑洁净产品等因素，全国环保产业产值达 900 亿元。从事环保产业者多为乡镇企业，占全国企业总数的 81.7%。环保产品生产在环保产值中贡献最大，达到 212 亿元，占 40.6%；综合利用产值为 204 亿元，占 39.1%，环境服务 62.8 亿元，占 12.0%。环保产品生产与环境服务业构成了环保产业的核心。我国有些环保产品质量已达到世界先进水平，如电除尘等。1997 年，我国出口了 13 万台环保产品，创汇 4 000 多万美元，但环保产品总体技术水平低下。

我国环境保护工作近些年来取得了一定的成绩，但随着经济发展，环境污染与生态破坏仍然是相当严重的。据我们 1998 年在三明市的调查，污染损失值占 GDP 的 5.2%。环境污染与生态破坏已成为影响人民健康，制约经济与社会发展的重要因素，为此国家环保总局决定对全国污染物实行总量控制，《中国跨世纪绿色工程规划（第一期）》将实施 1 500 多个环境项目，"33211" 工程和 "一控双达标" 计划也正在实施。1998 年污染治理投资达 721.80 亿元，占 GNP 的 0.91%，这是历年来最高的。

为了尽快解决我国环境问题，许多省市都加大了环保投资力度，到 2000 年，北京、

---

① 原文刊登于《江苏环境科技》2000 年第 2 期。

上海、厦门等市的投资力度将达到 3%（GNP），天津、大连、深圳等市将达到 2%，辽宁、海南等省将达到 1.5%，其他省市也会达到或超过 1%。

加大环保投资力度，无疑使我国环保产业面临着大好的发展形势。

正是在这种形势下，国外也看好中国环保产业市场。例如，为了顺利进入重庆环保市场，外国大公司、财团，借助强大的资金、技术实力，纷纷派出环保专家和有关人员，进行考察和技术交流，有的还采用赠送设备、免费培训技术人员、低息和无息贷款等方式提供技术和设备。因此，中国加入 WTO，对环保产业来讲，机遇是主要的，但挑战是现实的。

二、中国加入 WTO 后的机遇与挑战

（一）加快经济结构、产业结构和产品结构的调整

中国加入 WTO 后，外资流入规模将扩大，领域将进一步扩展，跨国公司将更迅速和深入地渗透到中国经济发展中来。外资流入的增加，将推动产业结构和经济结构的调整，使清洁生产进一步发展，大大提高资源和能源的利用率，从源头解决中国的环境污染问题。

（二）加快环保产业市场的法制建设

进入 WTO 要求进一步建立和完善市场经济发展与国际惯例相适应的法制体系，增强政策的稳定性和透明度。在这种形势下，地方保护主义，保护落后环保产品的情况会得以改善，行业垄断，各类企业不能在平等条件下竞争等一系列问题将被克服，加快环保产业市场向市场经济的过渡。

（三）加快环保产业的技术进步

国外环保产品进入中国市场，其技术优势是重要一环。依靠国外先进技术发展中国环保产业，会加速我国环保产业的技术进步。

WTO 对知识产权的保护，必然加快我国环保工业以仿制为主走向自主开发的道路。例如，重庆冶金设计院消化吸收日本的布袋除尘技术，平顶山除尘器厂消化吸收利用静电除尘技术，在国际上都达到了一定的水平。保护知识产权对于促进我国环保工业进行技术经济合作，提供了更高的保险系数，使国外环保工业放心与我国合作，进行技术开发。

（四）加快环保服务业的发展步伐

1997 年我国环保服务业产值仅仅为 62.8 亿元，可以说我国环保服务业比国外落后得多。国外也看准了中国环保技术服务业市场的特点，急于进入中国。日本已经抢滩在重庆建立了独资的环保信息咨询中介公司，他们将以重庆为基地，面向中国市场，提供污染治理、环保工程设计以及技术咨询服务。为了接受国外企业、机构的挑战，我国环保技术服务业必须加快发展步伐。

中国政府机构面临新的调整和改革，最终将导致国家的行业性管理机构消失或弱化，非官方的服务性机构将会进一步得到发展。

（五）对环保企业冲击力大，一些企业面临破产

由于国际资本进入的障碍减少，它们将凭资金、管理、技术、人才等优势，将按市场经济规则和方法对我国环保产业进行合资、独资，以及兼并或重组，"逼迫"中国环保产业来提高竞争力。如果中国环保企业不作出相应调整，则会破产，就可能出现中国民族环保产业置于国际资金的控制之下。

可以肯定，中国加入 WTO 对我国以乡镇企业为主体的环保产业形成一定的冲击。我国目前正面临着经济调整期，市场整体状况是供过于求，环保产品也不例外。因此，关税降得再低，也不会立即形成进口潮。中国加入 WTO 从根本上来看冲击力较大，但会平稳过渡。

我国环保企业应加快重组和联合，提高竞争力。一些小企业应根据我国的特点大力发展环保适用技术。美国环保产业，大公司虽占产值的 70%左右，但中小环保企业凭着自己产品适用性强的特点仍占据市场的一定份额。

三、中国加入 WTO 后的环保产业应急措施

中国即将加入 WTO，机遇与挑战并存，但挑战是现实的，有些问题亟须解决。目前，应积极利用有利时机，准备迎战。

（一）充分利用两年时间提高环保工业竞争力

近两年，我国将有 200 亿元贷款用于环保项目，因此，今明两年是我国环保产业发展的大好时机。近两三年我国城市污水、城市垃圾、脱硫技术、消烟除尘等技术设备将有较大需求，到 2000 年年底中国环保工业市场贸易额可达到 400 亿元，到 2001 年可达

到 500 亿元。

利用这两年国外环保产业即将进入或"脚跟未稳"的机会,加速我国环保产业技术发展,加快企业重组,发展环保企业要与产业结构调整相结合,要与国家发展规则相结合,加快国有企业进入环保工业市场的步伐。

(二)尽快制定和完善我国环保产业政策

中国加入 WTO 应重新审视我国现有的环保产业政策。

政府行为一直是环保产业发展的关键因素。例如,北京为了控制大气污染,提前执行欧洲的汽车尾气排放标准,促进了尾气处理装置产业的发展。同时,解决环境问题、发展环保产业也要利用市场机制。例如,征收环境税。我国应在产业政策、税收政策、资金投入等方面对环保产业予以抉择,在企业重组、技术进步等方面予以导向。

(三)尽快完善外商投资环境保护法律

我国涉及外商投资的环境法律有 30 多部,但规定的内容却非常笼统、分散,各法之间也缺乏必要的协调。例如,关于外商进入环保服务业的政策尚未出台,而日本已经在重庆成立了环保技术咨询服务公司。

据 1995 年统计,外商在我国投资的污染密集型企业有 16 998 家,工业总产值 4 153 亿元,占"三资"企业总值的 30%左右。1994 年 4 月韩国一电镀商团,拟投资 2 000 万美元在威海建厂,但因污水处理设施不配套被拒之门外。总之,有法不依、查处不严、职责不清问题如何去解决,也急需我们找到有效的方法。

(四)应积极准备加入 WTO 后的政策研究

中国加入 WTO 后形势也不会是一马平川的,仍会有新的障碍。

如果我国环保产品竞争力不强,跟不上外国企业产品的步伐,不能出口创汇;如果竞争力加强,关税壁垒将被打破,但是非关税壁垒仍会存在。通过我们对绿色壁垒的研究,充分利用国外绿色壁垒加速我国产业结构调整。例如,1994 年德国对某些污染严重的印染纺织品严禁进口,对我国纺织业造成很大影响,但通过一两年的技术进步,中国已经掌握了新技术,出口了新产品,绿色壁垒被打破。为了发展我国环保产业,我们也可以提出一些环境因素,限制国外产品进口,制造"绿色壁垒"。

总之,加入 WTO 后,环保产业的发展政策亟待研究。中国加入 WTO 将在平等的条件下参与世界竞争,并在 21 世纪的舞台上扮演重要的角色。不同行业受到的"利弊"影响不同,但这是一次重大的机遇,也是一场严峻的挑战。

自贸区谈判

——中国环境服务业战略转型的重要机遇[①]

李丽平

由于 WTO 多哈回合谈判进展缓慢，许多国家正将主要经贸政策重点转向自贸区。自贸区也已成为中国对外开放的新形式、新起点。自中国开始自贸区谈判以来，环境服务业市场的进一步开放一直是双边和区域自贸区谈判的重要要价，甚至成为中国能否得到更多海外利益的关键。对中国环境服务业来说，这是挑战，但更是机遇。中国环境服务业应该把握经济全球化及建立自贸区的重要机遇，加快发展和战略转型。

一、环境服务贸易成为自贸区谈判的重要内容

截至 2007 年年底，我国已同智利、东盟、巴基斯坦等国家和地区签署实施了 6 个自贸协定，已完成谈判和在谈的自贸区 12 个，涉及 29 个国家和地区（亚洲、大洋洲、拉美、欧洲、非洲），这些自贸区涉及中国 2006 年对外贸易总额的 1/4。

在以上自贸区谈判中，环境服务贸易都是服务贸易谈判的重要内容，且许多为重点或核心要价。例如，在中国—新西兰自贸区协议的谈判中，环境服务贸易谈判一度成为自贸区谈判能否顺利按时完成的筹码；在与东盟自贸区谈判中，新加坡、泰国、马来西亚等都对我环境服务市场进一步开放提出要价。

相对 WTO 来说，自贸区是更加自由化的过程。已有的自贸区环境服务贸易谈判基本是以我国"入世"承诺为基线进行的，并要求我国做进一步开放环境服务市场的承诺。WTO 服务贸易具体承诺在第 2 条最惠国待遇豁免中，一般包括两部分：①水平承诺，适用于商业服务、金融服务、环境服务、运输服务等所有 12 类服务部门；②在 12 类部门的具体承诺中，环境服务是第 6 类服务部门。中国"入世"时已就环境服务市场开放

[①] 原文刊登于《中国环保产业》2008 年第 4 期。

做出了承诺，其中的分类采用联合国中心产品（CPC）分类中的环境服务清单，包括 7 类：排污服务（CPC 9401）、固体废物处理服务（CPC 9402）、卫生服务（CPC 9403）、降低噪声服务（CPC 9405）、自然和风景保护服务（CPC 9406）、其他环境保护服务（CPC 9409）。但该环境服务清单不包含环境质量监测和污染源检查。在服务提供模式方面（表1），跨境交付提供模式只对环境咨询服务做承诺，商业存在中承诺必须是合资企业，不过外资允许持有多数股权。

表 1　中国加入 WTO 时环境服务贸易具体承诺市场开放情况

服务提供方式	市场准入	国民待遇
（1）服务提供模式 1——跨境交付	除环境咨询服务外，不作承诺	没有限制
（2）服务提供模式 2——境外消费	没有限制	没有限制
（3）服务提供模式 3——商业存在	允许外国服务提供者仅限于以合资企业形式从事环境服务，允许外资拥有多数股权	没有限制
（4）服务提供模式 4——自然人流动	除水平承诺中的内容外，不作承诺	除水平承诺中的内容外，不作承诺

总体来看，自贸区对中国环境服务市场开放要价主要包括以下内容：

1. 要求进一步扩大环境服务贸易范畴

在自贸区环境服务贸易谈判中，很多国家都涉及扩大环境服务贸易承诺范畴的问题。例如，新西兰提出使用比中国"入世"清单范围更广的欧盟环境服务清单，其中不但包括了联合国中心产品分类环境服务清单的所有内容，还包括了人类用水、废物循环、有环境内容的商业服务、研发服务、工程服务、建筑服务、分销服务、运输服务、咨询服务等。

2. 服务贸易提供模式 3——商业存在，取消了企业形式限制

服务贸易提供模式 3——商业存在是环境服务贸易的最主要方式和核心，一般服务贸易谈判都会涉及该提供方式。实际上我国在"入世"时对环境服务承诺的开放水平已经很高，已经允许外资持有多数股权参加我国的环境服务。但几乎所有国家和地区都要求我国对商业存在服务提供模式做进一步承诺，即由合资改为独资。

3. 服务贸易提供模式 1——跨境交付放开

我国在服务贸易提供模式 1——跨境交付中只对环境咨询做出承诺，但许多要价要求开放所有方面，包括通过远距离提供遥感、信息等服务。

4．取消"环境质量检测和污染源检查"分部门的排除

我国已明确提出将"环境质量检测和污染源检查"排除在环境服务承诺之外，但许多要价提出要取消此排除。

5．其他方面

其他方面的要价更多涉及关于 CDM 项目的问题。例如，澳大利亚在环境服务贸易谈判中就强烈要求澳商独资企业参与中国 CDM 项目。

我国环境服务市场总体上开放程度较高，在自贸区谈判中，我国已经承诺进一步开放。例如，在中国—东盟自贸区协定中，我国已承诺允许东盟的环境服务企业以外资独资形式进入我国的环境服务市场，也就是说，在商业存在服务模式下取消合资限制。

中国环境服务业市场进一步开放成为自贸区谈判的重要内容的主要原因如下：①由于 WTO 多哈回合谈判进展缓慢，各国都将主要经贸政策重点转向自贸区。另外，尽管酌情削减和取消环境产品和服务的关税和非关税壁垒是 WTO 环境与贸易议题的重要谈判内容，但 WTO 谈判目前的重点是环境产品，环境服务涉及很少。②在科技革命和经济全球化推动下，全球经济竞争的重点正从货物贸易转向服务贸易。环境服务业发展很快，正在成为新的经济增长点。③环境产品和服务内涵及分类在国际上没有统一的标准，可以以此为突破口削减关税和非关税壁垒。④服务业经过多年的环境治理及严格的环境标准，发达国家国内环境服务供给趋向饱和，他们需要开辟国际市场。⑤我国环境污染严重且环境服务需求巨大，而国内供给又明显不足。

二、中国环境服务业已经具备了战略转型的基本条件

由于自贸区谈判是一个要价和出价的双向过程，因此，自贸区环境服务谈判对中国环境服务业而言有两个明确信号：一方面，中国环境服务市场的进一步开放是中国改革开放和全球化趋势的必然选择；另一方面，中国环境服务企业的"走出去"具有了更多的可能性和条件。面对这样的新形势，中国环境服务业需要战略转型，而且已具备了战略转型的基本条件。

1．中国建设生态文明及实现"十一五"规划中的节能减排目标需要先进的环境服务，需要环境服务业的战略转型

据财政部资料，仅 2007 年，中央财政就共安排了 235 亿元用于支持节能减排。节能减排目标的完成需要资金，更需要先进的技术和服务，需要环境服务业的重组。环境服务业不仅有巨大的市场空间，也有更大的转型空间。

2．中国的环境服务业已具有一定的国际竞争力

中国的除尘等设备和服务技术已经居世界前列；污水处理和垃圾处置等的建造和运营具有一定的竞争优势，性价比超过发达国家；对引进的国外先进技术的国产化率达到90%以上。在经济实力相对雄厚的发达地区，环保服务业也相对较发达，在环保产业各领域拥有了不少先进技术，加上熟悉国内的环保法规、标准及办事程序，在污水处理和垃圾处置设施的建造和运营等环境服务方面，特别是中小型项目方面，已经具有一定竞争力。例如，2004 年，按建设部卫生填埋标准设计建造的国内首座大型垃圾卫生填埋场杭州市天子岭垃圾填埋场二期工程公开招标，杭州市固体废物处理有限公司凭借 80 元/t处理费的价格和熟悉情况等优势击败国际知名公司法国威立雅公司（108 元/t）而中标。

还有很多的污水处理厂的建设和运营也是通过公开招投标后，都采用了中资公司，这说明一些环境服务中资公司在国内中小型环境服务市场上已经完全具备了竞争能力。例如，广东东莞市东江水务有限公司已经成功建造和运营了东莞污水处理厂，并分别于2004 年 8 月和同年 12 月获得国家环保总局颁发的生活污水《环境保护设施运营资质证书》及中国市政工程协会组织评选的"2004 年度全国先进城市污水处理厂"。

3．国际市场对中国环境产品和服务需求巨大

特别是由于与发达国家相比，中国的产品和服务具有优越的性价比，而且存在自然人移动方面的比较优势，尤其是周边发展中国家和非洲地区对我国环境产品和服务的潜在需求巨大。例如，在实地调研中，泰国和柬埔寨官员都通过非正式方式表示过希望进口中国的环保设备、技术和服务。这些潜在需求将是中国环境服务企业"走出去"的原动力。但同时需要说明的是，这些国家和地区对外国环境产品和服务也存在市场准入壁垒，例如股权比、人员资质、当地员工比例等等。

总而言之，无论是国内外对中国环境服务业的需求，还是中国环境服务企业本身的供给能力，都已经具备了战略转型的基本条件。

三、抓住自贸区谈判重要机遇，加快中国环境服务业战略转型

自贸区环境服务贸易谈判，不仅可以便利中国引入更多先进的环境技术和服务，而且为中国环境服务企业"走出去"提供了更多的可能和条件。中国应该紧紧抓住自贸区环境服务贸易谈判的重要机遇，加快中国环境服务业的发展和战略转型。当前需要采取如下措施：

1．加强不同环境服务分类及其影响研究，解决战略转型的对象问题

目前，国际上还没有统一的环境产品及服务的分类和定义，在国际谈判中也没有定

论，双边和区域自贸区谈判更是基于双方同意的意见进行。不同的环境产品和服务的定义和类别，对我国的影响不同，我国获得的利益也不一样。例如，在中国-澳大利亚自贸区谈判中，澳大利亚就完全抛开污水处理和垃圾处置等传统环境服务，在环境服务谈判框架下对中国的能源服务进行大要价。因此，能源服务在自贸区环境服务贸易框架下谈判对我国的利弊分析，以及什么样的环境服务清单对我国最有利等问题，都非常重要，亟待研究。

2. 实施国内环境服务企业的"走出去"战略，解决战略转型的途径问题

国内环境服务企业不仅要服务于国内，而且要进行战略重组，做大做强，实施"走出去"战略。"走出去"应该分阶段、分步骤进行，不能一哄而上。可先推出中国具有优势的劳动密集型环境服务行业及与产品优势相关的室内环境服务行业。具体措施如下：①充分发挥中国劳动力的优势，让具有劳动密集型的环境服务企业率先"走出去"，可以重点培养一批环境污染设施运营、垃圾废物收集、清理和清扫等劳动密集型环境服务企业。②借助中国的制造业优势，向外推动与环境产品相关的环境服务业，特别是室内环境产品的清理和维护的售后服务等环境服务。中国的环境产品，特别是室内环境产品已经在国际贸易中占了相当大的份额，特别是许多室内环境产品，例如，无氟冰箱、节能空调、风扇（台扇、落地扇、换气扇、吊扇等）、液体和气体的过滤和净化装置等出口已居世界前列。这些室内环境产品的清理和维护等售后服务具有非常大的市场潜力。

3. 加快环境服务业发展和战略转型的法规和政策体系建设，制定针对国内环境服务企业的扶持战略，理顺体制关系，解决战略转型的保障问题

我国目前环保产业的发展政策基本处于国内扶持层面，鼓励出口和"走出去"的政策还是空白，国内开放环保产业市场的政策也零散出现在不同部门和产业的政策规章中，而且个别的还存在相互矛盾的现象。例如，在我国的"入世"承诺中，要求外国公司必须与国内企业合资才能进入中国环保服务市场，而事实上我国的环保服务业市场已经处于完全开放状态，《外商投资产业指导目录》已经将污水处理厂和垃圾处置场的运营作为外商鼓励类，没有任何对外商股权的限制。原国家环保总局颁布的环境影响评价和环境咨询的文件对外商和外国人提供的服务也都没有限制。因此，应该借助国内"加快服务业发展"及"大力发展服务贸易"的重要机遇，在中国服务贸易协会下成立中国环境服务贸易协会，制定《加快发展环境服务业有关问题的意见》等相关政策，加快环境服务业的发展和战略转型。

加快我国环境服务政府采购市场开放的若干问题[①]

李丽平　肖俊霞　张　彬

我国加入 WTO 时承诺，尽快启动加入《政府采购协定》（GPA）谈判。环境服务作为十二大服务部门之一，是 GPA 成员对我方要价的重点关注部门。然而，由于国内政策、管理体制、政府采购实践以及产业竞争力等方面问题，我国政府采购出价与 GPA 成员要价之间仍存在较大差距，谈判进展缓慢。本文意在指出，在国内污染治理投资不断扩大、对环境保护技术要求不断提高以及全球贸易投资开放程度不断深化的背景下，环境服务政府采购市场扩大开放已成为必然趋势，关键是如何在开放过程中实现国内法规政策及管理体制的完善。

一、环境服务政府采购的内涵及范围

我国现阶段正在进行加入 GPA 的谈判。GPA 是 WTO 法律框架下的一项非强制性加入的诸边贸易协定，WTO 成员可以自愿选择加入或者不加入。GPA 现有 15 个成员方[②]，中国是正在进行加入 GPA 谈判的十个国家之一[③]。加入 GPA 需要与现有 GPA 成员方就政府采购市场开放范围进行"一对一"的谈判，谈判内容主要包括：门槛价、开放实体（中央实体、次中央实体、其他实体）、开放项目（货物、服务、工程）以及例外条款等。GPA 的基本原则包括国民待遇、非歧视以及透明度。

结合 GPA 中"政府采购"适用范围和涵盖范围，环境服务政府采购是指受政府控制或影响的中央、次中央及其他采购实体，为实现环境管理和提供环境公共服务目的而

[①] 原文刊登于《对外经贸实务》2014 年第 12 期。

[②] GPA 的 15 个成员方：美国、欧盟、冰岛、瑞士、列支敦士登、挪威、日本、加拿大、韩国、以色列、中国香港、台澎金马特别关税区、荷属阿鲁巴、新加坡以及亚美尼亚。

[③] 正在加入 GPA 谈判的 10 个国家：中国、阿尔巴尼亚、格鲁吉亚、约旦、吉尔吉斯斯坦、摩尔多瓦、黑山共和国、新西兰、阿曼、乌克兰。

通过招投标方式对采购价值在 GPA 门槛金额之上的环境服务项目所进行的采购。

GPA 服务项目出要价主要依据 CPC（联合国中央产品分类法）临时版，其中，环境服务包括以下内容：

（1）污水处理服务（CPC 9401）：指通常利用排污管道、化粪池、下水道或阴沟等设备提供的排污服务；利用稀释、筛选和过滤、沉积、化学沉淀等进行的污水处理服务。

（2）废物处置服务（CPC 9402）：指对来自家庭、工业或商业企业的垃圾或废物的收集服务、运输服务和焚烧处理服务及其他垃圾处理服务，以及废物减量化服务。

（3）卫生及类似服务（CPC 9403）：指其他卫生及类似服务，包括清扫服务和清雪除冰服务。

（4）废气清除服务（CPC 9404）：指对来自动态源或静态源的、主要由化石燃料燃烧生成并释放到空气中的污染物的监控服务，尤其是城市地区空气中污染物的集中监测、控制以及减量化服务。

（5）噪声消除服务（CPC 9405）：指噪声污染监测、控制和消除服务，如城市交通相关噪音消除服务。

（6）自然和景观保护服务（CPC 9406）：指生态系统保护服务，如湖泊、海岸线和海岸水域、沼泽地等，包括其中的动物、植物、栖息物种等。自然灾害评估和消除服务等包含在环境与气候的关系（如温室效应）研究中。

（7）其他环境保护服务（CPC 9409）：指未被归在上述类别中的其他环境保护服务，如土壤酸化处理（"酸雨"）的监测、控制和损害消除服务。

目前，GPA 成员对我方环境服务要价主要为"污水和废物处理、卫生和类似服务以及其他环境保护服务"等。参照上述要价，我国在对等开放的原则下与 GPA 成员开展谈判，并向 WTO 政府采购委员会提交我国加入 GPA 的出价清单。只有所提清单得到 GPA 成员认可，我国才能成为 GPA 成员，列入开放范围的政府采购市场才开始适用 GPA 规则。然而，加入 GPA 并不意味着政府采购市场的完全开放，只是在对门槛金额之上的已出价环境服务项目进行采购时，对外国服务供应商的市场准入给予国民待遇。

二、我国环境服务政府采购市场开放面临的形势

（一）GPA 文本修订通过，新增可持续发展与环境保护条款

WTO 政府采购委员会于 2012 年 3 月正式通过了《政府采购协定（修订版）》，并将于 2014 年 4 月 6 日开始实施。文本中新增加了采用技术规格以促进保护自然资源和环

境的条款。《政府采购协定》（修订版）第 10 条"技术规格和招标文件"指出"为进一步明确，一参加方，包括其采购实体，可依照本条，制定、采用或适用技术规格，以促进保护自然资源和保护环境"。同时，"可持续采购的处理"亦被纳入了 GPA 未来谈判及工作计划中。绿色政府采购的发展为各国在政府采购市场开放过程中维护国内环境利益提供了有效依据，同时也对各国环境服务供应商提出了更高的要求。

（二）GPA 成员环境服务政府采购市场开放水平相对较高

15 个 GPA 成员中，除新加坡和荷属阿鲁巴全部不开放外，其他成员均较高程度地开放了环境服务政府采购市场，其中，美国和亚美尼亚做出了全部开放的出价。部分出价的 GPA 成员的环境服务项目集中于污水处理服务、废物处置服务以及卫生和类似服务。现有 GPA 成员环境服务政府采购门槛价一般为：中央实体——13 万 SDRs；次中央实体——20 万 SDRs；其他实体——40 万 SDRs。

（三）GPA 成员绿色政府采购发展迅速

随着各国对政府采购政策功能的重视，绿色政府采购获得了迅速发展。近年来，社会性支出和环保支出在各国财政支出中所占的比重越来越高，很多国家达到了 50%～60%，一些国家甚至超过了 70%。据统计，目前在欧盟，绿色政府采购平均占到其全部政府采购市场的 30%。占比最高的奥地利已达到 60%。

此外，美国、西欧、日本以及中国台湾地区已经建立起了相对完善的绿色政府采购政策体系，包括：建立绿色政府采购的法律法规，例如，日本于 2000 年就已经制定了《绿色采购法》，欧盟制定出台了《绿色政府采购手册》等；加快绿色政府采购的信息化建设，如欧盟建立了一个包括产品说明书及生态标签信息的 100 多种产品的采购信息数据库；加强对绿色政府采购的监督机制建设，如欧盟通过了生态管理和审核体系（EMAS）对政府绿色采购的环境影响和作用成果进行统一管理；完善绿色政府采购的组织机构建设，如日本在 1996 年成立了全国绿色采购网络联盟（GPN），欧盟成立了欧洲采购网络组织（EGPN），用以管理绿色采购事务。

（四）我国环境服务政府采购

市场开放不断实现突破，但与 GPA 成员方出价及对我方要价相比仍相距甚远。据美欧等研究机构分析，中国加入 GPA 将能够带来 2 000 亿美元的市场准入机会。由于采购规模大、商机多，GPA 成员均将中国加入视为一项重要内容。

2012 年 GPA 成员对我国环境服务提出了进一步要价。其中，美国、日本要价为"污水和废物处理"，欧盟和挪威为"污水和废物处理、卫生和类似服务"，新加坡和瑞士为"污水和废物处理、卫生和其他环境保护服务"。要价几乎涵盖了所有主要的环境服务项目。

随着国内环保企业的发展以及政府采购制度的完善，我国环境服务政府采购出价不断实现突破：在2011年提交的第三份出价中，噪声消除服务（CPC 9405）政府采购市场开放，环境服务首次被列入出价清单，成为当时进行出价的三大服务部门之一；近期提交的第五份出价中，环境服务增列了污水处理服务（CPC 9401）。然而，从整体来看，我国现阶段出价与GPA成员方的要价之间仍存在较大差距。除环境服务出价项目仍相对较少外，环境服务门槛价也远高于GPA成员。门槛价方面，我国现有出价清单在门槛价方面采取了5年的过渡期，并承诺在GPA实施5年之后，中央实体服务项目门槛价降至20万SDRs，次中央实体降至40万SDRs，其他实体降至60万SDRs。与GPA成员的13万SDRs、20万SDRs以及40万SDRs相比，我国环境服务门槛价仍相对较高。

三、国内环境服务政府采购市场开放面临的问题

（一）我国环境服务产业国际竞争力较弱

以水污染治理服务为例，我国水污染治理服务RCA指数为0.25，指数年均增长率为−10%；而欧盟与美国水污染治理服务的RCA指数分别为3.2和1.7。与美国、欧盟等发达国家和地区相比，我国环境服务技术及质量等核心要素竞争优势不足。核心竞争力由强到弱依次为：价格、市场营销、资金、服务、技术、其他。

（二）政府采购政策法规尚不完善

一是政府采购法规体系不健全。政府采购在我国起步较晚，有关法规和政策体系还在建立和完善过程中，《政府采购法实施条例》尚未出台，政府采购本国货物以及自主创新产品的政策法规尚未建立，对中小企业政府采购的优惠政策难以落到实处等等。

二是国内《政府采购法》与《招标投标法》在某些问题的适用性上尚不清楚，如一些涉及政府采购的管理办法往往仅适用于货物和服务，不适用于工程，导致供应商难以遵照相关法律维护自身合法权益。此外，规则过于复杂化也降低了政府采购管理效率和透明度。

三是缺乏专门性的绿色政府采购法规，环境服务绿色政府采购尚未进入制度化轨道。现阶段，国内关于绿色政府采购的规定主要是一些原则性规定，其法律地位尚未确

立；绿色政府采购的相关措施主要集中于节能产品环境标志产品方面，服务类绿色政府采购政策尚未出台。

（三）国内环境服务政府采购市场化发育程度不足

在我国，环境服务作为政府需要向社会公众提供的公共服务，其采购市场化水平较低。截至 2013 年年底，我国采用市场化运营的城镇污水处理厂占比为 47%，政府投资与运营的城镇污水处理厂占比为 48.99%，市场化运作的城镇污水处理厂占比不足一半。国内环境服务运营市场化水平低，主要由政府主导的环境服务设施投资及运作方式与 GPA 所要求的公开招投标之间存在较大的差距，成为影响环境服务政府采购市场开放的重要原因。

（四）国内实体政府采购国际化经验严重不足

我国自 1995 年开始政府采购试点工作，1998 年逐步推广到全国，2006 年组建加入 GPA 谈判工作组，开始研究政府采购国际化的相关问题。国内实体政府采购国际化经验严重不足，是环境服务政府采购市场开放面临的重大挑战。

其一，环境服务政府采购需求主体内部采购人员专业素质尚不匹配。国内现有政府采购人员主要来自财政部门以及相关行政部门，知识结构较为单一，这与加入 GPA 之后，采购所要求的"全面掌握外语、法律、国际贸易理论及实务、WTO 和 GPA 相关规则以及环保设备或服务采购标准的专业化人才"之间存在较大差距。

其二，我国环保企业海外市场主要集中于东南亚、南亚、中东、非洲以及南美洲等地区，尚未进入 GPA 成员市场。对 GPA 成员环境服务市场需求、政府采购政策了解不足，使得国内企业在国际环境服务政府采购市场竞争中处于劣势。

其三，政府现有环境管理能力难以应对加入 GPA 所带来的政府采购问题的复杂化及国际化。2014 年发生的兰州威立雅水污染事件，信息滞后 18 个小时才公开发布，充分暴露了政府在环境管理方面的滞后。加入 GPA，将使某些环境问题的影响更为扩大化，对政府环境执政能力提出更大挑战。

四、稳步推进环境服务政府采购市场开放的对策建议

（一）合理界定本国的 GPA 适用范围，努力实现开放利益最大化

在 GPA 谈判中，坚持我国作为发展中国家应该享有的"特殊与差别待遇"。在加入

GPA 的环境服务适用范围中，要通过谈判确定我国适用国民待遇原则例外的实体以及环境服务清单；在扩大环境服务政府采购开放范围的同时，可要求发达国家在协议范围中，尽量列入与我国环境产品及服务出口利益相关的采购实体，最大程度上实现环境服务政府采购市场开放的利益最大化；积极学习借鉴 GPA 及其成员国的环境例外条款，并结合我国相关环境标准、政策法规，合理确定我国的环境例外情形，在扩大开放的同时，维护国内环境利益；充分利用 GPA 对发展中国家的"贸易补偿"条款，通过谈判争取以"扩大市场开放"来换取"转让技术"。

（二）完善政府采购政策，将环境服务纳入绿色政府采购体系

结合国内经济贸易对外开放的实际需要，借鉴国际经验，探索建立系统完善的政府采购政策体系，注重政策制定的预见性，实现政策近期目标与中长远目标之间的有机结合。一是结合 GPA 规则及国内实践需要，加快完善我国政府采购法规体系。例如，加快出台《中华人民共和国政府采购法实施条例》；实现《政府采购法》与《招标投标法》的有机统一。二是完善绿色政府采购政策，将环境服务纳入绿色政府采购体系。绿色政府采购是实现政府采购政策功能，维护国内环境利益的重要手段。现阶段，国内需加快制定绿色政府采购专门法规；完善绿色政府采购的方式，加强《环境标志产品政府采购目录》以及《节能产品政府采购目录》中供应商资格审查的及时性，研究绿色权值法以及绿色标准法等新型采购方式的适用；将环境服务纳入绿色政府采购体系；研究制定《绿色政府采购指南》等指导性规范。

（三）加强政府对环境服务政府采购管理能力建设

进一步理顺环境服务管理体系。在 CPC 环境服务分类及国内环境保护活动分类对照分析基础上，结合机构改革"三定方案"，合理划分各部门在环境服务政府采购管理中的职责，防止环境服务的多头管理。

加强政府环境服务政府采购招投标管理。一是要重视招投标人员素质培养。严格招标采购人员的聘用标准，明确其所需具备的基本素质，如相关商业知识、分析能力以及环境方面的专业知识等；通过举办研讨会、培训班以及进行网上在线教育的方式，强化对政府采购相关规则的培训；同时，还需重视采购人员的道德素质管理。二是强化对环境服务政府采购招投标过程的管理。招标标准制定时，要结合环境污染治理项目的实际需要以及政府采购资金预算，充分细化投标人在人员、技术等方面的资格要求；评标过程要在公正透明的基础上，充分考虑环境服务履行过程的环境影响以及对可能发生的环境事件的应对方案等。

重视对环境服务政府采购项目的全过程管理，包括服务提供过程中的监督以及采购项目结束后的考核管理，按照环境服务的效果支付费用。

（四）多管齐下促进我国环境服务业发展

首先，进一步消除环境服务市场发展的制度性障碍。扩大环境服务市场的开放，除对一些可能涉及环境安全的环境服务在执行主体方面进行必要限制外，逐渐减少对环境服务市场发展的行政性制约。同时，放松资金方面的限制，积极引导私人及外国资本等进入基本的公共环境服务领域，构建健全的环境服务业发展的资本市场环境。

其次，进一步明确政府在环境服务发展中的定位。未来，政府在环境服务发展中所担当的角色将更多地表现为服务的需求商以及产业发展的监管者。政府通过市场采购环境服务，并对所提供环境服务的质量和效果进行及时有效的评估。同时，强化政府在环境服务产业发展过程中的监管力度，杜绝产业发展中的不合理竞争行为，引导产业实现健康发展。

最后，积极引导环境服务企业拓展海外市场。通过政府所掌握的信息和资源为我国环境服务企业"走出去"，尤其是进入尚未开发的 GPA 成员国环保产业市场提供法律以及政策方面的咨询和支持服务。